新世纪土木工程专业系列教材

土木工程 CAD

（第 2 版）

冯　健	**主编**
冯　健　秦卫红	**编著**
吴　京　张　晋	
蒋永生	**主审**

东南大学出版社

内 容 提 要

本书根据宽口径的土木工程专业培养要求编写,主要内容包括:土木工程 CAD 概述,AutoCAD,施工图绘制,常用数学软件——MATLAB,常用结构设计软件——PKPM 系列,常用有限元分析软件——ANSYS。

本书可以作为高等院校土木工程专业本科生的教材、研究生有关课程的参考书,也可供从事土木工程设计、施工等相关工作的工程师继续教育之用。

图书在版编目(CIP)数据

土木工程 CAD/冯健主编. —2 版. —南京:东南大学

出版社,2012.8(2023.8 重印)

(新世纪土木工程专业系列教材)

ISBN 978 - 7 - 5641 - 3690 - 1

Ⅰ.①土… Ⅱ.①冯… Ⅲ.①土木工程-建筑

制图-计算机制图- AutoCAD 软件-高等学校-教材

Ⅳ.①TU204 - 39

中国版本图书馆 CIP 数据核字(2012)第 171216 号

东南大学出版社出版发行

(南京四牌楼 2 号 邮编 210096)

出版人:江建中

江苏省新华书店经销 广东虎彩云印刷有限公司印刷

开本:787 mm×1 092 mm 1/16 印张:21.25 字数:530 千字

2005 年 11 月第 1 版 2015 年 1 月第 2 版 2023 年 8 月第 4 次印刷

ISBN 978 - 7 - 5641 - 3690 - 1

印数:8 501—9 000 定价:40.00 元

(凡因印装质量问题,可直接向营销部调换。电话:025 - 83791830)

新世纪土木工程专业系列教材编委会

序

东南大学是教育部直属重点高等学校,在20世纪90年代后期,作为主持单位开展了国家级"20世纪土建类专业人才培养方案及教学内容体系改革的研究与实践"课题的研究,提出了由土木工程专业指导委员会采纳的"土木工程专业人才培养的知识结构和能力结构"的建议。在此基础上,根据土木工程专业指导委员会提出的"土木工程专业本科(四年制)培养方案",修订了土木工程专业教学计划,确立了新的课程体系,明确了教学内容,开展了教学实践,组织了教材编写。这一改革成果,获得了2000年教学成果国家级二等奖。

这套新世纪土木工程专业系列教材的编写和出版是教学改革的继续和深化,编写的宗旨是:根据土木工程专业知识结构中关于学科和专业基础知识、专业知识以及相邻学科知识的要求,实现课程体系的整体优化;拓宽专业口径,实现学科和专业基础课程的通用化;将专业课程作为一种载体,使学生获得工程训练和能力的培养。

新世纪土木工程专业系列教材具有下列特色:

1. 符合新世纪对土木工程专业的要求

土木工程专业毕业生应能在房屋建筑、隧道与地下建筑、公路与城市道路、铁道工程、交通工程、桥梁、矿山建筑等的设计、施工、管理、研究、教育、投资和开发部门从事技术或管理工作,这是新世纪对土木工程专业的要求。面对如此宽广的领域,只能从终身教育观念出发,把对学生未来发展起重要作用的基础知识作为优先选择的内容。因此,本系列的专业基础课教材,既打通了工程类各学科基础,又打通了力学、土木工程、交通运输工程、水利工程等大类学科基础,以基本原理为主,实现了通用化、综合化。例如工程结构设计原理教材,既整合了建筑结构和桥梁结构等内容,又将混凝土、钢、砌体等不同材料结构有机地综合在一起。

2. 专业课程教材分为建筑工程类、交通土建类、地下工程类三个系列

由于各校原有基础和条件的不同,按土木工程要求开设专业课程的困难较大。本系列专业课教材从实际出发,与设课群组相结合,将专业课程教材分为建筑工程类、交通土建类、地下工程类三个系列。每一系列包括有工程项目的规划、选型或选线设计、结构设计、施工、检测或试验等专业课系列,使自然科学、工程技术、管理、人文学科乃至艺术交叉综合,并强调了工程综合训练。不同课群组可以交叉选课。专业系列课程十分强调贯彻理论联系实际的教学原则,融知识和能力为一体,避免成为职业的界定,而主要成为能力培养的载体。

3. 教材内容具有现代性,用整合方法大力精减

对本系列教材的内容,本编委会特别要求不仅具有原理性、基础性,还要求具有现代性,纳入最新知识及发展趋向。例如,现代施工技术教材包括了当代最先进的施工技术。

在土木工程专业教学计划中,专业基础课(平台课)及专业课的学时较少。对此,除了少而精的方法外,本系列教材通过整合的方法有效地进行了精减。整合的面较宽,包括了土木工程

各领域共性内容的整合,不同材料在结构、施工等教材中的整合,还包括课堂教学内容与实践环节的整合,可以认为其整合力度在国内是最大的。这样做,不只是为了精减学时,更主要的是可淡化细节了解,强化学习概念和综合思维,有助于知识与能力的协调发展。

4. 发挥东南大学的办学优势

东南大学原有的建筑工程、交通土建专业具有 80 年的历史,有一批国内外著名的专家、教授。他们一贯严谨治学,代代相传。按土木工程专业办学,有土木工程和交通运输工程两个一级学科博士点、土木工程学科博士后流动站及教育部重点实验室的支撑。近十年已编写出版教材及参考书 40 余本,其中 9 本教材获国家和部、省级奖,4 门课程列为江苏省一类优秀课程,5 本教材被列为全国推荐教材。在本系列教材编写过程中,实行了老中青相结合,老教师主要担任主审,有丰富教学经验的中青年教授、教学骨干担任主编,从而保证了原有优势的发挥,继承和发扬了东南大学原有的办学传统。

新世纪土木工程专业系列教材肩负着"教育要面向现代化,面向世界,面向未来"的重任。因此,为了出精品,一方面对整合力度大的教材坚持经过试用修改后出版,另一方面希望大家在积极选用本系列教材中,提出宝贵的意见和建议。

愿广大读者与我们一起把握时代的脉搏,使本系列教材不断充实、更新并适应形势的发展,为培养新世纪土木工程高级专门人才作出贡献。

最后,在这里特别指出,这套系列教材,在编写出版过程中,得到了其他高校教师的大力支持,还受到作为本系列教材顾问的专家、院士的指点。在此,我们向他们一并致以深深的谢意。同时,对东南大学出版社所作出的努力表示感谢。

中国工程院院士 吕志涛

2001 年 9 月

第 2 版前言

《土木工程 CAD》作为一本面向大土木专业设置的计算机辅助设计教材，自 2005 年 11 月出版以来，已在多所高等院校使用，多次印刷，并受到广大师生的欢迎与好评。

计算机技术的发展十分迅速，在土木工程设计中的应用发展速度十分迅猛，理念不断更新，相应的软件改版速度越来越快。因此，我们根据学科发展，并针对培养对象，对本教材进行修订。

本书作者均具备从事土木工程 CAD 教学的经验，根据教学实践决定对本书再版的模式和内容确定如下。

第 2 版教材仍采用第 1 版教材的基本框架和基本内容。本次修订重点对初版中有关应用软件、国家标准和图集进行全面更新，同时根据学科发展情况增删了部分内容。

本书适合大土木类专业的读者群。

修订过程中，虽然编者力求严谨，但限于学识水平与能力，书中难免有不足之处，殷切希望读者批评指正。同时，对在修订工作中给予大力支持的本系列教材编委会的各位专家、出版社编辑表示深深的谢意。

在本书第 1 版出版后的这段时间内，作者收到很多读者的反馈意见，为本书的写作团体提供了宝贵的意见，再版之际向这些热心读者表示衷心的感谢！并希望每一位读者继续关注本书的发展和完善，继续提出您的意见和建议！

作 者
2012 年 7 月

前　言

当前,计算机辅助设计不仅仅指计算机辅助绘图而是指用计算机进行计算(分析)、设计、绘图、技术信息管理以及其他相关内容的广义 CAD 系统。本教材主要包括六部分内容:土木工程 CAD 概述,主要介绍 CAD 的基本概念、计算机图形学的基本概念以及土木工程中的 CAD 技术;AutoCAD,详细介绍功能强大的计算机绘图软件 AutoCAD 的使用方法;施工图绘制,主要介绍土木工程专业施工图绘制的基本规定、表达方法;常用数学软件——MATLAB,介绍其基本使用方法;常用结构设计软件——PKPM 系列、Dr. Bridge,介绍这些目前我国使用最广的结构设计类软件的使用方法;常用有限元分析软件——ANSYS,介绍该大型通用有限元分析软件的使用方法。

本教材编写注重教学规律,强调训练,尽量为学生开拓视野。注意本教材与其他课程的衔接和综合应用,因为本教材不可能涵盖计算机辅助设计牵涉到的大量力学、结构、编程等方面的知识。

全书共分 6 章,其中第 1、3 章由冯健编写,第 2 章由秦卫红编写,第 4、5 章由张晋编写,第 6 章由吴京编写。冯健主编,蒋永生主审。

在本书编写过程中,参考并引用了大量的公开出版和发表的文献,在此谨向原编著者表示衷心的感谢。

本书可以作为高等院校土木工程专业本科生的教材、研究生有关课程的参考书,也可供从事土木工程设计、施工等工作的工程师继续教育之用。教材使用时可根据学时安排、学生具体情况等选择讲授内容。

由于作者水平所限,书中难免有疏漏和错误之处,敬请读者批评指正。

作　者
2005 年 7 月

目　　录

1

1 概 述

1.1 计算机辅助设计简述

1.1.1 计算机辅助设计的基本概念

CAD(Computer Aided Design)的含义是计算机辅助设计。早期的 CAD 是英文 Computer Aided Drafting（计算机辅助绘图）的缩写，随着计算机软、硬件技术的发展，人们逐步认识到单纯使用计算机绘图还不能称之为计算机辅助设计。当前的计算机辅助设计是指用计算机进行计算（分析）、设计、绘图、技术信息管理以及其他相关内容的广义 CAD 系统。一个完善的 CAD 系统，应包括交互式图形程序库、工程数据库和应用数据库。对于产品或工程的设计，借助 CAD 技术，可以大大缩短设计的周期，提高设计效率。

真正的设计是整个产品的设计，它包括产品的构思、功能设计、结构分析、加工制造等。二维工程图设计只是产品设计中的一小部分，CAD 也不再仅仅是辅助绘图，而是整个产品的辅助设计。

目前，与计算机辅助设计 CAD 相类似的简称较多，主要的有：

CAE(Computer Aided Engineering)——计算机辅助工程，该术语主要应用于使用户能够对计算机完成的设计进行工程测试和分析。在某些情况下，通常属于 CAE 应用的逻辑测试等功能也是 CAD 程序的一部分。因此，CAD 和 CAE 之间的区别并不是很严格。CAE 方面使用最广泛的是有限元分析系统，有限元分析的解不是精确解（杆系有限元除外），而是近似解，由于大多数实际问题难以得到精确解，而有限元不仅计算精度高，而且能适应各种复杂形状，因而成为行之有效的工程分析手段。

CAM(Computer Aided Manufacture)——计算机辅助制造，是指应用计算机来进行产品制造的统称。有广义 CAM 和狭义 CAM 之分。广义 CAM 是指利用计算机辅助完成从原材料到产品的全部制造过程，其中包括直接制造过程和间接制造过程。狭义 CAM 是指制造过程中某个环节应用计算机，在计算机辅助设计和制造（CAD/CAM）中，通常是指计算机辅助机械加工（Computer Aided Machining），更明确地说，是指数控加工，它的输入信息是零件的工艺路线和工序内容，输出信息是刀具加工时的运动轨迹（刀位文件）和数控程序。

CAPP(Computer Aided Process Planning)——计算机辅助工艺过程设计，也叫计算机辅助工艺过程规划，是通过向计算机输入被加工零件的几何信息（图形）和加工工艺信息（材料、热处理、批量等），由计算机自动生成输出零件的工艺路线和工序内容等工艺文件的过程。简言之，CAPP 就是利用计算机来制定零件的加工工艺过程的系统。

PDM(Product Data Management)——产品数据管理，PDM 是一门用来管理所有与产品相关信息（包括零件信息、配置、文档、CAD 文件、结构、权限信息等）和所有与产品相关过程（包括过程定义和管理）的技术。

1

CAD 是 CAE、CAM、CAPP、PDM 的基础。在 CAE 中无论是单个零件，还是整机的有限元分析及机构的运动分析，都需要 CAD 为其造型、装配；在 CAM 中，则需要 CAD 进行曲面设计、复杂零件造型和模具设计；而 PDM 则更需要 CAD 表示产品装配后的关系及所有零件的明细（材料、件数、重量等）。在 CAD 中对零件及部件所做的任何改变，都会在 CAE、CAM、CAPP、PDM 中有所反映。所以，如果 CAD 开展得不好，CAE、CAM、CAPP、PDM 就很难做好。

1.1.2 计算机辅助设计的发展历史

CAD 技术起步于 20 世纪 50 年代后期，最初是二维计算机绘图技术。现在二维绘图在土木工程 CAD 中仍占相当大的比重。进入 20 世纪 70 年代，为适应飞机、汽车工业的飞速发展，出现了以表面模型为特点、自由曲面建模方法为基础的三维曲面造型系统 CATIA，首次实现以计算机完整描述产品零件的主要信息，被称为第一次 CAD 技术革命。

20 世纪 70 年代末、80 年代初，实体造型技术得到普及，这标志着 CAD 发展史上的第二次技术革命。实体造型技术不但能表达形体的表面信息，还能准确地表达零件的其他特性，如质量、重心、惯性矩等等，在理论上有助于统一 CAD、CAE、CAM 的模型表达，给设计带来了很大的方便，它代表着未来 CAD 技术的发展方向。实体造型技术带来了算法的改进和未来发展的希望，但也带来了数据计算量的极度膨胀，普及面不广。

前面提到的造型技术属于无约束自由造型，进入 20 世纪 80 年代中期，一种更好的算法——参数化实体造型方法的提出标志着第三次 CAD 技术革命。其主要特点是基于特征、全尺寸约束、全数据相关、尺寸驱动设计修改。

随着研究的不断深入，参数化技术的许多不足被发现，首先"全尺寸约束"这一硬性规定就干扰和制约着设计者创造力及想象力的发挥。全尺寸约束要求设计者在设计初期及全过程中必须将形状和尺寸联合起来考虑，并且通过尺寸约束来控制形状，通过尺寸的改变来驱动形状的改变，一切以尺寸（参数）为出发点。一旦所设计的对象形状过于复杂时，面对满屏幕的尺寸，如何改变这些尺寸以达到所需要的形状就很不直观；而且如果在设计中关键形体的拓扑关系发生改变，失去了某些约束的几何特征也会造成系统数据混乱。

基于上述原因，研究者以参数化技术为蓝本，提出了一种比参数化技术更为先进的实体造型技术——变量化技术。已知全参数的方程组，去顺序求解比较容易，但在欠约束的情况下，方程联立求解的数学处理和在软件实现上的难度很大，变量化的思路是按下列步骤实现：用主模型技术统一数据表达，变量化勾画草图，变量化截面整形，变量化方程，变量化曲面，变量化三维特征，变量化装配。变量化技术既保持了参数化技术的优点，又克服了它的许多不足，标志着第四次 CAD 技术革命。

CAD 技术基础理论的每一次重大进展都带动了 CAD/CAM/CAE 整体技术的不断提高，而且 CAD 技术将一直处于不断地发展和探索之中。

1.2 CAD 系统的组成

CAD 系统由硬件系统和软件（程序）系统组成。软件是 CAD 系统的核心，相应的硬件设备为软件的正常运行提供基础保障和运行环境。硬件系统由计算机、常用外围设备以及各种图形输入输出设备组成,软件系统包括完成设计任务所需的全体计算机软件资源。

1.2.1 CAD 硬件系统

硬件系统由计算机、存储设备、显示设备、人机交互设备和输出设备等组成,是实现系统各项功能的物质基础。

1) 按工作方法及功能分类

CAD 系统按照工作方法及功能可分为四类:检索型、交互型、自动型和智能型。

检索型系统主要用于已经实现标准化、系列化、模块化的工程和产品结构。这些产品或工程的图样、有关程序均已存储在计算机内。在设计过程中,用户只需按照要求给出不同的参数和设计数据,自动运行程序即可生成符合要求的电子图样;或在原有相似图形的基础上,按用户的技术要求及规范检索出需要的零部件图,再在 CAD 软件系统中完成产品或工程图的修改,并对产品的性能进行校核,在满足设计人员要求的前提下,输出所需要的各种技术文件和图样。

交互型系统是指具有人机对话功能的系统,它的作业过程要求人的直接参与,以人机对话的方式来进行工作,所以这种作业仍是以人为中心,适于设计目标难以用目标函数来定量描述的设计问题。

自动型系统是指不具有人机对话或很少有人机对话功能的系统。在作业过程中无需人的参与或只要很少的人参与,计算机会根据用户编制的程序自动完成各设计步骤,直至获得最优解为止。所以这种以计算机为中心的系统,适合于设计目标能用明确的目标函数来定量描述的问题。

智能型系统主要由知识库、推理机、实时系统、知识获取系统和人机接口等组成,还包括各种先进技术的综合运用。当使用这样的系统时,用户只需输入设计对象的概念、用途、性能等信息,利用系统提供的推理、决策、计算和电子数据处理等各种机制,即可完成产品或工程的详细设计。

2) 按硬件组成分类

按照 CAD 系统中采用的计算机类型、外围设备以及它们之间的联系方式可分为独立式和分布式。

独立式 CAD 系统按照所用计算机的不同可分为四类:主机系统、工作站系统、微机系统和基于网络的单台微机系统。主机系统也称集中式,以一台大中型计算机为主机,支持多个终端运行。工作站包括工程工作站和图形工作站,是为满足用户在工程和图形处理上的专业需求和克服原有大中型计算机由于其系统庞大,不能适应工程和图形处理中灵活多变的特点而研制的专用计算机。

分布式 CAD 系统也称网络系统,它利用计算机技术及通讯技术将分布于各处的计算机以网络形式连接起来。网络上各个结点可以是普通微机,也可以是工作站等。网络上结点分布形式可以是星型分布、树型分布,也可以是环型分布、总线型分布。

1.2.2 CAD 软件系统

根据系统中执行的任务及服务对象的不同,可将软件系统分为三个层次:系统软件、支撑软件、应用软件。

1) 系统软件

系统软件是指使用、管理、控制计算机运行的操作系统及语言处理程序等的集合，是用户与计算机硬件的连接纽带。其功能是为用户使用计算机提供一个清晰、简捷、易于使用的友好界面，尽可能使计算系统中的各种资源得到充分而合理的应用。

系统软件的特点是通用性、基础性。通用性：不同领域的用户都可以并且需要使用它，即多机通用和多用户通用；基础性：系统软件是支撑软件和应用软件的基础。

系统软件由操作系统、编译系统、图形接口及接口标准组成。其中，操作系统是系统软件的核心，主要功能是处理机管理、存储管理、设备管理、文件管理和作业管理。编译系统的作用是将用高级语言编写的程序翻译成计算机能够直接执行的机器命令。有了编译系统，用户就可以用接近人类自然语言和数学语言的方式编写程序了，而翻译成机器指令的工作则由编译系统完成。

2) 支撑软件

支撑软件是在系统软件基础上开发出来的、满足 CAD 用户一些需要的通用软件或工具软件，是 CAD 系统的核心。

CAD 支撑软件主要包括以下内容：

几何建模软件：提供一个完整、准确地描述和显示三维几何造型的方法和工具。具有消隐、着色、浓淡处理、实体参数计算、质量特性计算等功能。

计算机辅助工程软件：集几何建模、三维绘图、有限元分析、产品装配、公差分析、机构运动学、NC 自动编程等功能分析系统为一体的集成软件系统。由数据库进行统一的数据管理，使各分系统全关联，支持并行工程并提供产品数据管理功能，信息描述完整，协助用户完成大部分工作。

绘图软件：具有基本图形元素（点、线、圆等）绘制、图形变换（缩放、平移、旋转等）、编辑（增、删、改等）、存储、显示控制以及人机交互、输入/输出设计驱动等功能，例如 AutoCAD 软件。

数据库系统软件：能够支持各子系统中的数据传递与共享，其中工程数据库是 CAD/CAM 系统和 CIMS 系统中的重要组成部分。例如 INGRES、PB、ORACLE、SYBASE、FOXPRO 等关系型数据库管理系统。

有限元分析软件：可以进行静态、动态、热特性分析，通常包括前置处理、计算分析及后置处理三部分。例如 ANSYS、SAP、NASTRAN 等有限元分析软件。

优化方法软件：将优化技术用于工程设计，综合多种优化计算方法，为选择最优方案、取得最优解、求解数学模型提供强有力的数学工具软件。

系统运动学/动力学模拟仿真软件：在产品设计时，实时、并行地模拟产品生产或各部分进行的全过程，以预测产品的性能、产品的制造过程和产品的可制造性。

3) 应用软件

应用软件是用户为解决实际问题而自行开发或委托开发的程序系统。它是在系统软件的基础上，用高级语言编程或基于某种支撑软件，针对特定的问题设计研制，既可为一个用户使用，也可为多个用户使用的软件。

1.3 计算机图形学简述

计算机图形学的研究内容是如何用计算机生成、处理和显示图形。严格地说,计算机图形学是研究几何对象及其图像的生成、存储、处理和操纵的一门学科。此处所讲的几何对象是计算机内所表示的客观世界物体的模型,图像是经过模型化的对象在计算机显示设备或其他输出设备上的效果,生成、存储和操纵是利用计算机实现客观世界、对象模型和输出图像这三者之间映射的一系列操作和处理过程。

1.3.1 计算机图形学的有关概念

1) 图形定义

现实世界中能够在人的视觉系统中形成视觉印象的客观对象均称为图形。图形包括人眼所观察到的自然界物体和景物;用照相机、摄像机等装置获得的图片;用绘图工具绘制的工程图纸、各种人工美术绘画和用数学方法描述的图形等等。抽象地说,图形是科学研究中对客观对象的一种抽象表示,它带有形状和颜色信息。由此定义可得到图形的两个信息构成要素:形状是刻画图形形状构成的点、线、面和体等的几何要素信息;颜色是反映物体表面属性或材质的灰度、色泽等性质的非几何要素。

计算机图形学中的图形是采用数学的表示方法、能在计算机内表示和存储、并在图形输出设备上显示的对象。它与数学学科中的图形的区别是:数学学科中的图形是采用几何和代数方程或分析表达式等抽象方法所确定的图形;而计算机图形学中的图形除了数学方法所描述的形状等几何信息外,还包括颜色、材质等非几何信息,它比数学学科中的图形更具体,更接近它所表示的客观对象。

2) 图形形式

在计算机图形学中,图形和图像的主要区别是:图形主要是用矢量表示的,图像则是由点阵表示的,它们分别存储成两种文件——矢量文件和点阵文件。矢量文件是一种存储生成图形所需坐标、形状、颜色等几何和非几何数据的集合,这些数据反映图的内在联系;点阵文件只是存储图的各个像素点的颜色值,它从外表上反映图。点阵和矢量又可以相互转化,矢量文件经过扫描转换可在光栅显示器上产生点阵图像;图像经过识别和处理可以转化为矢量表示的图形形式。

过去,人们认为图形是几何上使用的、可以用数学方程描述的平面图,而图像是指实际拍摄、卫星遥感获得的或印刷出来的画面,图形处理则是利用计算机将这些数据转换为图形(数字化)而显示出来。实际上,目前利用计算机完全能够在光栅显示器上产生高度逼真的彩色图形,与实际拍摄的图片几乎没有差别,因此,图形的含义也应包括图像、画面和景物等,可以这样说,凡是通过计算机处理、生成、显示和输出的,我们都称之为"图形"。

图形和图像之间的界限有时是模糊不清的,例如:图形扫描仪和图像扫描仪实际上指的是同一种设备;图形文件格式和图像文件格式讨论的内容也无实质区别,而且可在同一环境中同时处理图形和图像;动画画面中究竟是图形还是图像是无关紧要的。

3) 点阵图形

点阵图通过枚举出图形构成中的点(像素点)排列成矩形形式(点阵图)来表示图形(电视

图像形态,提供一种近似"真实"的表示)。它强调图形由哪些点构成,这些点有什么样的颜色。通常用整数元素(图像元素或像素)的位置矩阵来表示(大多数应用中矩阵非常大),颜色用彩色表(矩阵)来表示,每个元素的不同值对应于不同的颜色。

真实感强的点阵图如同照片一样,因为这种图形直观地、有效地表示了其中的内容。它可以用数字相机或图形扫描仪获得,也可以用图形软件生成。由于许多硬拷贝设备(如激光打印机、喷墨绘图仪等)多是以许多小圆点打印图像,所以点阵图特别适合这些设备的输出。

但点阵图需要大量的存储空间,虽然一幅简单的黑白点阵图仅需几十字节或更少一些,但是一幅复杂的彩色扫描图则需要消耗几兆、几十兆字节的计算机存储空间。另外,对点阵图进行编辑、修改相对要更困难一些:点阵图中各物体的描述是混在一起的,对不同物体的操作存在麻烦,不可能将某一个物体的所有像素都置为零,这样会同时消除重叠的其他物体。这个问题的解决方法就是引入存储器分块,并且在每个分开的块上显示各自独立的物体。此外,点阵图的放大操作会使图形失真。

常用的点阵图形文件格式有:

◆ 基于 PC 绘图程序的 PCX 格式。

◆ 用于在台式排版类应用以及其他应用之间进行数据交换的 TIFF 格式。

◆ 用于在网上进行图形在线传输的 GIF 格式。

◆ 用于 WWW 网络上传输图像数据的 PNG 格式。

◆ 用于显示或保存 Windows 系统下图像的 DIB/BMP 格式。

◆ 用于保存或显示照片类图像的 JPEG 格式。

◆ 用于保存视频/音频序列的 AVI 文件,等等。

4) 矢量图形

矢量图不是用大量的单个点来建立图形,而是用数学方程、数学形式对图形进行描述。通常是用图形的形状参数和属性参数来表示图形。形状参数指的是描述图形的方程或分析表达式的系数、线段或多边形的端点坐标等,属性参数则包括颜色、线型等。矢量图的关键是如何用算法及数学公式进行描述,并且如何将之在图形显示设备上显示出来。

与点阵图相比,矢量图有三个主要优点:一是矢量图图形文件所占的空间比点阵图少得多;二是矢量图中的各物体是独立的(以点、线、面和体为基本构成元素,所以也称这种图形表示为面向对象图形表示),所以编辑修改也比较方便;三是矢量图形的输出与实际显示的分辨率无关,因而图形的放大不会失真(丢失细节)。

矢量图的缺点是看起来比较抽象,图形构造比较麻烦,有些特殊效果处理比较困难,同时矢量的输出必须采用矢量式输出设备,不能直接使用打印机打印。要想以光栅图形显示时则需要进行某种变换(称为"扫描转换"),将矢量表示转换成点阵表示。

常用的矢量图形文件格式有:

◆ 用于交换 CAD 绘图数据的 DXF 文件。

◆ 用于打印机输出及对象存储和交换的 PostScript EPS 格式。

◆ 用于控制笔式绘图仪以及激光打印机的 HPGL 格式。

◆ 用于在 Windows 系统下保存和交换图像的 WMF 格式。

◆ 用于保存 WordPerfect 软件中图像图形的 WPG 格式,用于 UNIX 图像绘制程序的通用格式 UnixPlot。

◆ 用于保存运动图像系列的 MPEG 格式。

◆ 用于 WWW 网络上传输多媒体数据的 RIFF、SGML 文件和 ODA 文件等多媒体文件格式。

◆ NASA 的 CDF 格式和 NCSA 的 HDF 格式等可视化文件格式。

5) 图形输入技术

图形输入技术主要研究如何让用户自然流畅地将表示对象的图形输入到计算机中,并实现用户对物体及其图像的内容、结构及其呈现形式的控制。该技术的核心是人机接口,尤其是图形用户界面技术,以 WIMP(Window、Icon、Menu 和 Point)为特征及压力反馈(如触摸屏)式的图形用户界面是目前最普遍的用户图形输入方式,手绘草图/笔迹输入、多通道用户界面和基于图像的绘制正成为图形输入的新方式。

6) 图形建模技术

图形建模技术主要研究在计算内如何表示和存储图形,即对象建模技术。线架、曲面、实体和特征等造型是目前计算机图形系统中最常用的技术,但这些技术主要用于可以用欧氏几何方法来描述的形状的建模,对于诸如山、水、草、树、云、烟等不规则对象,其造型需要非流形造型、分形造型、纹理映射、粒子系统和基于物理造型等技术。

7) 图形处理和输出技术

图形处理和输出技术主要研究在显示设备上如何"逼真"地显示图形。包括图元扫描和填充等生成处理,图形变换、投影和裁剪等操作及线面消隐、光照等效果处理,尤其是真实感图形显示技术。同时,在计算机图形中也存在着图像处理的要求,其目的是改善图形显示质量,反走样便是最典型的计算机处理技术;对于采用手绘草图等输入方式,还需要草图的识别和理解技术。

8) 图形应用技术

图形应用技术十分广泛,既包括计算机图形软件包的设计开发技术及图形标准的建立等,还包括计算机动画、计算机辅助设计与制造、计算机辅助工程、可视化和体现化技术、虚拟现实技术等大量用于多个领域的应用技术。

9) 图形的类型及其转换

图形包括以下类型:

◆ 全灰度图像和彩色图像(点阵图):是常见电视图像的格式,它提供一种近乎"真实"的表示。常用整数元素表示。

◆ 二值或"少色"图像(点阵图):这些图像包含着颜色均匀、轮廓分明的区域。它能用每个元素 1bit 的矩阵表示,也能用映射图表示。

◆ 连续曲线和直线(矢量图):该图形的数据是点的序列,且点之间的距离足够小。可用 X-Y 坐标、坐标增量和差分链码表示。

◆ 离散点或多边形(矢量图):这类图形由离散的点集所构成,这些点相对分得较开,其表示必须根据点间距离的统计分析来选择(散乱点数据的拟合)。

上述四类图形间可以相互转换,主要的转换包括以下几类:

◆ 第一类变至第二类:这个过程称为分割,它确定一些颜色或亮度近似均匀的区域。要利用比较复杂的特性(如纹理)去寻找均匀性。

◆ 第二类变至第三类:一种可能的变换是轮廓跟踪,另一种是细化。轮廓跟踪中,区域映射为封闭的曲线;而在细化中,区域映射为区域的骨架图形。

◆ 第三类变至第四类:曲线的分割。这个过程是沿用图形的轮廓找出其临界点。

◆ 第四类变至第三类:包括插值处理和逼近处理。插值处理中,通过给定的点画出一条平滑的曲线;而在逼近处理中,所画出的平滑曲线应靠近这些点。

◆ 第三类变至第二类:如果输入是轮廓,就有填充问题,它通常表示为遮荫问题(一个区域的亮度和颜色不均匀而按照预定规律变化);如果输入是骨架,那么区域就必须用扩展的方法来重建。

◆ 第二类变至第一类:少色图像的显示从审美观点来看是不好的,因为其轮廓很容易被人眼看出。利用低通滤波器或加上抖动噪声就能得到平滑一些的图像。

在第一或第二类内是滤波变换,它包括对比度增强、高频噪声滤波等;在第三或第四类内是坐标系统的改变,它包括旋转、平移等;在任何类内都可以用级数展开。傅立叶变换是其中最普遍的,它们通常用于数据压缩。

数据压缩通常是第一和第二类之间的转换;投影是用于表示从三维物体向二维视图变换的过程,或在特殊情况下把物体的二维截面变换为一维数值;反投影表示由其投影来重建一立方物体或它的横断面。

简略地说,由较低的类变换到较高的类与模式识别有关;而从较高的类变换到较低的类与图形显示有关。

1.3.2 计算机图形系统的组成

1) 计算机图形系统的基本功能

计算机图形系统又称为交互式计算机图形系统,它具有计算、存储、对话、输入和输出等五个方面的功能。

计算功能:应包括形体设计、分析的方法程序库和有关部门描述现状的图形数据库。数据库中应有坐标集合变换、曲线与曲面生成、图形交点的计算以及性能检测等一系列计算功能。

存储功能:在计算机的内存、外存中要能存放图形数据,尤其是要存放图形数据之间的相互关系,可根据用户的要求实现有关信息的实时检索、图形的变更、增加和删除等处理。

对话功能:用户可以通过图形显示器直接进行人机通信。用户通过显示屏幕观察设计的结果和图形,用鼠标或键盘等输入装置对不满意的部分做出修改指示。除了图形对话功能外,还可以由系统追溯到以前的工作步骤,跟踪检索到出错的地方,还可以对用户操作执行的错误给予必要的提示和跟踪。

输入功能:可以把用户设计过程中图形的现状、尺寸等必要的参数和命令输入到计算机中。

输出功能:为了长期保存计算结果或对话需要的图形信息,需要有输出功能。基于对输出的结果有精度、形式和时间等要求,因此,输出设备是多种多样的。

2) 计算机图形系统的组成

交互式计算机图形处理系统由图形软件与图形硬件两大部分组成。

图形软件分为图形数据模型、图形应用软件和图形支撑软件三部分。这三部分都处于计算机系统之内,是与外部的图形设备进行接口的三个主要部分,三者之间彼此相互联系,互相调用,互相支持,形成图形系统的整个软件部分。

图形数据模型亦称为图形对象描述模型,对应于一组图形数据文件,其中存放着将要生成的图形对象的全部描述信息。这些信息包括用于定义该物体的所有组成部分的形状和大小的几何信息、与图形相关的拓扑信息(位置和布局信息),用于说明与该物体图形显示相关的所有属性信息(如颜色、亮度、线型、纹理、填充图案和字符样式等),在实际应用中将涉及的非几何数据信息(如图形的标记与标识、标题说明、分类要求、统计数据等)。这些数据以图形文件的形式存放于计算机中,根据不同的系统硬件和结构,组成不同的数据结构,或者形成一种通用的或专用的数据集。它们正确地表达了物体的性质、结构和行为,构成了物体的模型。在计算机图形学中,根据这类信息的详细描述,生成对应的图形,并完成对这些图形的操作和处理。

图形支撑软件由一组公用的图形子程序组成,它扩展了系统中原有高级语言和操作系统的图形处理功能,可以将它们看作是原计算机的操作系统在图形处理功能上的扩展,或者是原计算机上的高级语言在图形处理语句功能上的扩展。通用标准图形支撑软件在操作系统上建立了面向图形输入、输出、生成、修改等功能的命令,系统调用和定义标准,对用户透明,与采用的图形设备无关,同时支持高级语言程序设计,有与高级语言的接口。采用图形软件标准,不仅降低了软件研制的难度和费用,也方便了应用软件在不同系统间的移植。

图形应用软件是解决某种应用问题的图形软件,是图形系统中的核心部分,它包括了各种图形生成和处理技术,是图形技术在各种不同应用中的抽象。图形应用软件与图形应用对象模型接口,并从中取得物体的几何模型和属性等,按照应用要求进行各种处理(剪切、消隐、变换和填充等),然后使用图形支撑软件所提供的各种功能,生成该对象的图形并在图形输出设备上输出。图形应用软件还与图形支撑软件接口,根据从图形输入设备经过图形支撑软件送来的命令、控制信号、参数和数据,完成命令分析、处理和交互式操作,构成或者修改被处理物体的模型,形成更新后的图形数据文件并保存。图形应用软件中还包括了若干辅助性操作,如性能模拟、分析计算、后处理、用户接口、系统维护、菜单提示及维护程序等,从而构成了一个功能完整的图形软件系统环境。

图形硬件包括图形计算机系统和图形外围设备两类。与一般计算机系统相比,图形计算机系统的硬件性能要求主机性能更高、速度更快、存储量更大、外设种类更齐全。目前,面向图形应用的计算机系统有微机、工作站、计算机网络和中小型计算机等。

微机采用开放式体系结构,具有体积小、价格低、用户界面友好等特点,是一种普及型的图形计算机系统。

工作站是20世纪80年代以来流行的机种,采用封闭式体系,不同的厂商采用的硬件和软件都不相同,不能互相兼容。工作站是具有高速的科学计算、丰富的图形处理、灵活的窗口及网络管理功能的交互式计算机系统,不仅可以用于办公自动化、文字处理、文本编辑等,更主要的是可用于工程和产品的设计与绘图、工业模拟和艺术模拟。

中小型计算机是一类高级的、大规模的计算机工作环境,是大型信息系统建立的重要环境。这类平台具有强大的处理能力、集中控制和管理能力、海量数据存储能力、数据与信息的并行或者分布式处理能力。一般情况下,图形系统在这类平台上作为一种图形子系统来独立运行和工作,这个图形子系统与主机的关系可以是主从式的,也可以是分离式的,但都借助于大型主机的强大性能。

基于网络的图形系统是另一类计算机系统,它是将上述三类计算机系统以及其他的计算机环境,或者是其中某一类,通过某种互联技术彼此连接,按照某种通信协议进行相互间的传输、数据共享和数据处理而形成的多机工作环境。它可以将图形系统的应用扩展到更远、更宽的范围。不过，网络图形系统要考虑的关键问题是网络服务器的性能，图形数据的通信、传输和共享以及图形资源的利用问题。

计算机图形系统的外围设备除了大容量外存储器、通信控制器等常规设备外，还有图形输入和输出设备。图形输出设备可以分为图形显示器和图形硬拷贝设备两类，图形硬拷贝设备指图形打印机（点阵、喷墨、静电和激光打印机等）、绘图仪及图形复制设备等。图形输入设备种类繁多，在国际图形标准中，按照它们的逻辑功能可分为定位设备、选择设备、拾取设备等若干类。通常，一种物理设备往往兼具几种逻辑功能。在交互式图形系统中，图形的生成、修改、标注等人机交互操作都是由用户通过图形输入设备进行控制的。

1.4　土木工程中的 CAD 及相关技术

1.4.1　工程设计资质对 CAD 的要求

我国工程设计资质分级标准中，对不同级别的设计单位 CAD 技术应用有不同的要求。

甲级：有先进、齐全的技术装备，已达到国家建设行政主管部门规定的甲级设计单位技术装备及应用水平考核标准：施工图 CAD 出图率 100％；可行性研究、方案设计的 CAD 技术应用达 90％；方案优化（优选）的 CAD 技术应用达 90％；文件和图档存储实行计算机管理；应用工程项目管理软件，逐步实现工程设计项目的计算机管理；有较完善的计算机网络管理。

乙级：有必要的技术装备，达到国家建设行政主管部门规定的乙级设计单位技术装备及应用水平考核标准：施工图 CAD 出图率 100％；可行性研究、方案设计的 CAD 技术应用达 80％；方案优化（优选）的 CAD 技术应用达 80％；文件和图档存储实行计算机管理；能广泛应用计算机进行工程设计和设计管理；有较完善的计算机网络管理。

丙级：有必要的技术装备，达到以下指标：施工图 CAD 出图率 50％；文件和图档实行计算机管理；能应用计算机进行工程设计和设计管理。

1.4.2　工程设计 CAD 技术应用

我国勘察设计行业在建设领域中率先应用计算机技术。工程设计自上世纪 80 年代后期开始推广 CAD 应用，目前全行业 CAD 出图率已达到 95％以上，不仅彻底把工程设计人员从传统的设计计算和绘图中解放出来，可以把更多的时间和精力放在方案优化、改进和复核上，而且提高设计效率十几到几十倍，大大缩短了设计周期，提高了设计质量，经济效益十分显著。

土木工程勘察设计领域普遍使用国产软件，建筑结构、桥梁、隧道及岩土工程方面的 CAD 软件数量多、水平较高，可以满足一般设计要求。在遇到比较复杂的设计对象时，有时还需要用国外的分析软件（如 ANSYS、SAP等）。我国工程设计 CAD 软件已基本覆盖了工程设计的各领域，从结构分析设计，到与其他专业配套（如建筑、设备、施工、概预算、规划等），一些 CAD 软件系统已基本实现了集成化，信息共享，减少了信息交流过程中的人为失误，提高了效率。另外，我国很多软件提供拥有自主版权的图形平台，使设计单位减少了对国外图形平台的依赖,减少购买国外软件的开销。

但是从总体上看,我国工程设计CAD软件的发展水平与发达国家相比,还有较大差距。软件开发人才不足,缺乏具有自主知识产权的关键、核心技术,没有建立起自己的具有自主知识产权的基础平台软件,系统支撑平台、开发工具、数据库等软件都以国外产品为主。

1.4.3　信息技术在土木工程中的应用

1) 建筑信息模型BIM

建筑信息模型BIM(Building Information Modeling)是以建筑工程项目的各项相关信息数据作为模型的基础,进行建筑模型的建立。这些建筑模型的数据在建筑信息模型中的存在是以多种数字技术为依托,以数字信息模型作为各个建筑项目的基础,去进行各个相关工作。建筑工程与之相关的工作都可以从这个建筑信息模型中得到各自需要的信息,既可指导相应工作又能将相应工作的信息反馈到模型中。

BIM不是简单的数字信息集成,它还是一种数字信息的应用,可用于设计、建造、管理的数字化方法,这种方法支持建筑工程的集成管理环境,可以使建筑工程在其整个进程中显著提高效率、大量减少风险。

在建筑工程整个生命周期中,BIM可以实现集成管理,因此这一模型既包括建筑物的信息模型,同时又包括建筑工程管理行为的模型。将建筑物的信息模型与建筑工程的管理行为模型进行完美的组合,在一定范围内,建筑信息模型可以模拟实际的建筑工程建设行为,例如:建筑物的日照、外部维护结构的传热状态等。

同时BIM可以四维模拟实际施工,以便在早期设计阶段就发现后期实际施工阶段可能出现的各种问题,提前处理,为后期活动打下坚固的基础。在后期施工时能作为施工的实际指导,也能作为可行性指导,以提供合理的施工方案及人员、材料使用的合理配置,从而在最大范围内实现资源合理运用。

BIM不只是设计绘图软件或者出图工具,它具备以下五个特点:

可视化:可视化即"所见所得"的形式,对于建筑行业来说,可视化的作用很大,例如普通的施工图纸,只是用线条表达的各个构件的信息,其实际构造形式需要相关人员自行想象。对于简单的对象,这种想象未尝不可,但现在的建筑形式各异,复杂造型不断推出,光靠想象不太现实。BIM提供了可视化的思路,将以往的线条式的构件形成一种三维的立体实物图形展示在人们的面前。目前建筑效果图是分包给专业的效果图制作团队进行识读设计制作出的线条式信息制作出来的,并不是通过构件的信息自动生成的,而BIM提到的可视化是一种能够与构件之间形成互动性和反馈性的可视,在BIM建筑信息模型中,由于整个过程都是可视化的,所以,可视化的结果不仅可以用于效果图的展示及报表的生成,更重要的是,项目设计、建造、运营过程中的沟通、讨论、决策都在可视化的状态下进行。

协调性:这是建筑业中的重点内容,无论是施工单位还是业主及设计单位,都在做协调及相互配合的工作。一旦项目的实施过程中遇到了问题,就要将相关人员组织起来开协调会,找出问题发生的原因,及解决办法,然后出变更,作相应的补救。这是事后的补救。在设计时,往往由于各专业设计师之间的沟通不到位,而出现各种专业之间的碰撞问题,例如暖通等专业中的管道在进行布置时,由于施工图纸是各自绘制在各自的施工图纸上的,真正施工过程中,可能在布置管线时正好在此处有结构设计的梁等构件在此妨碍着管线的布置,这就是施工中常遇到的碰撞问题，BIM 建筑信息模型可在建筑物建造前期对各专业的碰撞问题进行协调，生成协调数据。当然 BIM 的协调作用也并不是只能解决各专业间的碰撞问题，它还可以解决例如：电梯井布置与其他设计布置及净空要求的协调，防火分区与其他设计布置的协调，地下排水布置与其他设计布置的协调等。

模拟性：BIM 不仅能模拟设计出的建筑物模型，还可以进行模拟实验，例如：节能模拟、紧急疏散模拟、日照模拟、热能传导模拟等；在招投标和施工阶段可以进行 4D 模拟（三维模型加时间），即根据施工的组织设计模拟实际施工，用以确定合理的施工方案来指导施工。同时还可以进行 5D 模拟（基于 3D 模型的造价控制），用于成本控制。后期运营阶段可以模拟日常紧急情况的处理方式的模拟，例如地震人员逃生模拟及消防人员疏散模拟等。

优化性：事实上整个设计、施工、运营的过程就是一个不断优化的过程，当然优化和 BIM 也不存在实质性的必然联系，但在 BIM 的基础上可以做更好的优化、更好地做优化。优化受信息、复杂程度和时间的制约。没有准确的信息做不出合理的优化结果，BIM 模型提供了建筑物的实际信息，包括几何信息、物理信息、规则信息，还提供了建筑物变化以后的信息。复杂到一定程度，参与人员本身的能力无法掌握所有的信息，必须借助一定的科学技术和设备的帮助。现代建筑物的复杂程度大多超过参与人员本身的能力极限，BIM 及与其配套的各种优化工具提供了对复杂项目进行优化的可能。目前基于 BIM 的优化可以做许多工作，如：项目方案优化——把项目设计和投资回报分析结合起来，设计变化对投资回报的影响可以实时计算出来；这样业主对设计方案的选择就不会主要停留在对形状的评价上，而更多的可以使得业主知道哪种项目设计方案更有利于自身的需求。特殊项目的设计优化——例如裙楼、幕墙、屋顶、大空间到处可以看到异型设计，这些内容看起来占整个建筑的比例不大，但是占投资和工作量的比例和前者相比却往往要大得多，而且通常也是施工难度比较大和施工问题比较多的地方，对这些内容的设计施工方案进行优化，可以带来显著的工期和造价改进。

可出图性：BIM 并不是为了出常规的建筑设计图纸，及一些构件加工的图纸，而是通过对建筑物进行了可视化展示、协调、模拟、优化以后，可以帮助业主出如下图纸：综合管线图（经过碰撞检查和设计修改，消除了相应错误以后）；综合结构留洞图（预埋套管图）；碰撞检查报告和建议改进方案。

BIM 目前在国外很多国家已经有比较成熟的标准或者制度，当能够满足国内建筑市场的特色需求后，BIM 将会给国内建筑业带来一次巨大变革。

2）虚拟现实技术

仿真与虚拟现实技术广泛应用于航空、航天、航海、核能、军事、电力、生物、交通运输、决策管理等各个部门，在土木工程中的应用相对较晚。

在城市规划设计中应用仿真与虚拟现实技术，可以将城市的过去、现在和将来任意时间的情况展示在规划设计者、政府决策者、投资开发者和普通市民面前，有助于有关人员作出决策。虚拟现实技术为建筑师们设计和评价建筑提供了新的技术手段，它的三维可视性使其成为建筑师在 CAD 之后又一重要的辅助设计方法。运用虚拟现实技术，建筑师可以按现实世界中任何可能的方式直接与他设计的建筑对象进行交流，这样的过程将更有助于建筑师了解形体、空间、色彩、光照乃至声学效果并作出相应的评价，这将极大地丰富建筑师的设计方法，增强建筑设计创新的能力。我国有关单位已开发出了"虚拟建筑"设计软件，但应用还仅仅处于开始阶段。将虚拟现实技术应用到房地产销售中，借助虚拟漫游房地产销售工具，可带着购房者参观虚拟样板间,在电脑中的样板房中漫游,亲身感受居住空间,实时查询房间信息,实时进行家具布置,引导购房者合理使用物业;可以在几年后才能建成的虚拟小区中漫游,让购房者能身临其境地站在阳台上观看、感受小区建成后的优美环境。

  3) 数字城市

  数字城市的概念最早来自美国前副总统戈尔提出的数字地球。据统计,人类生产、生活的信息有80%与地理空间位置有关。数字地球就是要把地球上的各种信息按地理坐标进行加工,构成完整的数字地球模型。从狭义上讲,数字区域主要是指利用地理空间的数字信息构筑一个平台,把一个城市、地区乃至一个国家的经济、社会信息加载上去,从而为政府和社会各方面提供服务。

  "数字城市"是综合运用 GIS(Geographic Information System)、遥感、遥测、网络、多媒体及虚拟仿真等技术对城市的基础设施、功能机制进行信息自动采集、动态监测管理和辅助决策服务的技术系统。它具有城市地理、资源、生态环境、人口、经济、社会等复杂系统的数字化、网络化、虚拟仿真,优化决策支持和可视化表现等强大功能。我国数字城市建设已经取得了初步成果,中国工程建设与建筑业信息网和中国住宅与房地产信息网已相继开通。全国已有120多个城市规划局建立了城市规划信息管理系统,100多个城市建立了综合或专业信息管理系统,几十个大城市建立了交通信息管理系统。

  地理信息系统 GIS 是一种基于计算机的工具,它可以对在地球上存在的东西和发生的事件进行成图和分析。GIS 技术把地图这种独特的视觉化效果和地理分析功能与一般的数据库操作(例如查询和统计分析等)集成在一起。这种能力使 GIS 与其他信息系统相区别,从而使其在广泛的公众和个人企事业单位中,在解释事件、预测结果、规划战略等方面具有实用价值。GIS 是数字城市建设的核心技术。我国的 GIS 已经走过了近 20 年的历程。尤其在"九五"期间,发展国产 GIS 软件首次被列为国家科技攻关重点项目,并取得了突破性的进展,出现了一批技术水平高、有竞争实力的 GIS 软件,其市场份额越来越大。

  信息技术的应用将使土木工程这个传统产业的发展产生革命性的变化。

2 绘图软件 AutoCAD 2010

引 言

1）AutoCAD 2010 简介

AutoCAD 是 Aotudask 公司推出的通用计算机辅助绘图和设计软件包，自 Autodesk 公司公司于 1982 年 12 月推出 AutoCAD 的第一个版本——AutoCAD 1.0 起，由于其有简便易学，精确无误等优点，一直深受广大用户欢迎。至今 AutoCAD 已进行了多次重大改革和升级，版本不断更新，从而使其功能越来越强。

其 2010 新版本于 2009 年 3 月 23 日发布，引入了全新功能，其中包括参数化绘图、动态块、PDF 输出以及强大的三维绘图等命令。故本章将呈现给读者 AutoCAD 2010 的常用操作内容。

2）本章有关约定

（1）AutoCAD 2010 提供了多种可供选择的命令调用方式，例如命令行输入、下拉菜单、屏幕菜单和工具栏等。这里一般列出各命令的功能区、下拉菜单、工具栏和命令行四种方式，有些命令可能仅有以上调用方式中的部分方式，对没有的方式不列出即可，不再另加说明。

（2）本章是以 AutoCAD 2010 中文版为基础。

2.1 AutoCAD 2010 的安装

2.1.1 安装 AutoCAD 2010 的系统要求

目前计算机常用的操作系统有 32 位和 63 位两种，AutoCAD 2010 的安装程序也分为这两种，请读者注意。

（1）AutoCAD 2010 32 位配置要求

◆ Microsoft Windows XP Professional 或 Home 版本（SP2 或更高）。

◆ 支持 SSE2 技术的英特尔奔腾 4 或 AMD Athlon 双核处理器（1.6 GHz 或更高主频）。

◆ 2 GB 内存。

◆ 1 GB 可用磁盘空间（用于安装）。

◆ 1 024×768 VGA 真彩色显示器。

◆ Microsoft Internet Explorer 7.0 或更高版本。

◆ 下载或者使用 DVD、CD 安装。

◆ Microsoft Windows Vista（SP1 或更高），包括 Enterprise、Business、Ultimate 或 Home

Premium 版本（Windows Vista 各版本区别）。

◆ 支持 SSE2 技术的英特尔奔腾 4 或 AMD Athlon 双核处理器（3GHz 或更高主频）。

◆ 2 GB 内存。

◆ 1 GB 可用磁盘空间（用于安装）。

◆ 1 024×768 VGA 真彩色显示器。

◆ Microsoft Internet Explorer 7.0 或更高。

（2）AutoCAD 2010 64 位配置要求

◆ Windows XP Professional x64 版本（SP2 或更高）或 Windows Vista（SP1 或更高），包括 Enterprise、Business、Ultimate 或 Home Premium 版本（Windows Vista 各版本区别）。

◆ 支持 SSE2 技术的 AMD Athlon 64 位处理器、支持 SSE2 技术的 AMD Opteron 处理器、支持 SSE2 技术和英特尔 EM64T 的英特尔至强处理器，或支持 SSE2 技术和英特尔 EM64T 的英特尔奔腾 4 处理器。

◆ 2 GB 内存。

◆ 1.5 GB 可用磁盘空间（用于安装）。

◆ 1 024×768 VGA 真彩色显示器。

◆ Microsoft Internet Explorer 7.0 或更高。

◆ 3D 建模的其他要求（适用于所有配置）。

◆ 英特尔奔腾 4 处理器或 AMD Athlon 处理器（3 GHz 或更高主频）；英特尔或 AMD 双核处理器（2 GHz 或更高主频）。

◆ 2GB 或更大内存。

◆ 2 GB 硬盘空间，外加用于安装的可用磁盘空间。

◆ 1 280×1 024 32 位彩色视频显示适配器（真彩色），工作站级显卡（具有 128 MB 或更大内存、支持 Microsoft Direct3D）。

尽管安装 AutoCAD 2010 对计算机的硬件和软件要求均较高，但一般现在主流配置的电脑可满足该软件的安装和运行环境。

2.1.2 AutoCAD 2010 的开机启动

① 安装好 AutoCAD 2010 之后，第一次运行该软件，会出现图 2.1 所示的欢迎界面。用户可以根据自己所从事的行业，选择较适合自己专业的界面（例如土木工程或者结构工程等）。

② 出现图 2.2 所示的初始设置对话框让用户优化自己的工作空间。

③ 出现图 2.3 所示的初始设置对话框，要求用户选择样板文件。一般对土木行业可以选"公制"。

按上述步骤选好后，AutoCAD 2010 就可以正常启动了，启动之后的界面和操作将在下一节介绍。

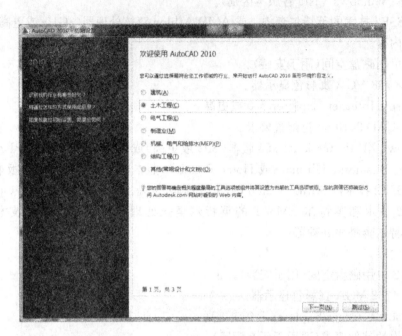

图 2.1

图 2.2

图 2.3

2.2 AutoCAD 操作界面和基础知识

2.2.1 AutoCAD 2010 的启动屏幕界面

启动 AutoCAD 2010 可通过双击桌面上的 AutoCAD 2010 图标或者在【开始】菜单【程序】中找到 AutoCAD 2010 并单击它。

启动 AutoCAD 2010 后,屏幕上将会出现如图 2.4 下部所示的 AutoCAD 缺省界面,由图可见,AutoCAD 2010 的显示界面和形式与 Windows 的其他应用软件相似。用户也可对其显示界面进行调整。下面介绍缺省状态下界面的组成。

(1)应用菜单。屏幕的左上角(图 2.4)的■为"应用菜单"图标,点击它会出现图 2.5 所示的程序菜单,在这里可以找到常用的"文件"工具和最近查看过的文件。读者可以锁定常用绘图文件,以防它们从列表中消失(例如图 2.5 中"10t 最终 1.24. dwg"即被作者锁定,这样无论之后使用过多少其他文件,该文件将被保留在最近打开的文件列表底部)。另外,还能够以图片或图标的形式显示最近查看过的文件,或根据访问日期、文件大小或文件类型对其进行分组。

(2)标题栏。屏幕的顶部是标题栏(Title Bar),内容包含最左侧的应用菜单按钮,中间的程序名与文件名,以及右侧最大(小)化、还原和关闭窗口按钮。

标题栏的左半部分设有"快速访问工具栏"(图 2.4 上部),列有常用的工具按钮(新建、打开、存盘、放弃等操作按钮)。用户点击其右侧的下拉箭头,可以无限多地添加其他工具按钮,或者把"快速访问工具栏"移到功能区的下方(见图 2.7)。

标题栏的右半部空白处为搜索窗口,在其中输入您所要搜索的关键词,点击其右侧的望远镜按钮,AutoCAD 2010 程序会显示搜索出来的帮助菜单、相应命令等与关键词有关的内容(例如图 2.6 为输入"LIN"之后所显示的结果)。

17

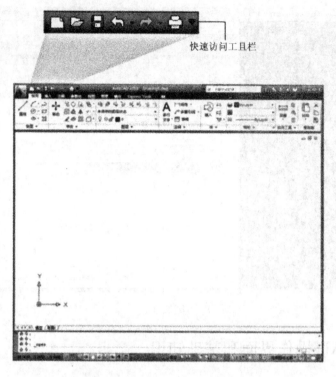

快速访问工具栏

图 2.4　AutoCAD 2010 的缺省界面

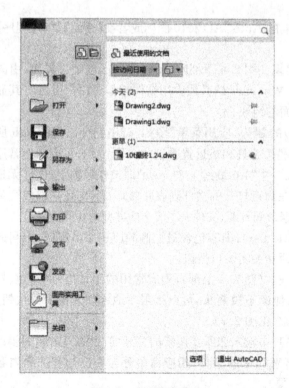

图 2.5　应用程序菜单

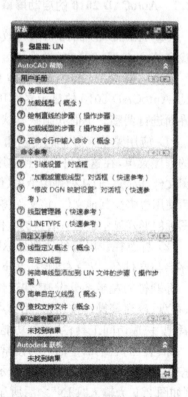

图 2.6　搜索窗口（输入关键词
"LIN"显示的结果）

(3) 功能区。标题栏的下方是功能区,功能区可以水平显示(图2.8)或垂直显示。功能区由"选项卡"和其对应的"面板"组成,在面板和选项卡之间是相应于面板的常用图标按钮。点击面板的下拉箭头会显示该部分内容的按钮(图2.8为"修改"面板的下拉箭头点击之后的显示结果)。

默认情况下,功能区的"选项卡"包括"常用"、"插入"、"注释"、"参数化"、"视图"、"管理"和"输出"七个。选择不同的"选项卡",其下面所对应的"面板"不同,相应的图标按钮也不同。例如点击"常用"选项卡,其下面会有"绘图"、"修改"和"图层"等一系列面板(图2.7);图2.9为点击"注释"选项卡时,其面板为"文字"、"标注"、"引线"等。

在功能区右侧的灰色区域点击鼠标右键会出现图2.10所示的弹出菜单,可以对功能区的显示风格进行设置。例如,可以选择显示部分的选项卡或者部分面板,也可以通过选择其中的"最小化"选项来设置关闭"面板"和"图标",只显示"选项卡"。默认情况下功能区放在绘图区的上部,若点击其中的"浮动"按钮,可以将功能区浮动或者将浮动的功能区拖动到垂直显示,甚至关闭功能区。

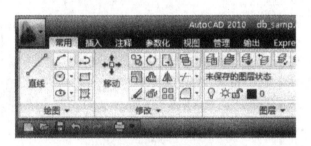

图2.7　快速访问工具栏置于功能区下方

图2.8　功能区的组成

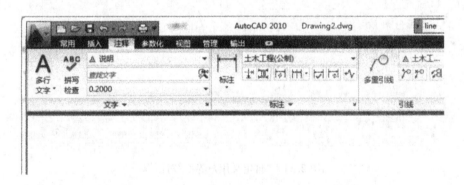

图2.9　功能区中选择"注释"选项卡时的显示内容

若操作时不小心将功能区关闭了,可以在命令行中输入"ribbon"或者"ribbonclose"命令用来显示和不显示功能区,切记!若觉得英语单词不便于记忆,可以直接在命令行中输入中文"功能区"和"功能区关闭"来打开和关闭显示功能区。若想掌握功能区的高级显示设置,还可以点击"管理"选项卡中的"用户界面(CUI)"图标,弹出图2.11所示的"自定义用户界面"对话框,在对话框里可以对功能区进行高级设置。对初学者不建议使用自定义界面。

(4) AutoCAD 经典下拉菜单。习惯老版本 AutoCAD 的用户可以在命令行中输入

19

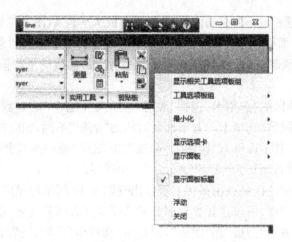

图 2.10　功能区右击灰色区域后的弹出菜单

图 2.11　"自定义用户界面"对话框

"menubar"命令,然后令其值为 1,即可以在功能区上部显示经典下拉菜单(图 2.12)。点击状态栏右侧的"二维草图与注释"下拉菜单,弹出如图 2.13 所示的选项,其中选择"AutoCAD 经典"选项即为将操作界面切换到显示下拉菜单和工具栏的传统的操作界面。

图 2.12　经典下拉菜单

（5）工具选项板组。在图2.10中的弹出菜单中选择"显示相关工具选项板组"，在屏幕的右边会出现如图2.14所示的工具选项板。

（6）绘图区。绘图区位于屏幕的中心，是用来绘制、修改并显示图形的区域。在绘图区的左下角是坐标系图标。当鼠标移到绘图区域时，便出现了十字光标或拾取框。

（7）信息栏（命令窗口）。绘图区的下方是命令窗口（Command Window）。命令窗口由两部分组成，命令行和命令历史窗口。命令行（Command line）显示用户从键盘输入的内容；命令历史窗口含有AutoCAD启动后所用过的全部命令及提示信息，该窗口有滚动条，可上下滚动。命令窗口是AutoCAD进行对话的窗口，用户可在这里通过键盘输入命令，用其他方式输入命令的同时也在这里有显示信息，在绘图过程中，用户应多注意这个窗口，能提示下一步的操作内容，有助于减少误操作。

（8）状态栏。信息栏的下面是状态栏（图2.15）。状态栏的左侧是当前光标所在地方的坐标值。右侧是几个开关，分别代表光标捕捉、栅格、极轴、对象捕捉、对象追踪、空间变量（模型空间或图纸空间）等内容，双击可对其进行切换。

上述缺省界面可以进行调整。视窗大小，对话框、图标按钮等的调整可参见有关Windows使用手册。视窗各组件的颜色、屏幕分辨率等可在Windows系统控制面板的显示器对话框中调整。在点击【工具】下拉菜单中【选项】之后出现的对话框中也可以实现对屏幕界面颜色等的调整和系统配置，举例如下：

在该对话框的"打开和保存"选项卡中，在"文件安全措施"区域的"自动保存"编辑框中输入数值可控制自动存图时间。

在该对话框的"显示"选项卡中，点取"窗口元素"区域的"颜色"按钮可以选择绘图区的颜色；在"十字光标大小"区域可调整光标大小。在该对话框的"草图"选项卡中可以选择"自动捕捉"标记的颜色和大小，也可以进行"自动追踪设置"。在该对话框的"选择集"选项卡（图2.16）中可以设置"拾取框"的大小，"夹点"标记的颜色和大小等等。

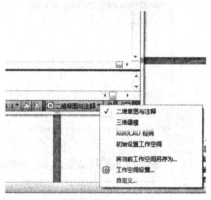

图2.13

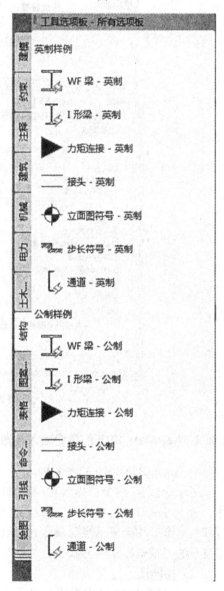

图2.14　工具选项板

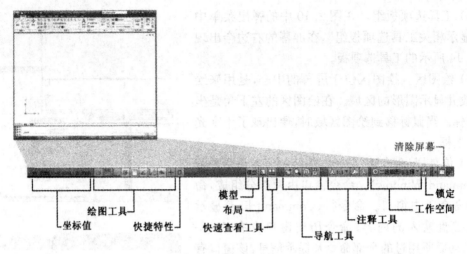

图 2.15　状态栏的组成

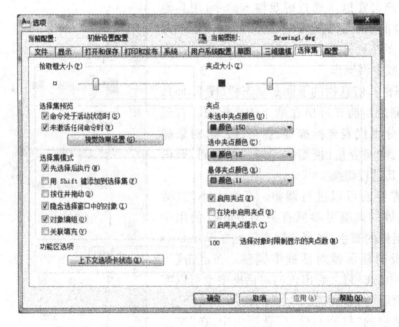

图 2.16　"选项"对话框

2.2.2　AutoCAD 2010 的命令输入与透明命令的使用

1）AutoCAD 2010 的命令输入

当命令行有"命令:"提示时,系统处于准备接受命令状态,此时,用户可以输入需进行的操作。命令可从键盘直接输入,或以功能区、下拉菜单、工具栏的方式输入,以上四种方式在命令行和文本窗口均会显示当前命令、提示、参数及输入信息。这些输入方式各有特点,读者可根据自己的习惯选择输入方式。

（1）功能区

AutoCAD 2010 缺省界面为显示功能区,点击功能区中各个选项卡中的面板中的某个图标,即为发出该命令。

（2）下拉菜单

下拉菜单是一种快速选取 AutoCAD 常用命令的方法,在 AutoCAD 2010 完全安装版中共有 12 个下拉菜单:文件、编辑、视图、插入、格式、工具、绘图、标注、修改、参数、窗口、帮助。

用鼠标点取某项菜单时,就会显示其相应的下拉菜单。在下拉菜单区内上下移动鼠标就会使欲选菜单项变亮,然后拾取即可。右边有省略号"…"的菜单将显示出与该项有关的对话框;有">"的选项表示还有下—级子菜单或了选项。

（3）工具栏

AutoCAD 2010 经典界面中显示工具栏是由一系列按钮组成,每一个按钮即为形象化的某一条 AutoCAD 命令。点取某一个按钮,即调用了该按钮代表的命令。

经典界面中只显示常用的工具栏,若想调出或取消一个工具栏,可以直接在某个"工具栏"上点击鼠标右键,也可以选择显示或不显示某个工具栏。

（4）命令行

AutoCAD 2010 提供给用户使用的命令非常多,其中很大一部分是常用的,可以提供下拉菜单、工具栏、屏幕菜单方式调用,有少数是不常用的,但具有较强的实用性,它们只能通过在命令行中输入其命令名称来调用。

注意

（1）有时命令发出后会弹出一个对话框,用户可在对话框内方便地进行选择、设置后再发出命令。对话框的使用方法与其他 Windows 应用程序用法相同。

（2）在命令提示符下,直接直接按回车键或者空格键,表示重复刚才的命令。

（3）在进行命令的过程中若想中止该命令,则按【ESC】键。

为新手支招

◆ 高版本的 AutoCAD 输入命令的方式很多也很灵活,初学者应注意观察命令行提示。不管以何种方式输入命令,任何一种方式在命令行和文本窗口均会显示当前命令、提示、参数及输入信息,用户可以根据提示信息进行下一步操作。这样才能减少误操作。

◆ 在发出命令前,或者执行命令的过程中,若点击鼠标右键,会弹出跟当前的任务相关的一些选项,如重复上次的命令,结束该次命令等。不同的命令右击时弹出的菜单内容不同。请读者练习的时候多多观察。

2）透明命令的使用

AutoCAD 还允许用户在不退出当前命令操作的情况下,再执行某些命令。我们把这些可在其他命令执行中插入执行的命令称为透明命令（Transparent Command）。在绘图过程中,经常使用的透明命令有:Zoom, Pan, Help, Ortho, Snap, Grid, Cal, Ddosnap, Ddlmodes, Ddrmodes, Ddgrips, Redraw, Layer 等。要启动这些透明命令,可以直接用下拉菜单、工具栏来调用,或在命令行中先输入一个撇号"'",再输入透明命令。

透明命令可以方便用户设置 AutoCAD 的系统变量、调整屏幕显示范围、在线帮助以及增强绘图辅助功能等。在绘制复杂的工程图纸时,使用这些透明命令显得尤为重要。例如要绘制图 2.17 所示的两个小圆的连线,需要借助透明命令 Zoom,操作如下:

（1）命令:_line　　　　　　　　　　　　　　　（用键盘输入 line 命令）

（2）指定第一点:'_zoom　　　　　　　　　　（在常用工具栏上点击"缩放窗口"按钮）

(3) >>指定窗口角点,输入比例因子（nX 或 nXP），或[全部(A)/中心点(C)/动态(D)/范围(E)/上一个(P)/比例(S)/窗口(W)]<实时>：_w

(4) >>指定第一个角点：>>指定对角点：　　　（在屏幕的左下角选取包含小圆矩形框的两点）

(5) 正在恢复执行 LINE 命令。　　　　　　　（回到 line 命令）

(6) 指定第一点：'_dsettings　　　　　　　（在指定第一点：提示下打开捕捉圆心方式）

(7) 指定第一点：'_zoom　　　　　　　　　（在常用工具栏上点击"缩放上一个"按钮）

(8) >>指定窗口角点,输入比例因子（nX 或 nXP），或[全部(A)/中心点(C)/动态(D)/范围(E)/上一个(P)/比例(S)/窗口(W)]<实时>：_p

(9) 正在恢复执行 LINE 命令　　　　　　　（回到 line 命令）

(10) 指定下一点或［放弃(U)］：'_zoom　　　（在常用工具栏上点击"缩放窗口"按钮）

(11) >>指定窗口角点,输入比例因子（nX 或 nXP），或[全部(A)/中心点(C)/动态(D)/范围(E)/上一个(P)/比例(S)/窗口(W)]<实时>：_w

(12) >>指定第一个角点：>>指定对角点：　　（在屏幕的右上角选取包含小圆矩形框的两点）

(13) 正在恢复执行 LINE 命令

(14) 指定下一点或［放弃(U)］：　　　　　　（捕捉小圆的圆心）

(15) 指定下一点或［放弃(U)］：　　　　　　（回车结束命令）

(16) 命令：'_zoom　　　　　　　　　　　　（在常用工具栏上点击"上一视图"按钮）

以上操作的结果见图 2.17。

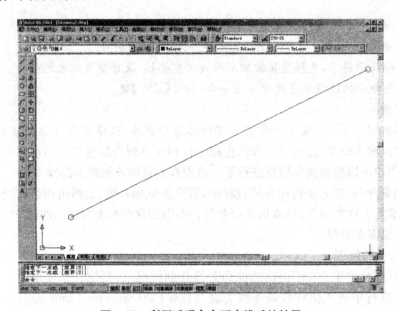

图 2.17　利用透明命令画直线后的结果

注意

在输入文本时,不准使用透明命令。不准同时执行两条以上的透明命令。在执行 Stretch、Plot 等命令时不准使用透明命令。

2.2.3　坐标系和点的坐标表示法

1）坐标系

当用户进入 AutoCAD 后,便处于一个称为世界坐标系（World Coordinate System,简写为 WCS)的坐标系中。这是一个固定不变的、遵守右手螺旋法则的三维坐标系。它以屏幕为 XY 平面,坐标原点在屏幕的左下角,Z 轴的正方向指向用户。几乎所有的平面图形都是在 WCS 坐标系中绘制的。但在这种坐标系中绘制三维图形,有时是较困难的。所以,AutoCAD 系统提供了另外一种坐标系,称为用户坐标系(User Coordinate System)。这是一个定义在世界坐标系中任意位置、符合右手螺旋法则的三维坐标系。利用它可以比较方便地进行三维图形的绘制。AutoCAD 用图标来表示用户坐标系。

通过图标的形状,可以了解用户坐标系在世界坐标系的位置和方向。若图标中有字母 W,说明当前的用户坐标系与世界坐标系一致;若图标中有符号+,说明图标位于坐标系的原点;若图标左下角中有矩形,说明视点在 Z 轴的正方向上;若图标变成一只"断铅笔",说明当前用户坐标系的 XY 平面于显示平面垂直,此时在平面上定位无效。

2) 点的坐标表示法

在 AutoCAD 中用键盘输入点时,是通过点的坐标来确定其在空间中的位置的。坐标系统的起始点位于电脑屏幕的左下角,所有的坐标点都与起始点有关。作图过程中可以用四种不同的坐标方式输入点。

(1) 绝对直角坐标

绝对直角坐标是以该点距离原点的 X 方向和 Y 方向的距离 x 和 y 来定义点的坐标,可以输入用逗号分开的两个数值来表示。表示方法为 x, y。

(2) 相对直角坐标

相对直角坐标是以该点与前一点的位置来定义点的。可以输入一个@号,再输入以逗号分开的此点与前一点的 X 方向和 Y 方向的距离 d_x 和 d_y 来表示该点。表示方法为 $@d_x, d_y$。

(3) 绝对极坐标

绝对极坐标是以此点与坐标原点的距离 d 和这两点的连线与 X 轴正方向的夹角 α 来确定的。表示方法为 $d < \alpha$。

(4) 相对极坐标

相对极坐标是以此点与前一点的距离 d 和这两点的连线与 X 轴正方向的夹角 α 来确定的。表示方法为 $@d < \alpha$。

在平时绘图过程中以绝对直角坐标来定义起始点,以相对直角坐标或相对极坐标来定义其他点是比较方便的。例如按 A、B、C、D 的顺序绘制如图 2.18 所示的矩形,其 A、B、C、D 四个点可以分别以 $(10, 10)$、$(@100, 0)$、$(@50<90)$、$(@100<180)$ 来表示。

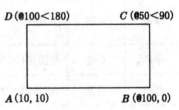

图 2.18

2.2.4 点和数据的输入

1) 点的输入

在绘图过程中,经常需要输入一个点,例如线段、圆弧的端点,圆、圆弧的圆心等,有以下四种方式可以输入一个点:

(1) 利用键盘输入点的坐标;

(2) 利用鼠标在屏幕上拾取一点;

(3) 利用目标捕捉找到一些实体的特殊点(如圆的圆心、切点等);

（4）在指定的方向上通过给定距离输入点。

2）数据的输入

数值（如距离、位移、角度等）可以在键盘上直接输入，也可以用鼠标在屏幕上拾取。这时系统会在命令行给出提示，一般要求用户输入两点，以这两点的距离作为长度值，以这两点连线与 X 轴的夹角作为角度值。

2.2.5 鼠标和键盘的应用

对于 AutoCAD 2010 用户来说，鼠标操作是使用 AutoCAD 进行绘图、编辑的重要操作。因此，了解鼠标光标形状、熟练掌握并使用鼠标按键有至关重要的作用。表 2.1 列出 AutoCAD 2010 环境中在缺省状态下的各种鼠标形状及其含义。表 2.2 列出鼠标左键、右键操作在 AutoCAD 2010 中的特殊含义（另有一些操作与其他 Windows 应用程序中相同，这里不再详述）。

表 2.1 在缺省状态下的各种鼠标形状及其含义

形状	含义	形状	含义
┼	正常绘图状态，未发出任何命令时鼠标在绘图区的状态	🔍+	视图动态缩放状态符号
┼	发出命令后等待输入点时鼠标在绘图区的状态	🖐	视图平移状态符号
□	拾取状态（或称选择对象状态），该框称为拾取框		

表 2.2 鼠标左键、右键操作在 AutoCAD 2010 中的特殊含义

操作	按键	操作环境	功能
单击	左键	绘图区	确定十字光标在绘图区的位置，拾取实体等
单击	右键	工具栏	弹出工具栏设置对话框，以选择打开或关闭某工具栏
单击	右键	绘图区（当与 Shift 键合用）	弹出快捷菜单（Cursor Menu）
单击	右键	在"选择对象："提示下	结束选择实体
单击	右键	在"命令："提示下	代替回车键，重复上一次命令
双击	左键	状态栏	更改 Snap, Grid, Ortho, Osnap, Model, Tile 等开关变量状态

键盘在 AutoCAD 2010 中除了在命令行输入数据、命令外，还有一些特殊键（功能键）来控制某些开关。这些功能键的作用见表 2.3。

26

表 2.3　功能键的作用

键　名	功　能
F1	帮助
F2	文本屏幕与绘图屏幕的转换开关
F3	对象捕捉开关
F6	坐标显示控制开关
F7	栅格显示控制开关
F8	正交模式开关
F9	捕捉模式开关

2.2.6　AutoCAD 2010 的文件管理

1) 新建图形文件

快速访问工具栏:【新建】按钮

应用菜单:【新建】

下拉菜单:【文件】→【新建】

工　具　栏:【标准】→【新建】

命　令　行:new

图 2.19　"选择样板"对话框

　　激活该命令后,系统会出现"选择样板"对话框(图 2.19),允许用户以以下方式创建新图形:①选中某一样板文件,点击【打开】按钮,这样就以该选中的样板文件为样板新建一个 AutoCAD 图形;②点击对话框右下角的下拉箭头弹出如图 2.19 所示的三个选项,则用户也可以选择无样板打开(英制或者公制)方式新建一个 AutoCAD 图形。

2) 打开图形文件

如果已经进入了 AutoCAD 2010 绘图界面,则用下列方法之一可以打开图形文件:

快速访问工具栏:【打开】按钮 📂

应用菜单:【打开】

下拉菜单:【文件】→【打开】

工 具 栏:【标准】→【打开】

命 令 行:open

上述操作执行后会弹出一个如图 2.20 所示对话框。在该对话框中用户可以直接输入文件名,单击【打开】按钮,也可以在选择框中双击需要打开的文件。

另外,打开"文件类型"列表框,用户可以看到 AutoCAD 2010 不仅可以打开它本身格式的图形文件(＊.dwg),而且还可以直接读取 dxf 和 dwt 等格式的文件。

3) 保存图形文件

在绘图过程中,需要常用 Save 和 Save As 等命令来保存已经绘制的图形文件。

(1) 以缺省文件名保存(Save)

命令　快速访问工具栏:【保存】按钮

　　　　应用菜单:【保存】

　　　　下拉菜单:【文件】→【保存】 💾

　　　　工 具 栏:【标准】→【保存】

　　　　命 令 行: save

图 2.20　"选择文件"对话框

如果启用了"自动保存"选项,AutoCAD 将以指定的时间间隔保存图形。默认情况下,系统为自动保存的文件临时指定名称为 filename_a_b_nnnn. sv $。"filename"为当前图形名,其中,"a"是在同一 AutoCAD 任务中打开同一图形文件的实例次数,"b"是在不同 AutoCAD 任务中打开同一图形实例的次数,"nnnn"是 AutoCAD 随机生成的数字。

发出上述命令后,如果该图形从来没有保存过,则会弹出如图 2.21 所示的"图形另存为"

(Save Drawing As)对话框提醒用户赋名存盘,如果该图形已经存过盘,则此命令发出后,系统会以最快的方式保存图形文件,而不会显示该对话框。

图 2.21 "图形另存为"对话框

(2)换名存盘(Save as)

命令 应用菜单:【保存】

下拉菜单:【文件】→【另存为】

命令行:saveas

发出上述命令后,会弹出如图 2.21 所示的对话框。点取【保存】按钮,系统会以显示在编辑框内的文件名来存储当前文件,同时以后的改动也将存入这个图形文件中。在编辑框中输入另一个文件名,会把当前文件改名存储。

在保存类型下拉列表中,有四个选项:AutoCAD 2010 Drawing(*.dwg)、AutoCAD R13/LT95 Drawing(*.dwg)、AutoCAD R12/LT2 Drawing(*.dwg)、Drawing Template File(*.dwt)。以上选项分别允许以后以 2010 格式、较低版本的 CAD 格式或者以 2010 模板文件格式存储文件。若以低版本格式存储图形,则特别针对 2010 的格式和图形数据会消失,2010 的文件作为备份。

4)退出(Quit)

退出 AutoCAD 2010 有四种方法:

命令 应用菜单:【关闭】

下拉菜单:【文件】→【退出】

工 具 栏:单击标题栏的关闭按钮

命 令 行:quit

Quit 命令调用后有两种结果:若当前图形未存盘或打开图形后未做改动,则直接退出

图 2.22

AutoCAD 2010；若当前图形所做的改动还没有存盘，则弹出如图 2.22 所示对话框，提醒用户存盘之后再退出。

2.3 AutoCAD 2010 的绘图环境与辅助命令

2.3.1 AutoCAD 2010 的绘图环境的定制

1）设置绘图界限（Limits）

对于 AutoCAD 用户来讲，无论用户是使用真实尺寸绘图，还是使用变化后的数据绘图，为了使绘图更规范和便于检查，都有必要设置绘图的区域。绘图界限（Limits）即是标明绘图边界的一个命令。设置绘图界限之后，可以避免用户绘制图形时超出边界。Grid 命令打开之后，栅格的显示范围即为绘图范围。

命令 下拉菜单：【格式】→【图形界限】

命 令 行：Limits

命令提示

重新设置模型空间界限：

指定左下角点或 ［开（ON）/关（OFF）］ <0.0000,0.0000>：

选项说明

◆ 开（ON）：打开边界检查开关。此时在绘图边界以外的点无法输入。

◆ 关（OFF）：关闭边界检查开关（缺省设置）。此时在绘图边界以外的点可以输入。

◆ "指定左下角点<0.0000,0.0000>："，设置绘图边界的左下角为(0,0)，可回车默认其值或输入新值。在给定左下角位置之后，系统会出现如下提示："指定右上角点 <420.0000，297.0000>："，允许用户输入绘图边界的右上角或默认其缺省值(420,297)。

当绘图界限设置被打开时，如果用户作图时把点输入到绘图界限之外，系统会在命令行中提示："＊＊超出图形界限"。禁止将点定位在绘图界限之外。

2）设置绘图单位（Ddunits）

AutoCAD 的图形单位（Units）的设置方法如下：

下拉菜单：【格式】→【单位】

命 令 行：units

激活该命令之后会出现如图 2.23 所示的对话框，该对话框的"长度"区和"角度"区分别允许用户选择长度单位（Units）类型和角度单位类型（Angles）类型以及它们的精度。

长度单位类型有以下几个单选按钮可供选择：

（1）分数单位。小数部分用分数表示。

（2）工程单位（Engineering）。数值单位为英尺、英寸，英寸用小数表示。

（3）建筑单位（Architectual）。数值单位为英尺、英寸，英寸用分数表示。

（4）科学计数（Scientific）。科学计数法数值单位。

（5）小数十进制（Decimal）。为系统默认。

角度单位类型有以下几个单选按钮可供选择：

（1）十进制度数（Decimal Degree），十进制度数以十进制数表示。系统默认单位。

（2）百分度。附带一个小写 g 后缀。

（3）度/分/秒（Deg/Min/Sec），格式用"d"表示度，用"'"表示分，用"""表示秒，例如：123d45′56.7″。

（4）弧度（Radious），弧度单位。附带一个小写 r 后缀。180 度为 π，即 3.14r。

（5）勘测单位（Surveyor）。以方位表示角度：N 表示正北，S 表示正南，用度/分/秒表示从正北或正南开始的偏角的大小，E 表示正东，W 表示正西，例如：N 45d0′0″ E 。

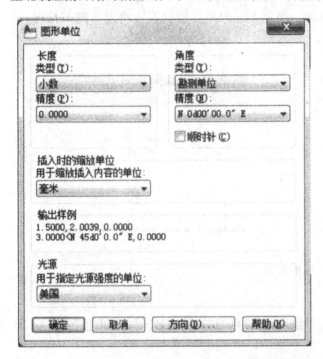
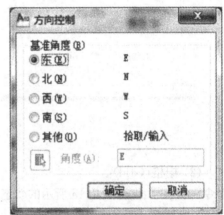

图 2.23　图形单位和方向控制对话框

点击【方向（D）…】按钮弹出图 2.23 所示的"方向控制"对话框，用于规定角度测量的起始位置和方向。系统默认状态是水平向右为角度测量的起始位置，逆时针方向为正值，顺时针方向为负。

在"长度"区和"角度"区的下面分别有一个"精度"下拉列表框，允许用户选择两者的有效位数，设置两者的精度。

"角度"区的下部有一个"顺时针"选项，若选中它则表示以顺时针为角度正方向，否则是系统默认的以逆时针转为角度正方向。

2.3.2　绘图辅助（Drawing Aids）

为了更准确、快捷的绘图，AutoCAD 提供了一些绘图辅助工具如正交（Ortho）、栅格（Grid）、捕捉（Snap）等来帮助用户更精确地绘图。

（1）正交（Ortho）

命令　状态栏：点击图 2.15 中状态栏"绘图工具"区域的"正交模式"（Ortho）按钮■
　　　　功能键：F8

命令行：ortho(或 ′ortho,用于透明命令使用)

该命令只有 ON 和 OFF 两个开关。当处在打开(ON)状态时,能够强制鼠标光标在水平或垂直方向移动,使用户可以方便地绘制水平线或者垂直线。在绘制直线时,若打开"正交",输入的第一点可以任意,但当光标移动给出第二个点时,所绘直线不是第一个点与第二个点的连线,而是第一个点与 x 方向或者 y 方向的平行线,并且是最短的那段线。

需要注意的是：从键盘输入点的坐标或目标捕捉点时不受 Ortho 限制;旋转当前坐标系(UCS)和光标捕捉旋转角会影响正交方向。图 2.24a 为光标捕捉旋转角为 0°时的情况,图 2.24b 为光标捕捉旋转角为 45°时的情况。

(a)　　　　　　　　　　　　　　(b)

图 2.24

(2) 栅格(Grid)

命令　状态栏：点击图 2.15 所示的状态栏"绘图工具"区域的"栅格显示"(Grid)按钮▨

　　　　功能键：F7

　　　　命令行：grid

该命令用来显示一个与当前 X、Y 轴平行的网格,可作为绘图时辅助参考定位。其中,状态行和功能键两种方式只能设置其开、关状态。

命令提示和选项说明

从命令行中输入命令后,会出现如下提示：

指定栅格间距指定栅格间距(X) 或 [开(ON)/关(OFF)/捕捉(S)/主(M)/自适应(D)/界限(L)/跟随(F)/纵横向间距(A)] <5.0000>：

◆ 指定栅格间距 (X)：选择该选项(默认选项)将允许用户给定栅格的间距。

◆ 开(ON)/关(OFF)：打开/关闭。分别为显示和不显示栅格。

◆ 主(M)：指定主栅格线与次栅格线比较的频率。将以除二维线框之外的任意视觉样式显示栅格线而非栅格点

◆ 自适应(D)：控制放大或缩小时栅格线的密度。

◆ 界限(L)：显示超出 LIMITS 命令指定区域的栅格。

◆ 捕捉(S)：该选项是设置"栅格"Grid 间距跟"捕捉"(Snap)间距相同。

◆ 纵横向间距(A)：该选项将允许用户为 X 方向和 Y 方向设置不同的栅格间距。

注意

（1）栅格只是一个辅助定位工具，它与点的形状和大小无关，也不能被打印出来。

（2）该命令显示的网格只是在绘图范围内，即与 Limits 命令中的绘图界限相同。

（3）点击"工具"菜单的"草图设置"，在弹出的图 2.25 所示的草图设置对话框中也可以很方便地进行栅格设置。

（4）在缺省环境下，也可通过按住"shift"键，点击鼠标右键后出现的屏幕快捷菜单中选取"对象捕捉设置"来打开"草图设置"对话框。

图 2.25　"草图设置"对话框—捕捉和栅格

（3）光标捕捉（Snap）

Snap 命令用于控制鼠标光标每个移动单位的距离。从而使用户能够在绘图区准确定位鼠标光标点。例如，若设定光标捕捉间距为 10，那么光标每移动一个最小单位为 10。

命令　状态栏：点击图 2.15 中状态栏"绘图工具"区域的"捕捉模式"（Snap）按钮

功能键：F9

命令行：snap

从命令行输入 Snap 后，会出现如下提示：

指定捕捉间距或［开（ON）/关（OFF）/纵横向间距（A）/样式（S）/类型（T）］＜10.0000＞：

选项说明

◆ 捕捉间距：该选项为默认选项，允许用户输入光标捕捉的间距。

◆ 开（ON）/关（OFF）：打开/关闭光标捕捉方式。

◆ 纵横向间距（A）：可以为 X、Y 设置不同的捕捉模数。用户可根据提示输入两个方向的间距。

◆ 样式（S）/类型（T）：在这两个选项中可设置"等轴测捕捉"或"极轴捕捉"。其中等轴测捕捉选项是将光标与三个等轴测轴中的两个轴对齐，并显示栅格点，使用户绘制等轴测图形更为容易。

极轴捕捉介绍如下：当绘制或修改对象时，可以使用"极轴追踪"方便地绘制与坐标轴成设定角度（例如 90°、180°、270°、45°、30°、60°等）的图形。当使用极轴追踪时，可以显示由指定的极轴角度所定义的临时对齐路径。例如，在图2.26中绘制一条从点1到点2的两个单位的直线，然

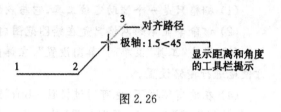

图 2.26

后绘制一条从点2到点3的两个单位的直线，并与第一条直线成45°角。如果打开了45°极轴角增量，当光标跨过0°或45°角时，AutoCAD 将显示对齐路径和工具栏提示。当光标从该角度移开时，对齐路径和工具栏提示消失。光标移动时，如果接近极轴角，将显示对齐路径和工具栏提示。默认角度测量值为90°。用户可以在图2.27"草图设置"对话框中的"极轴追踪"选项卡中设置极轴追踪以及极轴追踪的角度值。

注意

（1）该命令只限制鼠标光标在屏幕上的移动，而由键盘输入的坐标值不受 Snap 的模数限制。

（2）"正交"模式将光标限制在水平或垂直（正交）轴上。因为不能同时打开"正交"模式和极轴追踪，因此"正交"模式打开时，AutoCAD 会关闭极轴追踪。如果再次打开极轴追踪，AutoCAD 将关闭"正交"模式。同样，如果打开"极轴捕捉"，栅格捕捉将自动关闭。

上机实践：如图 2.27 所示，在"草图设置"对话框中，点击"极轴追踪"选项卡，勾选"启用极轴追踪"，"增量角"区选择 45°，附加角区点击"新建"按钮，在出现的框中输入 30，则 90°、45°和 30°角的极轴追踪被打开。如此设置之后，在画

图 2.27　"草图设置"对话框—极轴追踪

直线的过程中，当鼠标光标通过接近 90°、45°和 30°时，就会出现一条半无限长的虚线，表明"极轴追踪"追踪成功，点击某点或者输入一个数字作为线段长度，即可绘制一条倾斜角度为追踪到的角度的直线。图2.28为追踪角度为30°时的显示。

2.3.3　目标捕捉(Osnap)

目标捕捉（亦称"对象捕捉"）是一个十分有用的工具。其作用是：十字光标可以被强制性地准确定位于一些已有目标（或实体）的特征点或特定位置上。在绘图过程中，我们经常需要找到例如圆弧的切点、直线的端点等特征点，利用目标捕捉可以很精确、迅速地找到这些点。

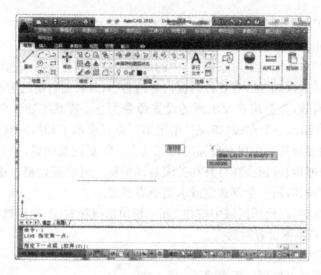

图 2.28　追踪角度 30°时的显示

1) 目标捕捉的设置方式

使用目标捕捉快速、准确地绘制、编辑图形,必须首先设置(或打开)目标捕捉。

AutoCAD 中设置目标捕捉有两类:一类是自动捕捉,以对话框方式设置,另一类是临时捕捉。

(1) 对话框方式设置对象捕捉(图 2.29a)

(a)"草图设置"对话框——对象捕捉

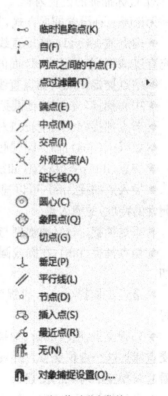

(b) 临时弹出菜单

图 2.29　对象捕捉的设置

命令 下拉菜单:【工具】→【草图设置】

命令行:osnap(或 ddosnap)

打开"草图设置"对话框,在"对象捕捉"中的设置为自动捕捉。在该选项卡中勾选"启用对象捕捉"。在"对象捕捉模式"区,有各种捕捉内容的名称,其前面打钩的为打开该种自动捕捉,一旦设置就将持续有效,直至用户发出新的设置命令为止。若系统处于自动捕捉方式,每当AutoCAD 2010请求输入一个点(例如,在"指定第一点:"提示下)时,一旦鼠标光标移动到所捕捉的目标附近,捕捉框就会出现在目标的特征点上。需要注意的是,打开自动捕捉之后,双击状态栏上的【对象捕捉】按钮会在打开和关闭自动捕捉二者之间切换。该区下面还有"全部选择"和"全部清除"按钮,用于全部选定或取消所有设置。

未执行任何命令时,在绘图区域中按住 Shift 键单击鼠标右键,然后选择"对象捕捉设置"(图 2.29b),也能打开草图设置对话框。

(2) 设置临时目标捕捉

启动临时捕捉方式可以用以下方式:

① 命令行:执行命令过程中,当命令行中出现"指定点…"提示时,在命令行中输入能代表每个捕捉内容的前三个字母(例如 cen,end 等);

② 弹出菜单:执行命令过程中,当命令行中出现"指定点…"提示时,按住 Shift 键,再点击鼠标右键,这时会出现如图 2.29b 所示的弹出菜单,移动鼠标左键在其中选取一种方式即可。

临时捕捉方式只能一次有效,它可覆盖正在使用的自动捕捉方式。

2) 目标捕捉的设置内容

无论哪一种设置捕捉方式,其捕捉内容共有:

◆ 端点捕捉(end):捕捉直线、圆弧或多段线离拾取点最近的端点,以及离拾取点最近的填充直线、填充多边形或 3D 面的封闭角点。

◆ 中点捕捉(mid):捕捉直线、多段线或圆弧的中点。

◆ 中心捕捉(cen):捕捉圆弧、圆或椭圆的中心。

◆ 节点捕捉(nod):捕捉点对象,包括尺寸的定义点。

◆ 象限点(qua):捕捉圆、圆弧或椭圆上 0°、90°、180°、270°的点。

◆ 交点(int):捕捉对象(如线、圆、圆弧和样条曲线)的交点。

◆ 插入点捕捉(ins):可以捕捉到块、形、文本、属性(其中包含了块的信息)或属性定义(描述属性的特性)的插入点。

◆ 垂足捕捉(per):捕捉到与另一个对象或其虚拟延伸形成直角的对象上的点。

◆ 切点捕捉(tan):在圆或圆弧上捕捉到与上一点相连的点,这两点形成的直线与该对象相切。

◆ 最近点捕捉(nea):捕捉到距离指定点最近的点对象或另一种类型的对象上的某个位置。

◆ 外观交点捕捉(app):如果两个对象沿着它们所绘路径延伸方向相交,那么可以通过外观交点捕捉这个虚拟交点。外观交点也可以捕捉两个在三维空间中不相交但是有可能在屏幕上看起来相交的对象的交点。

◆ 平行捕捉:无论何时 AutoCAD 提示输入矢量的第二个点,都绘制平行于另一个对象的矢量。指定矢量的第一个点后,如果将光标移动到另一个对象的直线段上,则 AutoCAD 获得第二点。当所创建对象的路径平行于该直线段时，AutoCAD 显示一条对齐路径，可以用它来创建平行对象。

上机实践：绘制如图 2.30 所示的三角形的顶点到圆的圆心的连线。步骤如下：

（1）打开【工具】下拉菜单的"草图设置"，并选择"对象捕捉"选项卡，打开如图 2.29a 所示的对话框。

（2）在该对话框的"端点"和"圆心"前面打钩，再单击OK 按钮，关闭该对话框。

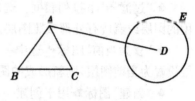

图 2.30

（3）在命令行输入命令：

命令：l （在该提示下输入 l，发出画线命令）

指定第一点：（在该提示下用鼠标在屏幕上拾取 A 点）

指定下一点或［放弃(U)］：（在该提示下拾取 B 点）

指定下一点或［放弃(U)］：（在该提示下拾取 C 点）

指定下一点或［放弃(U)］：（在该提示下命令行中输入字母 c 并回车以闭合三角形）

命令：c （在该提示下，输入 c，发出画圆命令）

指定圆的圆心或［三点(3P)/两点(2P)/相切、相切、半径(T)］：（在该提示下，用鼠标在屏幕上点取 D 点，作为圆的圆心）

指定圆的半径或［直径(D)］：（在该提示下，用鼠标在屏幕上点取 E 点，作为圆的半径）

命令：l （在该提示下，输入 l，发出画线命令）

指定第一点：（在该提示下，将十字光标移近 AC 线段靠 A 点的一端，会在 A 点上出现一个黄色的方框，表明已经捕捉到 A 点，然后单击鼠标左键）

指定下一点或［放弃(U)］：［在该提示下，将十字光标移近圆（而不是圆心）的附近，会在圆心上出现一个黄色的小圆框，表明已经捕捉到 D 点，然后单击鼠标左键，拾取 D 点］

上述操作的结果见图 2.30。

2.3.4 图层管理和线型、颜色的控制与实体特征

AutoCAD 是用图层来管理和控制复杂的图形的。AutoCAD 允许用户建立无限多个图层，这些图层具有相同的坐标系和坐标原点。一个图层相当于一张透明的图纸，可以在不同的图层上绘制不同类型的图形，它们的重叠即为整个图形。

作图总是在某个图层上进行的。它可能是缺省图层（0 层）也可能是作图者自己创建和命名的图层。每个图层都有其相关的颜色、线型和线宽，为了方便管理，可以将相同类型的图形绘制在同一个层上，以方便对所绘制的图形元素进行编组。

例如，可给中心线创建图层并将这个图层配置成蓝色和 Centerline 线型。这样，无论何时想画中心线，都可转换到那个图层上然后进行绘图。在那个图层上画的每个物体都将是蓝色的并使用 Centerline 线型。但如果您后来不想显示或打印中心线，则可关闭该图层。

如果使用黑白打印机，图层颜色可方便地用于控制线宽。打印时，可将每种颜色分配给一支画笔，打印机将使用对应于图层颜色的画笔（或笔宽）。

1）图层控制

命令 下拉菜单：【格式】→【图层】

功 能 区：【常用】选项卡 →【图层】面板→【图层特性管理器】

功 能 区：【视图】选项卡→【选项板】面板→【图层特性】

工 具 栏:【图层】→【图层特性管理器】

命 令 行:layer

发出该命令后,将弹出如图 2.31 所示的"图层特性管理器"对话框。在该对话框中可以进行图层管理,例如新建图层、把新图层添加到图层名列表中、重命名现有的图层、打开和关闭图层、所有的或按视口冻结和解冻图层、锁定和解锁图层等操作。各项内容介绍如下:

◆"过滤器"下拉列表框。选定图层名列表中显示哪些图层:例如所有图层、所有正在使用的图层或者所有外部参照图层。

◆"置为当前"图标✔选中一个图层,点击该按钮,则选中的图层成为当前图层。若将某层设置为当前图层,则新形成的图形就会位于在该图层上。

◆"新建"图标✍用于创建一个新图层。点击该按钮之后,"图层 1"显示在列表中,可以立即对它进行编辑。在创建新图层时,如果已经在列表中亮显了一个图层,那么新图层就会继承选定图层的特性(颜色、开/关状态等)。如果想创建一个具有缺省设置的图层,在创建新图层时就不要选择列表中的任何一个图层,或在创建新图层前先选择一个具有缺省设置的图层。

◆"删除"图标。从图形文件中清除选定图层。

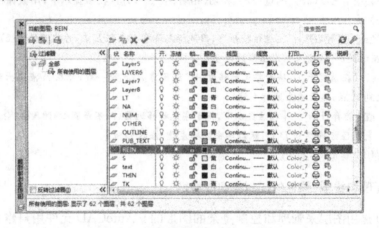

图 2.31 "图层特性管理器"对话框

◆"图层列表区"显示图层及其特性。如果要修改某个特性,可以单击相应的特性图标。

"打开/关闭"开关。控制所选图层的打开和关闭状态。当图层打开时,该层上面的对象是可见的,并且可以被打印出来。当图层关闭时,该层上面的对象是不可见的,并且不能被打印出来。

"冻结/解冻"开关。控制所选图层的冻结和解冻状态。被冻结的图层是不可见的,不能重生成(Regen)和打印。被解冻的图层是可见的,可以重生成和打印。另外,其后的图标分别代表选择在所有视口、当前视口或新视口中冻结图层。

"锁定/解锁"开关。被锁定的图层不能

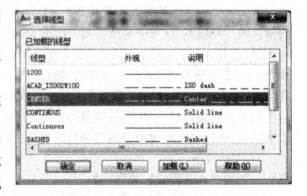

图 2.32 "选择线型"对话框

38

编辑，被解锁的图层可以编辑。

"颜色"图标。设置与图层相关联的颜色，若该图层上的某个实体的颜色设置为"Bylayer"，则实体的颜色即为该处设置的该层颜色。

"线型"图标。单击任一图层的线型名称，将会显示"选择线型"对话框（图 2.32），可在该对话框中加载和选择某种线型为该图层的线型。

"线宽"图标。单击任一图层的线宽，将会显示"选择线型"对话框（图 2.33），可在该对话框中加载和选择某种线型为该图层的线型。

图 2.33 "线宽"对话框

注意

（1）关闭和冻结图层的区别：被关闭的图层，其上的实体不能编辑、显示或打印，但随图形一起重生成。而被冻结的图层不仅不能编辑、显示或打印，而且也不参加图形重生成。如果需要频繁地切换图层的可见和不可见状态，可以关闭该图层而不用冻结。关闭图层可以使图层的对象不可见，从而避免每次在恢复其可见性时都要重生成图形。当打开一个一直被关闭的图层时，AutoCAD 只重画这个图层上的对象。

（2）下列图层不能被清除：正在被引用的图层、0 层、当前图层和外部参照层。

（3）被锁定的图层，其上的实体只是不能编辑，它能够显示和打印，将参加图形重生。可以使一个被锁定的图层成为当前图层，并向其中增加对象。

（4）图层名称最多可包含 31 个字符，包括字母、数字、中文和特殊字符。特殊字符包括美元符号（$）、连字符(-)和下划线（_）。图层名称中不能包含空格符。

2）线型控制

下面将详细介绍线型控制，这部分内容掌握不精会很容易出错。

线型是点、横线和空格的重复图案。线型名及其定义是对特定的点划序列、横线和空格的相对长度以及任何包括文字和形的特性进行描述。要使用某种线型，必须首先将其加载到图形文件中。

线型是 AutoCAD 图形中实体的一个重要特征，用户可以用下列方式控制实体的线型：

（1）把某个实体的线型设置为 Bylayer，然后在图层定义中再设置线型。则该实体的线型将随其所在层。

（2）把某个实体的线型设置为 Byblock，AutoCAD 以缺省线型绘制新对象直至新对象被编组为一个块。当块插入到图形时，块中的对象继承 Linetype 命令的当前设置。

（3）使用下面所述的"线型"命令来设置新对象的线型，则设置之后所绘制的新实体的线型将会随从该设置。

命令 下拉菜单：【格式】→【线型】

功 能 区：【常用】选项卡→【特性】面板→【线型】下拉菜单→【其他】

命 令 行：linetype

发出该命令后，将弹出如图 2.34 所示的"线型管理器"对话框。该对话框的 Linetype 选项卡将允许用户对图形的线型进行控制。下面对其中的各个选项进行介绍：

◆"线型过滤器"列表框。点击该区的下拉箭头可以选择要在"线型列表"中显示所有线型还是显示已使用的线型，或者显示所有依赖于外部参照的线型。

◆"当前"按钮。将选定的线型设置为当前线型。

◆"线型"列表。显示已加载的线型及其特性。

◆"加载"按钮。点击该按钮，将显示图 2.35 所示的加载或重载线型对话框。在这个对话框中，可以将选定的线型加载到图形中，并且添加到线型列表中。

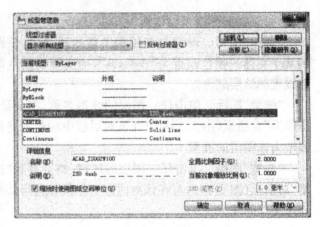

图 2.34 "线型管理器"对话框

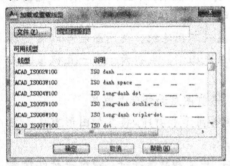

图 2.35 "加载或重载线型"对话框

◆"删除"按钮。清除选定的线型。只有没有以任何方式被引用过的线型才能被清除。逻辑线型Bylayer、Byblock 不能被清除。

◆"详细信息"区。点击"显示细节"/"隐藏细节"按钮，可以显示或者隐藏"详细信息"区。在该区中，"名称"框用于显示被亮显的图层名称，"说明"框用于显示选定线型的说明，"全局比例因子"和"当前对象缩放比例"框用于输入全局比例因子和当前对象的缩放比例。"全局比例因子"用于设置现有的和所有新的实体线型比例；相对于全局缩放比例设置，"当前对象缩放比例"用于设置随后所画对象的线型比例。修改线型比例将导致图形重生。

注意

(1) Bylayer 线型表示新的对象的线型将随图层中对线型的设置。Byblock 线型表示如果用户绘制的图形在被插入的图块上，则图块中的对象将继承插入时的线型设置。在绝大多数情况下，正式的工程图形，其实体的线型设为随层（Bylayer）或者随块（Byblock），这样做既正规又方便、不易出错。图层的划分可以根据图形本身的特点分组。

(2) 线型比例对非连续型线型非常重要。该值越小，每单位距离画出的重复图案越多。线型比例选择的不合适，将会造成非连续型的线型显示不正确（例如显示成实线等）。

(3) 有时候非连续线型会显示不正确（例如本来设为点划线，却显示为实线），此时在命令行中输入"regen"（重新生成）命令，整个图形将会重画，线型会显示正确。

3）颜色控制

颜色是除线型以外另一个重要的实体特征，用户可以用下列方式控制实体的颜色：

(1) 把某个实体的颜色设置为 Bylayer，然后在图层定义中再设置颜色。则该实体的颜色将随其所在层。

(2) 把某个实体的颜色设置为 Byblock，AutoCAD 以缺省颜色（根据设置为黑或白）绘制新对象直至新对象被编组为一个块。当块插入到图形时，块中的对象继承 Color 命令的当前设置。

（3）使用下面所述的 Color 命令来设置新对象的颜色，则设置之后所绘制的新实体的颜色将会随从该设置。

命令 下拉菜单：【格式】→【颜色】

功 能 区：【常用】选项卡→【特性】面板→【颜色】下拉菜单→【选择颜色】

命 令 行：color

发出该命令后，将弹出如图 2.36 所示的"选择颜色"对话框。该对话框将允许用户选择实体的颜色。下面对其中的各个选项进行介绍：

◆ 标准颜色区。该区为 AutoCAD 标准颜色，颜色号 1～9，其中红色为 1 号。

◆ 灰度颜色区。灰度指颜色号为 250～255 的颜色。

◆ 逻辑颜色区。该区有两个逻辑颜色按钮：Bylayer 和 Byblock。

◆ "颜色索引"区。该区为非标准颜色，颜色号为 10～249。

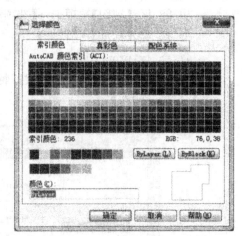

图 2.36 "选择颜色"对话框

◆ "颜色"文本框。用户可以输入颜色号或 Bylayer、Byblock 逻辑色，后面的颜色块显示了当前颜色。在其他区中进行选择颜色操作，所选颜色的颜色名或颜色号也显示在"颜色"文本框中。

4）线宽控制

线宽是除颜色、线型以外另一个重要的实体特征。AutoCAD 2000 以前的版本，线宽的控制不是非常方便，需要用 pline 等命令来绘制有一定宽度的线条，或者用实体的颜色来控制打印线宽。从 AutoCAD 2000 开始的高版本把线宽作为实体特征赋予每个图形对象或者赋予某个图层，使我们可以很方便地在图层设置或线宽设置中控制显示线宽和打印线宽。线宽值为 0.025 mm 或更小时，在模型空间显示为 1 个像素宽，并将以指定打印设备允许的最细宽度打印。点击状态栏上的"线宽"按钮，可以选择显示和不显示线宽。在命令行所输入的线宽值将舍入到最接近的预定义值。用户可以用下列方式控制实体的线宽。

命令 下拉菜单：【格式】→【线宽】

功 能 区：【常用】选项卡→【特性】面板→【线宽】下拉菜单→【线宽设置】

命 令 行：lineweight(lweight)

发出该命令后，将弹出如图 2.37 所示的"线宽设置"对话框。该对话框将允许用户对线宽各个选项进行设置。下面对其中的各个区域（选项）进行介绍：

◆ 线宽。该区为线宽下拉列表，AutoCAD 支持的线宽从 0～2.11 mm。其中有两个逻辑线宽 Bylayer 和 Byblock 以及默认线宽。

◆ 在其他区域（见图）还可以设置线宽的

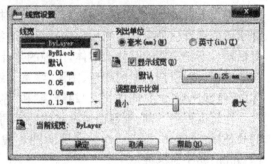

图 2.37 "线宽设置"对话框

单位,显示或者不显示线宽,设置默认线宽的大小以及调整线宽的显示比例等。

5) 实体特性

图层、线型、颜色和线宽的控制是 AutoCAD 中的重要概念,望读者认真阅读,多加练习。同时,图层、线型、颜色和线宽也称为 AutoCAD 中图形的实体"特性"(Properties)。

图形的特性可以用"特性"命令来修改,特性命令的启用方法如下:

命令 下拉菜单:【修改】→【特性】

功 能 区:【视图】选项卡→【选项板】面板→【特性】

工 具 栏:【标准】→【特性】

命 令 行:properties

快捷菜单:选择要查看或修改其特性的对象,在绘图区域中单击鼠标右键,然后单击【特性】

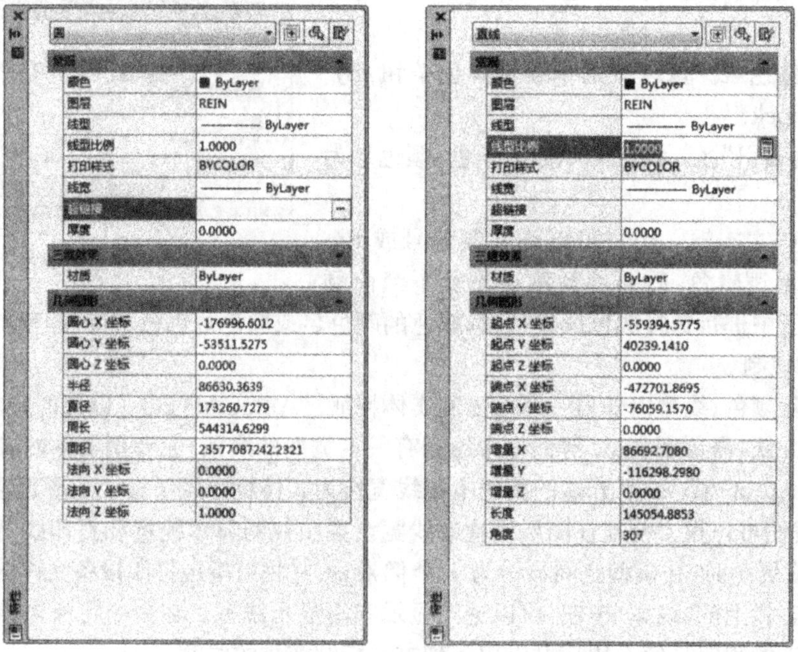

(a)　　　　　　　　　　(b)

图 2.38　选中"圆"或"直线"时特性对话框的内容对比

发出上述命令后,屏幕上将出现"特性"对话框。"特性"对话框的内容取决于用户是否选择实体或选择何种实体。当用户选择了一个实体(例如圆或直线),其特性为如图 2.38 所示的对话框。不论选择的是什么实体,出现的是什么对话框,在对话框的上部,都有一个"基本"区,在该区用户对所选对象的颜色、图层、线宽和线型进行设置和改变;另在该区也可以选择该实体的"线型比例"、"打印样式"、"超链接"和"厚度"。

在对话框的下部,则根据所选实体的不同,而出现不同的情况,分别允许用户对不同实体的其他特征(例如,直线的端点或圆的圆心或半径等)进行编辑和修改。请读者比较图 2.38(a)和(b)两个对话框。

点击"特性"按钮,当用户选择了多个实体,则会只有 2.38(a)或(b)所示的对话框中的"基

42

本"区域。在该区对话框内，允许用户同时对多个所选对象的颜色、图层和线型等进行设置和改变，以及同时输入多个实体的厚度和线型比例的量值。

"特性"对话框中包含的内容：大多数特性都允许用户在该对话框中修改，例如用户选中的圆的"特性"，可以在对话框中修改其图层、线型、圆心、半径等。

在 AutoCAD 2010 中，新加了一个"快捷特性"，其弹出的对话框如图 2.39 所示，包含的内容比"特性"对话框中要少些。

快捷特性的打开有两种方式：

命令 状 态 栏：【快捷特性】按钮

快捷菜单：选择要查看或修改其特性的对象，在绘图区域中单击鼠标右键，然后单击"快捷特性"

图 2.39 "快捷特性"对话框

2.3.5 查询命令

查询命令可以获取有关两个指定点或多个点之间关系的信息。例如，在 XY 平面中，两个点之间的距离或角度等。

命令 下拉菜单：【工具】→【查询】

功 能 区：【常用】选项卡→【实用工具】面板→【测量】

点击"下拉菜单"选项，会弹出一个如图 2.40a 所示的二级子菜单。该子菜单的各个选项分别允许用户查询图形实体和图形文件的各方面的信息。各命令执行之后，系统将弹出文本框来告诉用户所计算的结果。

其中，"距离"命令用于测量两点之间的距离和角度。

"面积"命令用于计算选定对象（圆、椭圆、样条曲线、多段线、正多边形、面域和实体）或定义区域的面积和周长。

"面域/质量特性"命令所显示的特性取决于选定对象是面域（及选定的面域是否与当前 UCS 的 XY 平面共面）还是实体。

"列表显示"命令用于列表显示选定对象类型，对象图层，颜色和线型（当它们不随层时），厚度，拉伸方向，相对于当前用户坐标系的 X、Y、Z 位置，当前对象位于模型空间还是在图纸空间中以及与选定的特定对象相关的其他信息。

"点坐标"用于在命令行中显示一个点位置的坐标值。

"时间"用于显示图形的日期及时间统计信息。

"状态（Status）"用于显示当前整个图形中的对象数。这包括图形对象（例如圆弧和多段线）、非图形对象（例如图层和线型）和内部程序对象（例如符号表）。在提示符 Dim 下使用时，Status 将汇报所有标注系统变量的值和说明。

"设置变量"命令则列出系统变量并修改变量值。

"功能区"方式执行"查询"命令的方法见图 2.40b。其中的内容跟下拉菜单相同，这里不再赘述。

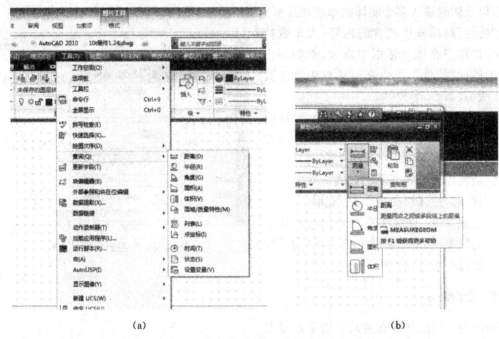

(a)   (b)

图 2.40 "下拉菜单"和"功能区"方式执行查询命令

2.3.6 系统变量

AutoCAD 将操作环境和一些命令的设置(或值)存储在系统变量中。每个系统变量都有一个相关的类型:整型、实型、点、开关或文本字符串。除非变量是只读的,否则可以直接在命令行中使用 Setvar 命令或使用 AutoLISP 函数[(getvar)和(setvar)]检查或改变这些变量。AutoCAD 中系统变量很多,现在简单举例如下:

Fillmode。系统变量指定使用 Solid 命令创建的对象是否被填充(参见第 2.4 节图形填充)。

Filletrad。系统变量存储当前的圆角半径(参见第 2.5 节 Fillet 命令)。

Mirrtext。系统变量控制 Mirror 对文字所产生的影响(参见第 2.5 节 Mirror 命令)。

Fontalt。系统变量用来指定替换字体(参见第 2.8 节对丢失了的字体的处理)。

2.3.7 使用帮助菜单

在标题栏的最右边,有一个"帮助"按钮,❷ 单击它可以弹出 AutoCAD 帮助菜单(图 2.41),用户对某个命令有疑问可以在"索引"选项卡中输入帮助主题来参考该命令的帮助文件。按 F1 键、或者点击"帮助"菜单中的"帮助"选项也可以打开帮助对话框。

在每个打开的对话框中都有"帮助"按钮,用户可以单击之以弹出该对话框的帮助文件。

2.3.8 使用命令别名(简化命令)

1) 简化命令的设置

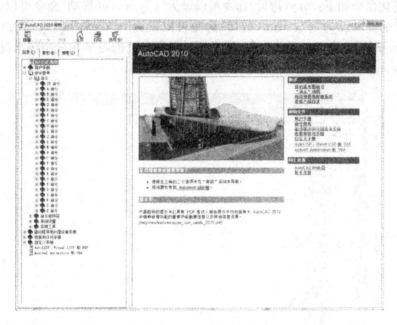

图 2.41　AutoCAD 帮助菜单

命令别名是简化的命令名称，便于用户从键盘输入命令。例如在命令行中输入"a"代表发出 arc 命令；输入"b"代表发出 block 命令等。

acad. pgp 文件列出了命令别名。可以通过编辑 acad. pgp 文件修改或删除这些别名，也也可以加入自定义别名。要访问 acad. pgp 文件，请在"工具"菜单上，单击"自定义"，单击"编辑自定义文件"，然后单击"程序参数（acad. pgp）"。这时会弹出如图 2.42 所示的对话框，在该对话框中可以方便地修改或添加命令别名。

acad. pgp 文件是文本文件，可以用 Windows 程序中的记事本等文本编辑程序打开。如图 2.42 所示，在图中左边一列是命令简写形式，右边一列是命令全称。例如 Arc（画圆弧命令）的简写形式是 A，则在命令行中输入英文字母"a"回车即代表执行了 arc 命令。依此类推，AutoCAD 里面还有很多这样的简化命令，对没有简化命令的命令，读者也可以自己添加。

2）提高作图效率

对大部分用户来说，需要调整的简化命令有 copy（拷贝）等命令。因为在默认的简化命令列表中，"c"这个简化命令留给 circle（画圆）命令，但很显然人们使用 copy 命令的频率显然比 circle 命令多，所以建议将这"c"这个简化命令设置为 copy，提高作图效率。

修改和添加简化命令的方式和步骤：

（1）编辑 acad. pgp 文件。以 copy 为例，欲把它的简化命令设为"c"，先把系统默认的占用"c"为简化命令的 circle 改为用户自己定义的简化命令（例如"ci"）；然后才能将原为"cp"的 copy 的简化命令改为"c"。

（2）将 acad. pgp 文件存盘退出。重新启动 AutoCAD，修改的简化命令才会生效。

为了提高作图效率，最好养成良好的左右手配合使用的作图习惯，左手专门使用键盘，发出常用的简化命令，右手使用鼠标，进行定位和发出复杂命令。另请读者注意，回车确认键用左手拇指按空格键来代替作图效率高。

常用的简化命令如下：copy(拷贝)命令可以设为"c"；move(移动)命令可以设为"m"；e-rase(删除)命令可以设为"e"；trim(剪切)命令可以设为"t"；extend(延伸)命令可以设为"ex"；stretch(拉伸)命令可以设为"s"。用户可以根据自己的习惯和使用频率设置和使用其他的简化命令。

图 2.42

2.4 AutoCAD R14 的基本绘图方法

任何一幅图形都可以细分成若干图形元素，如直线、圆、圆弧、圆环、椭圆、多边形等或它们的组合。因此，了解这些基本形体的画法是整个绘图的基础。本章即是讲述这些方面的内容。本章内容较多，要求读者认真阅读，积极实践，这样才能够融会贯通地掌握。

2.4.1 绘制直线(Line)、射线(Ray)和构造线(Xline)

1) 用 Line 命令绘制直线

直线是图形中最常见、最简单的实体，其命令是 line。执行该命令一次可以画一条线段，也可以连续画多段线段(其中每一条线段都彼此互相独立)。该命令是用起点和终点来确定直线的。

命令 功 能 区：【常用】选项卡→【绘图】面板→【直线】

下拉菜单：【绘图】→【直线】

工 具 栏：【绘图】→【直线】

命 令 行：line(或者简化命令 l，即在"命令"提示下直接输入字母 l 并回车)

命令提示

◆ 指定第一点：这是启动命令后首先出现的提示，提醒用户输入直线的起点。对它响应后，紧接着出现的下面的提示。

◆ 指定下一点或 [放弃(U)]：提醒用户输入直线的第二点。以后会连续出现该提示，以生成多段首尾相连的直线。除非敲回车键或按【Esc】键结束该命令。

◆ 当输入两条以上直线之后，系统会提示：指定下一点或［闭合(C)/放弃(U)］：在提示下输入 c(Close 的缩写)，将会使最后一段线的终点与第一段直线的起点相连，并结束 line 命令。但使用 Close 时要注意在此之前用户必须至少绘制两条直线，并在当前 line 命令执行时才能闭合该线段(不能闭合以前绘制的图形)。

上机实践 用 line 命令绘制如图 2.43 所示的图形，步骤如下：

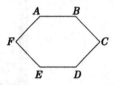

图 2.43

(1) 命令：l （在该提示下输入简捷命令 l）

(2) 指定第一点： （在该提示下用鼠标拾取屏幕上的点 A）

(3) 指定下一点或［放弃(U)］：@10＜0 （在该提示下用相对极坐标输入点 B)

(4) 指定下一点或［闭合(C)/放弃(U)］：@10＜315 （在该提示下输入点 C)

(5) 指定下一点或［闭合(C)/放弃(U)］：@10＜225 （在该提示下输入点 D)

(6) 指定下一点或［闭合(C)/放弃(U)］：@10＜180 （在该提示下输入点 E)

(7) 指定下一点或［闭合(C)/放弃(U)］：@10＜135 （在该提示下输入点 F)

(8) 指定下一点或［闭合(C)/放弃(U)］：c ［在该提示下输入字母 c 以闭合(即绘制线段 FA)］

以上操作的结果见图 2.43。

注意

(1) 在"指定下一点或［放弃(U)］："提示下输入 u(Undo 的缩写)，可取消上一次输入的点，可以逐次使用 Undo 命令取消已画线段直到回到最初的起始点。

(2) 在"指定第一点："提示下直接回车，将以上次绘制的线或圆弧终点作为新生成的直线的起点。

(3) 新手注意：用一个 line 命令绘制的首尾相连的多条直线是由多个实体组成，它每一段是一个单独的图形，可以单独进行编辑(例如删除、拷贝等)。

(4) 若用户不结束命令，会一直要求输入下一点，直至用户闭合图形或者以其他形式结束命令。

2) 用 Ray 命令绘制射线

射线为一只有起始点，并延伸到无穷远的直线，用户可以通过 Ray 命令来绘制。

命令 功 能 区：【常用】选项卡→【绘图】面板→【射线】

 下拉菜单：【绘图】→【射线】

 命 令 行：ray

在缺省状态下，Ray 工具并没有放在"绘图"工具栏上，用户可以通过【视图】下拉菜单的【工具栏】，打开"自定义"对话框，然后通过该对话框中的"命令"选项卡按钮将"射线"工具拖放在绘图区的"绘图"工具栏上。

上机实践 绘制如图 2.44 所示的两条射线，步骤如下：

(1) 命令：ray （在该提示下，输入 ray 启动画射线命令）

(2) 指定起点： （在该提示下，拾取屏幕上的 点 A，指定射线起点）

(3) 指定通过点： （在该提示下，指定射线穿过点 B，定义射线方向）

(4) 指定通过点： （在该提示下，指定射线穿过点 C，定义第二条射线方向）

(5) 指定通过点： （在该提示下，直接回车结束命令）

3) 用 Xline 命令绘制构造线

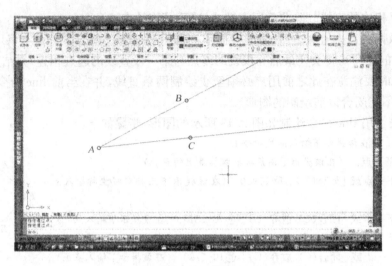

图 2.44　射线

构造线是一条没有起点和终点的无限长直线,它通常被用来做辅助绘图线。构造线具有普通 CAD 图形对象的各种属性,如图层、颜色、线型等,它还可以通过修剪成为射线和直线。

命 令　功 能 区:【常用】选项卡→【绘图】面板→【构造线】

　　　　　下拉菜单:【绘图】→【构造线】

　　　　　工 具 栏:【绘图】→【构造线】

　　　　　命 令 行:xline

命令提示

启动该命令后会出现提示:

指定点或[水平(H)/垂直(V)/角度(A)/二等分(B)/偏移(O)]:

选项说明

◆ 在该提示下指定构造线的起点。该项是缺省选项,用来绘制通过两点的构造线,其后续提示是"指定通过点:",允许用户在此提示下输入构造线的第二点。

◆ 水平(H):绘制通过给定点的水平构造线。

◆ 垂直(V):绘制通过给定点的垂直构造线。

◆ 角度(A):绘制与 X 轴正方向成给定角度的构造线。其后续提示是"输入构造线的角度(0)或[参照(R)]"在此提示下,若输入一个角度值(例如 45°),则会连续出现提示"指定通过点:",允许用户同时绘制多条构造线。在此提示下,若输入"r"并回车,表明要绘制一个与已知直线成一定角度的构造线。其后续提示依次为"选择直线对象:"、"输入构造线的角度<0>:"和"指定通过点:",分别允许用户选择实体、输入角度和选择通过点。

◆ 二等分(B):绘制平分一已知角的构造线。执行该选项后会出现如下提示:

指定角的顶点:指定角的起点:指定角的端点:

对上述提示进行响应后,则绘出过顶点且平分上述 3 点所确定的角的构造线。

◆ 偏移(O):绘制与一已知线平行的射线。

上机实践　绘制经过点(4,5),并与 X 轴成 30°夹角的构造线,步骤如下:

(1)命令:xline　(在该提示下输入 xline 回车,启动 xline 命令)

48

（2）指定点或［水平(H)/垂直(V)/角度(A)/二等分(B)/偏移(O)］：a　（输入 a 以选择 Angle 选项）

（3）输入构造线的角度(0)或［参照(R)］：30　（输入角度值30°）

（4）指定通过点：4，5　［输入通过点的坐标(4,5)］

（5）指定通过点：　（直接回车结束命令）

上述操作结果见图 2.45。

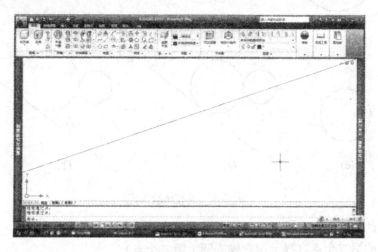

图 2.45　绘制构造线

2.4.2　绘制单线圆(Circle)、圆弧(Arc)和椭圆及椭圆弧(Ellipse)

1）用 Circle 命令绘制单线圆

圆是绘图过程中常见的另外一种基本实体，用来表示柱、轴、轮、孔等。AutoCAD 提供了 6 种画圆的方式，这些方式是根据圆心、半径、直径和圆上的点等参数来确定圆的。

命令　功　能　区：【常用】选项卡→【绘图】面板→【圆】

下拉菜单：【绘图】→【圆】

工　具　栏：【绘图】→【圆】

命　令　行：circle(或者简化命令 c)

在【绘图】下拉菜单下选择【圆】选项会弹出如图 2.46 所示的"圆"下级子菜单，该菜单有 6 个选项，分别允许用户用 6 种方式：即通过指定圆心和半径、圆心和直径、3 点、2 点、两个相切对象和半径、三个相切对象画圆。用户可根据需要选择其中一种方式来画圆。

图 2.46　圆绘制方式选项

命令提示选项说明

在命令：提示下输入字母"c"，启动画圆命令时出现主提示：

指定圆的圆心或［三点(3P)/两点(2P)/切点、切点、半径(T)］：各选项含义如下：

◆ 三点(3P)：允许用户通过如图 2.47d 所示圆周上的 3 点来定义一个圆。选择该方式之后，会出现后续提示：

49

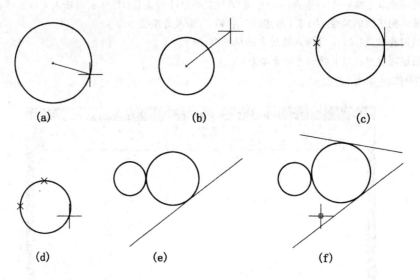

图 2.47　6 种画圆方式

指定圆上的第一个点：(提示用户输入圆上第一个点)

指定圆上的第二个点：(提示用户输入圆上第二个点)

指定圆上的第三个点：(提示用户输入圆上第三个点)

◆ 两点(2P)：允许用户用圆的直径来定义一个圆(图 2.47c)。选择该方式之后出现后续提示：

指定圆直径的第一个端点：(提示用户输入直径上的第一个点)

指定圆直径的第二个端点：(提示用户输入直径上的第二个点)

◆ 切点、切点、半径(T)：通过指定两个相切对象和半径来画圆(图 2.47e)。选择该方式之后，其后续提示和含义为：

指定对象与圆的第一个切点：(指定第一个相切对象)

指定对象与圆的第二个切点：(指定第二个相切对象)

指定圆的半径：(输入圆的半径)。

◆ 圆心：默认方式，允许用户确定圆心坐标，通过圆心和半径(图 2.47a)及圆心和直径(图 2.47b)来画圆。后续提示为："指定圆的半径或[直径(D)]："，提示用户输入圆的半径或直径。

◆ 另外，若启动相切、相切、相切方式来画圆的话，系统会出现三个提示：

指定圆上的第一个点：_tan 到 (提醒用户指定第一个相切对象)

指定圆上的第二个点：_tan 到 (提醒用户指定第二个相切对象)

指定圆上的第三个点：_tan 到 (提醒用户指定第三个相切对象)

注意

(1) 圆不能用 Explode 命令分解。因为它是一个整体，没有任何其他组成元素。

(2) 使用相切方式画圆有可能画不出圆或者圆没有与所选对象真正相切(而是与所选对象的延长线相切)，如图 2.48 所示。在图 2.48 中，直线①和②平行，若欲绘制与这两者相切的圆，则该圆的半径必须为这两条直线距离的一半，否则将绘不出。而若绘制与③、④两条直线相切的圆，由于所给半径太小(或太大)，则所绘圆与二者并不真正相切，而是与它们的延长线

50

相切。

上机实践 绘制如图 2.49 所示的 4 个圆,步骤如下:

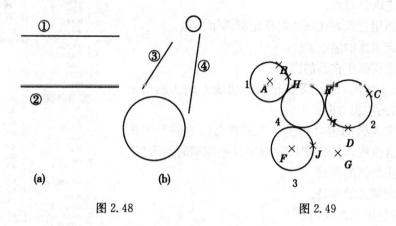

图 2.48　　　　　　　　　　　　图 2.49

命令:_circle （选择"绘图"下拉菜单"圆"的"圆心、半径"选项）

指定圆的圆心或[三点(3P)/两点(2P)/相切、相切、半径(T)]:（在该提示下拾取点 A 作为圆 1 的圆心）

指定圆的半径或[直径(D)]:（在该提示下拾取点 B 此时屏幕上出现圆 1）

命令:_circle （选择绘图下拉菜单"圆"下的"三点"选项）

指定圆的圆心或[三点(3P)/两点(2P)/相切、相切、半径(T)]:_3p

指定圆上的第一个点:（在该提示下拾取点 C）

指定圆上的第二个点:（在该提示下拾取点 D）

指定圆上的第三个点:（在该提示下拾取点 E,此时屏幕上出现圆 2）

命令:_circle （选择"绘图"下拉菜单"圆"下的"圆心、直径"选项）

指定圆的圆心或[三点(3P)/两点(2P)/相切、相切、半径(T)]:（在该提示下拾取点 F）

指定圆的半径或[直径(D)]<126.6168>:_d 指定圆的直径<253.2336>:

　（在该提示下拾取点 G,此时屏幕上出现圆 3）

命令:_circle （选择"绘图"下拉菜单"圆"下的相切、相切、相切选项）

_circle 指定圆的圆心或[三点(3P)/两点(2P)/相切、相切、半径(T)]:_3p

指定圆上的第一个点:_tan 到 （在该提示下拾取点圆 1 上 H）

指定圆上的第二个点:_tan 到 （在该提示下拾取点圆 2 上 I）

指定圆上的第三个点:_tan 到 （在该提示下拾取点圆 3 上 J,此时屏幕上出现圆 4）

2) 用 Arc 命令绘制圆弧

命令　功　能　区:【常用】选项卡→【绘图】面板→【圆】 ▧

　　　　下拉菜单:【绘图】→【圆弧】

　　　　工　具　栏:【绘图】→【圆弧】

　　　　命　令　行:arc(或者简化命令 a)

命令提示与选项说明

在"命令":提示下输人字母"a"启动画弧命令会出现主提示:

◆ Ars 指定圆弧的起点或 [圆心(C)]:

选择该提示下的各选项以及选择各后续选项将允许用户以多种方式画圆。用户也可以单击

"绘图"下拉菜单中的"圆弧"选项,在出现的如图 2.50 所示的子选项里以 11 种方式绘制圆弧。下面是各个选项的说明:

起点:指定圆弧起点。

第二点:当用三点方式画弧时指定圆弧第二点。

端点:指定圆弧的端点。

圆心:指定圆弧所在圆的圆心。

圆弧的起点切向:指定圆弧起点的切线方向为图形上最后一点相切的切线方向。

角度:指定圆弧的包含角度。系统将会以逆时针方向画弧,如果包含角度是负的,则 AutoCAD 绘制顺时针圆弧。

长度:指定圆弧的弦长。

半径:指定圆弧的半径。

下面是各种画弧方式:

◆ 三点(3 points)绘制圆弧方式(图 2.51a)。

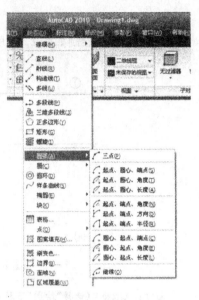

图 2.50

◆ 起点、圆心、端点绘弧方式(Start, Center, End)。该方式将以圆心(2)从起点(1)到端点绘制一个逆时针圆弧,该端点应在从圆心开始且过第三点(3)的假想射线上。如图2.51b所示,圆弧不必过第三点。

◆ 起点、圆心、角度绘弧方式(Start, Center, Angle),该方式将以圆心(2)从起点(1)开始绘制具有指定包含角度的逆时针圆弧(图 2.51c)。如果包含角度是负的,AutoCAD 绘制顺时针圆弧。

◆ 起点、圆心、弦长方式绘弧(Start, Center, Length)(图 2.51d)。如果弦长是正的,AutoCAD 以圆心(2)和弦长计算端点角度后,从起点(1)开始绘制逆时针劣弧(小于 180°的弧)。如果弦长是负的,AutoCAD 绘制逆时针优弧(大于 180°的弧)。

◆ 起点、端点、角度绘弧方式(Start, End, Angle)(图 2.51e)。从起点(1)到端点(2)绘制具有指定包含角度的逆时针圆弧。

◆ 起点、端点、开始方向绘弧方式(Start, End, Direction)(图 2.51f)。创建以起点(1)开始以端点(2)结束的任意圆弧,系统从起点决定圆弧的方向。

◆ 起点、端点、半径绘弧方式(Start, End, Radius)(图 2.51g)。将从起点(1)向端点(2)绘制指定半径的逆时针劣弧。如果半径是负的 AutoCAD 绘制优弧。

◆ 圆心、起点、端点绘弧方式(Center, Start, End)(图 2.51h)。系统以指定点为圆心从起点(1)向端点(2)绘制逆时针圆弧,该端点位于以圆心(3)为起点经过指定第二点的假想射线上。

◆ 圆心、起点、角度绘弧方式(Center, Start, Angle)(图 2.51i)。系统以指定点为圆心(2)从起点(1)开始绘制具有指定包含角度的逆时针圆弧。

◆ 圆心、起点、弦长绘弧方式(Center, Start, Length)(图 2.51j)。如果弦长是正的,系统以指定点为用圆心(1)和所指定弦长计算端点角度并从起点(2)开始绘制逆时针劣弧。

◆ 继续(相切绘弧方式)(图 2.51k)。启动该画弧方式,系统将绘制与上一次绘制的直线或圆弧相接并相切的圆弧。用户可以在主提示:"Arc 指定圆弧的起点或 [圆心(C)]:"下直接回车启动该画弧方式。

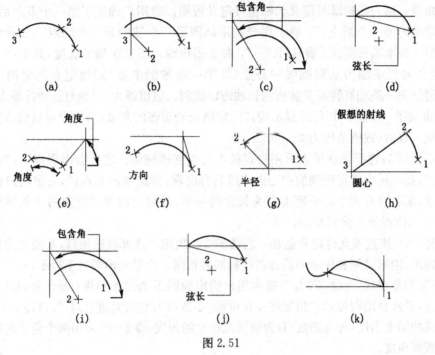

图 2.51

注意

(1) 绘制圆弧的方法很多，读者在实际应用中应该多加练习，并要注意命令行提示以提醒下一步的操作。

(2) 与 line 绘制的直线一样，该命令绘制的圆弧为单线(即没有宽度的线)，若想绘制具有宽度的圆弧，则需要用 pline(多段线)命令。

上机实践 绘制如图 2.52 所示的图形，步骤如下：

命令：a （在"命令："提示下输入 a 启动 Arc 命令）

　　指定圆弧的起点或［圆心(C)］：（在该提示下拾取点 A）

　　指定圆弧的第二个点或［圆心(C)/端点(E)］ （在该提示

下拾取点 B）

　　指定圆弧的端点：（在该提示下拾取点 C）

　　命令：（直接回车再次启动 Arc 命令）

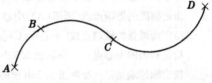

图 2.52

　　指定圆弧的起点或［圆心(C)］：（直接回车选择 Continue 方式）

　　指定圆弧的端点：（在该提示下拾取点 D，则绘制圆弧 CD，其在 C 点与圆弧 ABC 相连并相切）

3) 用 Ellipse 命令绘制椭圆和椭圆弧

命令 功 能 区：【常用】选项卡→【绘图】面板→【椭圆】❖

　　　　下拉菜单：【绘图】→【椭圆】

　　　　工 具 栏：【绘图】→【椭圆】/【椭圆弧】

　　　　命 令 行：ellipse(或者简化命令 el)

命令提示及选项说明

启动该命令后会出现提示：

指定椭圆的轴端点或［圆弧(A)/中心点(C)］：其中各选项含义如下：

◆ 轴端点：提示用户确定椭圆的第一条轴的第一个端点。椭圆第一条轴的角度确定了整

53

个椭圆的角度。第一条轴既可定义长轴也可定义短轴。当用户确定了第一个点之后,系统会提示:"指定轴的另一个端点:",要求用户确定椭圆第一个轴的第二个端点。之后会出现提示:"指定另一条半轴长度或[旋转(R)]:",要求用户输入第二个轴的长度,其中:"另一条半轴长度"定义第二条轴为从椭圆弧中心点(即第一条轴的中点)到指定点的距离。"[旋转(R)]"通过绕第一条轴旋转定义椭圆的长轴短轴比例。该值越大,短轴对长轴的缩短就越大。输入 0 则定义了一个圆。其后续提示为:"指定绕长轴旋转的角度:",用户可以在该提示下指定一点或输入数值(数值范围为 0~89.4)。

◆ 中心点(C):选择该选项表示用指定的中心点创建椭圆。之后会出现提示:"指定椭圆的中心点:",要求用户指定椭圆的中心点;"然后会出现:指定轴的端点:",要求用户输入第一个轴的端点,那么该点到中心的距离即为长轴的一半;最后会出现:"指定另一条半轴长度或[旋转(R)]:",该提示与前面相同。

◆ 圆弧(A):该选项允许用户创建一段椭圆弧。当用户选择该选项后,系统首先要求用户确定一个椭圆,绘制过程和提示与前面的绘制椭圆相同。之后会出现如下提示:

"指定起始角度或[参数(P)]:",提示用户确定椭圆弧的起始角度(start angle)。指定起始角度之后,系统会出现提示:"指定终止角度或[参数(P)/包含角度(I)]:",该提示中,终止角度为椭圆弧的结束角度;包含角度(I)为椭圆弧包含的角度;参数(P)为用两个角度之间的关系来确定椭圆弧角度。

上机实践 绘制如图 2.53 所示的椭圆和椭圆弧,步骤如下:

命令:el (在"命令:"提示下输入 el 启动 Ellipse 命令)
指定椭圆的轴端点或[圆弧(A)/中心点(C)]: (拾取图 2.53a 中的点 A)
指定轴的另一个端点: (拾取图 2.53a 中的点 B)
指定另一条半轴长度或[旋转(R)]: (拾取图 2.53a 中的点 C)

此时屏幕上会出现图 5.53a 所示的椭圆。

命令: (在"命令"提示下直接回车再次启动 Ellipse 命令)
指定椭圆的轴端点或[圆弧(A)/中心点(C)]::a (在该提示下输入"a"选择 Arc 选项)
指定椭圆弧的轴端点或[中心点(C)]:c (在该提示下输入"c"选择 Center 选项)
指定椭圆的中心点: (拾取图 5.53b 中的点 O)
指定轴的端点: (拾取图 5.53b 中的点 A)
指定另一条半轴长度或[旋转(R)]: (拾取图 2.53b 中的点 B)
指定起始角度或[参数(P)]:-30 (输入椭圆弧的起始角-30°)
指定终止角度或[参数(P)/包含角度(I)]:180 (输入椭圆弧的起始角 180°)

现在屏幕上出现图 5.35b。

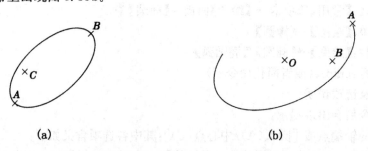

(a)　　　　　　　　　　　(b)

图 2.53

54

2.4.3 点(Point)的绘制

1) 用 Point 命令绘制点和用 DDptype 命令设置点的形状

点在 AutoCAD 中可以作为实体,它可以具有实体的各种属性。用户可以像绘制直线、圆等一样地创建点。在实际应用中,点可以作为捕捉对象的节点(NODe 捕捉方式)。

命令　功 能 区:【常用】选项卡→【绘图】面板→【点】 ·
　　　下拉菜单:【绘图】→【点】→【单点】/【多点】
　　　工 具 栏:【绘图】→【点】
　　　命 令 行:point(或者简化命令 po)

启动 Point 命令后,命令行会出现提示:"指定点:",在该提示下用户可以输入或者拾取一点,之后会在该点的位置出现一个点的实体。

在 AutoCAD 中,点的形状可以定制,定制点的形状可以用以下命令:

命令　下拉菜单:【格式】→【点样式...】
　　　命 令 行:ddptype

启动 Ddptype 命令之后,会弹出如图 2.54 所示的"点样式"对话框。在该对话框的上部有 20 种点形式的图案可以供用户选择。在哪一种图案上点击就表明选择了该种形式的点。

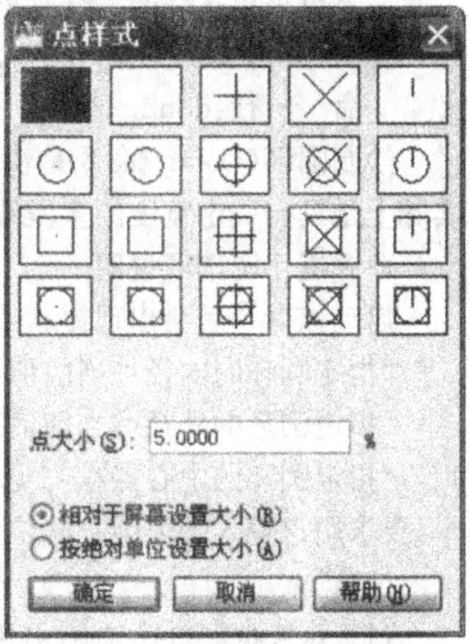

图 2.54　"点样式"对话框

在对话框下部的"点大小"文本框中可以设置点的大小。在该文本框的下面有两个单选按钮,其中,"相对于屏幕设置大小"按钮设置点的显示大小为屏幕的百分比,当显示缩放时,点显示并不改变;"按绝对单位设置大小"按钮设置点显示大小为在"点大小"中指定的实际单位。当执行显示缩放时,显示出的点由缩小或放大来决定变小还是变大。

2) 绘制等分点(Divide)和等距离点(Measure)

命令　功 能 区:【常用】选项卡→【绘图】面板→【点】→【定距等分】/【定数等分】
　　　下拉菜单:【绘图】→【点】→【定距等分】/【定数等分】
　　　命 令 行:divide/measure

"定数等分"(Divide):该命令通过沿选定对象边长或周长放置点或图块来等分对象。可等分的对象包括圆弧、圆、椭圆、椭圆弧、多段线和样条曲线等。图 2.55a 即为当选择多段线为等分对象时,系统在 4 个等分点处放置了 4 个点。

"定距等分"(Measure):该命令沿着选定的对象按照指定的测量长度放置点,从拾取框距离最近的端点处开始测量放置点。例如在图 2.55b 中,拾取框靠近左侧,那么系统将从左侧开始测量,并在每个测量分段处放置点。

注意

(1)"定数等分"和"定距等分"命令放置的点

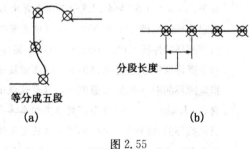

等分成五段
(a)　　　　　　　　　　(b)

图 2.55

可以作为"节点"方式的捕捉对象。

（2）这两个命令所生成的点并没有把所分实体断开,而只是在相应位置放置点以作为绘图辅助。用户如果只是想把这些点作为临时点,可以将它们单独放置一层,在不用时使用图层管理的方法方便地将它们删除。

2.4.4 绘制圆环(Donut)

命令 功 能 区:【常用】选项卡→【绘图】面板→【圆环】◎

　　　　下拉菜单:【绘图】→【圆环】

　　　　工 具 栏:【绘图】→【圆环】

　　　　命 令 行:donut

绘制圆环(Donut)命令是快速创建填充圆环或实心填充圆的方法。在 AutoCAD 中圆环实际上是具有一定宽度的多段线封闭形成的。

命令提示及选项说明

启动该命令后会出现提示:

"指定圆环的内径<当前值>:",用户可在该提示下指定内径或按回车键。

"指定圆环的外径<当前值>:",用户可在该提示下指定外径或按回车键。

"指定圆环的中心点或<退出>:",指定了内径和外径之后,AutoCAD 会反复出现该提示,要求用户输入圆环圆心的位置并在每个指定点绘制一个圆环,直到按回车键结束命令。

注意

（1）如果指定内径为 0,则圆环成为实心圆。

（2）若要绘制有一定线宽的圆,也需要用 Donut 命令,其中内外半径之差即为圆的线宽。

上机实践 绘制如图 2.56 所示的圆环,步骤如下:

命令:_donut （选择"绘图"下拉菜单"圆环"选项启动 Donut 命令）

指定圆环的内径<20.0000>:50 （确定圆环的内

径为 50）

指定圆环的外径<28.3299>:100 （确定圆环的

外径为 100）

指定圆环的中心点或<退出>: （在该提示下拾取

点 A）

指定圆环的中心点或<退出>: （在该提示下拾取

点 B）

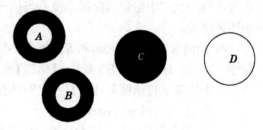

图 2.56

指定圆环的中心点或<退出>: （在该提示下直接回车结束命令）

命令:donut （在"命令:"提示下回车再次启动 Donut 命令）

指定圆环的内径<50.0000>:0 （确定圆环的内径为 0）

指定圆环的外径<100.0000>: （确定圆环的外径为 100）

指定圆环的中心点或 <退出>: （在该提示下拾取点 C 所在圆的圆心）

指定圆环的中心点或 <退出>: （在该提示下直接回车结束命令）

命令:Donut （在"命令:"提示下回车再次启动 Donut 命令）

指定圆环的内径<0.0000>:98 （确定圆环的内径为 98）

指定圆环的外径<100.0000>: （确定圆环的外径为 100）

指定圆环的中心点或 ＜退出＞：（在该提示下拾取点 D）

指定圆环的中心点或 ＜退出＞：（在该提示下直接回车结束命令）

此时屏幕上出现 A、B 两个圆环，以及一个实心圆 C 和一个线宽为 1 的圆 D。

2.4.5　绘制多段线（Pline）

多段线是一次绘制的有一定宽度的相连直线段或弧线序列。用户可设置各个线段的宽度、使线段成锥形以及闭合多段线。绘制弧线段时，弧线起点是前一个线段的端点；用户也可以指定圆弧段的角度、圆心、方向和弧的半径；也可通过指定另一个点和一个端点来完成弧线段的绘制。

因为多段线命令可以控制线的宽度，所以一般情况下，多段线命令可以用来绘制较粗的线条，例如工程图纸当中的钢筋线等。

命令　功 能 区：【常用】选项卡 →【绘图】面板→【多段线】 ↵

下拉菜单：【绘图】→【多段线】

工 具 栏：【绘图】→【多段线】

命 令 行：pline（或者简化命令 pl）

命令提示及选项说明

启动该命令后会出现提示：

"指定起点："，用户可在该提示下指定多段线的起点。之后会出现如下提示：

"当前线宽为 0.0000"，系统告诉用户当前的线宽值。

"指定下一点或 ［圆弧（A）/半宽（H）/长度（L）/放弃（U）/宽度（W）］："，用户可在该提示下指定多段线的第二点或者选择其他选项，若指定了第二点将会出现如下提示：指定下一点或 ［圆弧（A）/闭合（C）/半宽（H）/长度（L）/放弃（U）/宽度（W）］：各选项的含义如下：

图 2.57

◆ 闭合（C）：闭合多段线，即把多段线的终点和起点相连。

◆ 半宽（H）：指定多段线线段中心到它一边的宽度（图 2.57）。当选择该选项时系统会出现如下提示：

"指定起点半宽 ＜当前值＞："，用户可在该提示下输入起始半宽度值或按回车键承认当前值。

"指定端点半宽 ＜当前值＞："，输入终点半宽度值或按回车键承认当前值。

◆ 长度（L）：选择该选项将使用与前一段相同的角度来绘制指定长度的直线段，如果前一段为圆弧，则 AutoCAD 绘制的直线段将同弧段相切。

◆ 放弃（U）：删除最近一次添加到多段线上的直线段。

◆ 宽度（W）：指定下一条直线段的宽度，直线段的起点和终点在直线宽度中心（图 2.58）。后续提示为：

图 2.58

"指定起点宽度＜当前值＞："，提醒用户输入起始宽度值或按回车键承认当前值。

"指定端点宽度＜当前值＞："，提醒用户输入终点宽度值或按回车键承认当前缺省值。终点宽度缺省情况下为起点宽度，终点宽度在再次修改宽度之前将作为所有后续线段的统一宽度。

◆ 指定下一点：输入多段线的下一个端点。

◆ 圆弧(A):在多段线上添加弧段。当选择该选项时系统会出现如下提示：

"指定圆弧的端点或[角度(A)/圆心(CE)/闭合(CL)/方向(D)/半宽(H)/直线(L)/半径(R)/第二个点(S)/放弃(U)/宽度(W)]:"，用户可在该提示下确定圆弧的端点或者选择其他选项，上述提示中各选项含义如下：

圆弧的端点：缺省选项。确定圆弧的下一个端点。该弧段将从多段线上一段终点的切线方向开始。

角度(A):指定从起点开始的圆弧包含角。后续提示为："指定包含角:"，用于提醒圆弧输入角度值，角度为正数将按逆时针方向绘制弧段，为负数将按顺时针方向绘制弧段。接着会出现的提示为："指定圆弧的端点或[圆心(CE)/半径(R)]:"，分别用于指定圆弧的圆心、半径和终点来确定圆弧。

圆心(CE)(CE选项):选择该选项后，用户可在"指定圆弧的圆心:"提示下指定圆弧的圆心，之后会出现提示："指定圆弧的端点或[角度(A)/长度(L)]:"，分别用于指定圆弧的包含角、弦长和终点来确定圆弧。

闭合(CL)(CL选项):用一条弧段闭合多段线。

方向(D):指定弧段起始方向。若用户没有指定圆弧的起始方向，系统默认前一段直线的方向或者前一段弧末端的切线方向为将要绘制的圆弧的起始方向。

半宽(H):指定多段线的半宽(图2.59)。

直线(L):退出Arc选项，恢复直线绘制状态。

半径(R):指定弧段半径。

第二个点(S):用于指定三点圆弧的第二点和终点。

放弃(U):删除最近一次添加到多段线上的弧段。

宽度(W):指定下一条弧段的宽度，系统允许用户为弧段的起点和终点指定不同的宽度值。

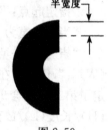

图 2.59

说明

(1) 多段线绘制是一个功能很强的命令，望读者认真学习，积极实践。

(2) 一次Pline命令完成的多段直线段或弧线序列是一个实体，不能单独对其中的一段进行拷贝、删除等普通编辑。但可以用后面讲的多段线编辑(Pedit)命令编辑修改。

(3) 缺省情况下，Pline命令绘制的圆弧与上一段直线或圆弧是相切的，除非用户采用三点绘弧或指定弧的起始切线方法(见上机实践)。

上机实践 绘制如图2.60所示的图形，步骤如下：

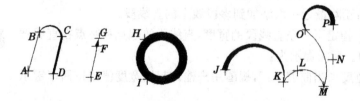

图 2.60

命令：pline （在"命令："提示下输入 pline 启动 pline 命令）

指定起点：（在该提示下拾取点 A）

当前线宽为 0.0000 （系统提示当前线宽为 0）

指定下一个点或 [圆弧(A)/半宽(H)/长度(L)/放弃(U)/宽度(W)]：（在该提示下拾取点 B）

指定下一点或 [圆弧(A)/闭合(C)/半宽(H)/长度(L)/放弃(U)/宽度(W)]：a （在该提示下输入字母"a"选择 Arc 选项）

指定圆弧的端点或[角度(A)/圆心(CE)/闭合(CL)/方向(D)/半宽(H)/直线(L)/半径(R)/第二个点(S)/放弃(U)/宽度(W)]：w （在该提示下输入字母"w"选择宽度选项）

指定起点宽度 <0.0000>：（输入起始线宽为 0）

指定端点宽度 <0.0000>：2 （输入终点线宽为 2）

指定圆弧的端点或[角度(A)/圆心(CE)/闭合(CL)/方向(D)/半宽(H)/直线(L)/半径(R)/第二个点(S)/放弃(U)/宽度(W)]：（在该提示下拾取点 C）

指定圆弧的端点或[角度(A)/圆心(CE)/闭合(CL)/方向(D)/半宽(H)/直线(L)/半径(R)/第二个点(S)/放弃(U)/宽度(W)]：l （在该提示下输入字母"l"选择"直线(L)"选项）

指定下一个点或 [圆弧(A)/半宽(H)/长度(L)/放弃(U)/宽度(W)]：（在该提示下拾取点 D）

指定下一个点或 [圆弧(A)/半宽(H)/长度(L)/放弃(U)/宽度(W)]：（在该提示下直接回车结束命令）

命令：pline （在"命令："提示下直接回车重新激活 Pline 命令）

指定起点：（在该提示下拾取点 E）

当前线宽为 2.0000 （系统提示当前线宽为 2）

指定下一个点或 [圆弧(A)/半宽(H)/长度(L)/放弃(U)/宽度(W)]：w

（在该提示下输入字母"w"选择"宽度(W)"选项）

指定起点宽度<2.0000>：0 （输入起始线宽为 0）

指定端点宽度<0.0000>：（直接回车确认终点线宽为 0）

指定下一个点或 [圆弧(A)/半宽(H)/长度(L)/放弃(U)/宽度(W)]：（在该提示下拾取点 F）

指定下一个点或 [圆弧(A)/半宽(H)/长度(L)/放弃(U)/宽度(W)]：h

（在该提示下输入字母"h"选择"半宽(H)"选项）

指定起点半宽 <0.0000>：4 （输入起始半宽为 4）

指定端点半宽 <4.0000>：0 （输入终点半宽为 0）

指定下一个点或 [圆弧(A)/半宽(H)/长度(L)/放弃(U)/宽度(W)]：（在该提示下拾取点 G）

指定下一个点或 [圆弧(A)/半宽(H)/长度(L)/放弃(U)/宽度(W)]：（在该提示下直接回车结束命令）

命令：（在"命令："提示下直接回车再次激活 Pline 命令）

指定起点：（在该提示下拾取点 H）

当前线宽为 0.0000 （系统提示当前线宽为 0）

指定下一个点或 [圆弧(A)/半宽(H)/长度(L)/放弃(U)/宽度(W)]：a （选择 Arc 选项）

指定圆弧的端点或[角度(A)/圆心(CE)/闭合(CL)/方向(D)/半宽(H)/直线(L)/半径(R)/第二个点(S)/放弃(U)/宽度(W)]：w （输入"w"选择 Width 选项）

指定起点宽度<0.0000>：10 （输入起始线宽为 10）

指定端点宽度<10.0000>：（回车确认终点线宽为 10）

指定圆弧的端点或[角度(A)/圆心(CE)/闭合(CL)/方向(D)/半宽(H)/直线(L)/半径(R)/第二个点(S)/放弃(U)/宽度(W)]：（拾取点 I，系统会绘制从 H 顺时针到 I 的圆弧）

指定圆弧的端点或[角度(A)/圆心(CE)/闭合(CL)/方向(D)/半宽(H)/直线(L)/半径(R)/第二个点

（S）/放弃（U）/宽度（W）]：c　（在该提示下输入字母"cl"选择CLose选项系统将绘制从 *I* 顺时针到 *H* 的圆弧以闭合圆）

　　命令：PLINE　（再次激活 Pline 选项）

　　指定起点：（在该提示下拾取点 *J*）

　　当前线宽为 10.0000　（系统提示当前线宽为10）

　　指定下一个点或［圆弧（A）/半宽（H）/长度（L）/放弃（U）/宽度（W）]：a　（选择"圆弧（A）"选项）

　　指定圆弧的端点或［角度（A）/圆心（CE）/闭合（CL）/方向（D）/半宽（H）/直线（L）/半径（R）/第二个点（S）/放弃（U）/宽度（W）]：w　（选择"宽度（W）"选项）

　　指定起点宽度＜10.0000＞：6　（输入起始线宽为6）

　　指定端点宽度＜6.0000＞：0　（输入终点线宽为0）

　　指定圆弧的端点或［角度（A）/圆心（CE）/闭合（CL）/方向（D）/半宽（H）/直线（L）/半径（R）/第二个点（S）/放弃（U）/宽度（W）]：　（拾取点 *K*）

　　指定圆弧的端点或［角度（A）/圆心（CE）/闭合（CL）/方向（D）/半宽（H）/直线（L）/半径（R）/第二个点（S）/放弃（U）/宽度（W）]：s　（在该提示下输入字母"s"选择"第二个点（S）"选项，采用三点绘弧方法）

　　指定圆弧上的第二个点：（拾取点 *L*）

　　指定圆弧的端点：（拾取点 *M*）

　　指定圆弧的端点或［角度（A）/圆心（CE）/闭合（CL）/方向（D）/半宽（H）/直线（L）/半径（R）/第二个点（S）/放弃（U）/宽度（W）]：d　（在该提示下输入字母"d"选择"方向（D）"选项以改变下弧段的起始切线方向）

　　指定圆弧的起点切向：（拾取点 *N* 以确定弧段的方向为 *MN* 矢量的方向）

　　指定圆弧的端点：　（拾取点 *O* 作为圆弧的端点）

　　指定圆弧的端点或［角度（A）/圆心（CE）/闭合（CL）/方向（D）/半宽（H）/直线（L）/半径（R）/第二个点（S）/放弃（U）/宽度（W）]：w　（选择"半宽（H）"选项）

　　指定起点宽度＜0.0000＞：（起始线宽为0）

　　指定端点宽度＜0.0000＞：6　（终点线宽为6）

　　指定圆弧的端点或［角度（A）/圆心（CE）/闭合（CL）/方向（D）/半宽（H）/直线（L）/半径（R）/第二个点（S）/放弃（U）/宽度（W）]：（拾取点 *P*）

　　指定圆弧的端点或［角度（A）/圆心（CE）/闭合（CL）/方向（D）/半宽（H）/直线（L）/半径（R）/第二个点（S）/放弃（U）/宽度（W）]：（直接回车结束命令）

　　此时屏幕上将会出现图 2.60，弧 *OP* 在 *O* 点与弧 *MNO* 相切。

2.4.6　绘制矩形（Rectangle）和等边多边形（Polygon）

1）用 Rectangle 命令绘制矩形

用 Rectangle 命令绘制矩形是用指定的两点来作为矩形对角点，它的边分别平行于当前用户坐标系的 *X* 和 *Y* 轴。它可以有一段的线宽，用户也可以对它进行倒角和圆角等；同时，也可以指定矩形的标高和厚度这些空间尺寸。指定上述各个变量的值之后，各个值成为其后该命令的当前标高和厚度。

命令　功　能　区：【常用】选项卡 →【绘图】面板→【矩形】▭

　　　　下拉菜单：【绘图】→【矩形】

　　　　工　具　栏：【绘图】→【矩形】

　　　　命　令　行：rectangle（或者简化命令 rectang）

命令提示及选项说明

启动该命令后会出现提示：

指定第一个角点或[倒角（C）/标高（E）/圆角（F）/厚度（T）/宽度（W）]：各选项的含义分别结束如下：

◆ 第一个角点：指定矩形的第一个角点。当用户指定第一点之后会出现如下提示：

"指定另一个角点或［尺寸（D）］："，允许用户指定矩形的第二个角点。

◆ 倒角（C）：为要绘制的矩形设置倒角距离。选择该选项会出现后续提示：

"指定矩形的第一个倒角距离 ＜当前值＞："，指定矩形的第一倒角距离或按回车键。

"指定矩形的第二个倒角距离 ＜当前值＞："，指定矩形第二倒角距离或按回车键。

◆ 标高（E）：为要绘制的矩形指定标高，输入的值成为随后执行该命令的当前标高。

◆ 圆角（F）：为要绘制的矩形指定圆角半径。其后续提示为：

"指定矩形的圆角半径 ＜当前值＞ ："，用于确定矩形的圆角半径。

◆ 厚度（T）：为要绘制的矩形指定厚度。输入的值成为其后该命令的当前厚度。

◆ 宽度（W）：为要绘制的矩形指定线条的宽度。

上机实践 绘制如图 2.61 所示的图形，步骤如下：

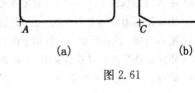

图 2.61

命令：_rectang （启动 Rectangle 命令）

指定第一个角点或[倒角（C）/标高（E）/圆角（F）/厚度（T）/宽度（W）]：w （输入字母 w 选择"宽度（W）"选项）

指定矩形的线宽 ＜2.0000＞：2 （设置矩形的线宽为2）

指定第一个角点或[倒角（C）/标高（E）/圆角（F）/厚度（T）/宽度（W）]f （输入字母 f 选择"圆角（F）"选项）

指定矩形的圆角半径＜20.0000＞：10 （输入圆角半径为10）

指定第一个角点或[倒角（C）/标高（E）/圆角（F）/厚度（T）/宽度（W）] （拾取第一个角点 A）

指定另一个角点或［尺寸（D）］ （拾取第二个角点 B，此时屏幕上出现图2.61a）

命令：_rectang （再次启动 Rectangle 命令）

指定第一个角点或[倒角（C）/标高（E）/圆角（F）/厚度（T）/宽度（W）]：c （选择"倒角（C）"选项）

指定矩形的第一个倒角距离 ＜10.0000＞： （输入第一个倒角距离为10）

指定矩形的第二个倒角距离＜10.0000＞：20 （输入第二个倒角距离为20）

指定第一个角点或[倒角（C）/标高（E）/圆角（F）/厚度（T）/宽度（W）]： （拾取第一个角点 C）

指定另一个角点或［尺寸（D）］ （拾取第二个角点 D，此时屏幕上出现图2.61b）

注意

该命令绘制的矩形为多段线，是一个实体，用户不能对其中的一条边进行拷贝、删除等操作，但可以使用多段线编辑（Pedit）命令来进行多段线编辑。

2）用 Polygon 命令绘制等边多边形

多边形是一种多段线对象。AutoCAD 在此绘制的多段线宽度为0，并且没有切线信息，但用户可以使用多段线编辑（Pedit）命令来修改这些值。

命令 功 能 区：【常用】选项卡 →【绘图】面板→【正多边形】

下拉菜单：【绘图】→【正多边形】

工 具 栏：【绘图】→【正多边形】

命 令 行:polygon

命令提示及选项说明

启动该命令后会出现提示：

"输入边的数目＜4＞:"，允许用户指定多边形的边数或按回车键默认缺省值 4。Auto-CAD 允许用户输入 3 到 1024 之间的值作为多边形的边数。

"指定正多边形的中心点或［边(E)］:"，指定点作为多边形的中心;或输入"e"以确定多边形的一条边。

指定正多边形的中心点之后,系统会提示：

"输入选项［内接于圆(I)/外切于圆(C)］＜I＞:"，提醒用户选择用内切圆或者外接圆来绘制多边形。

指定圆的半径:确定内切圆或者外接圆的半径。

若选择"边(E)"选项,将通过指定第一条边的端点来定义正多边形。其后续提示为：

"指定边的第一个端点:"，指定边的第一个端点。

"指定边的第二个端点:"，指定边的第二个端点。

上机实践 绘制如图 2.62 所示的图形,步骤如下：

(1) 命令:_polygon （发出 polygon 命令）

(2) 输入边的数目＜4＞:5 （指定多边形的边数为 5）

(3) 指定正多边形的中心点或［边(E)］: （拾取点 O）

(4) 输入选项［内接于圆(I)/外切于圆(C)］＜I＞:i ［选择(内接圆)I 选项］

(5) 指定圆的半径: （拾取点 B,之后会出现正五边形）

(6) 命令:l （发出画线命令）

(7) 指定第一点: （捕捉点 A）

(8) 指定下一点或［放弃(U)］: （捕捉点 B）

(9) 指定下一点或［放弃(U)］: （捕捉点 C）

(10) 指定下一点或［闭合(C)/放弃(U)］: （捕捉点 D）

(11) 指定下一点或［闭合(C)/放弃(U)］: （捕捉点 E）

(12) 指定下一点或［闭合(C)/放弃(U)］: （捕捉点 A）

(13) 指定下一点或［闭合(C)/放弃(U)］: （直接回车结束命令）

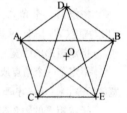

图 2.62

此时,屏幕上出现如图 2.62 所示的五角星图形。

2.4.7 绘制多线(Mline)和光滑曲线(Spline)

1) 用 Mline 命令绘制多线

该命令常用于绘制墙线。多线可包括 1 到 16 条称为元素的平行线。可通过指定相对多线初始位置的偏移量来确定每个元素的位置。可以创建和保存多线样式或使用具有两个元素的缺省样式。可以设置每个元素的颜色和线型并显示或隐藏多线的端部。端部就是那些出现在多线元素每个顶点的线条。多线的封口类型有多种可供选择,例如,直线或弧线。

命令 下拉菜单:【绘图】→【多线】

命 令 行:mline(或简化命令 ml)

命令提示及选项说明

启动该命令后会出现提示：

"当前设置：对正＝上，比例＝20.00，样式＝STANDARD"，系统提示用户：对齐方式＝"上"，比例＝1.00，样式＝"STANDARD"。

"指定起点或［对正(J)/比例(S)/样式(ST)］："，允许用户拾取点或者选择其他选项。当拾取点之后，会出现如下提示：

"指定下一点："，用户可在该提示下输入第二点。

(a)

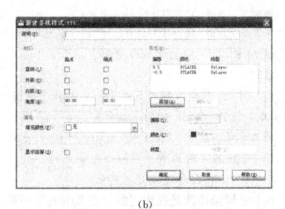
(b)

图 2.63　多线样式对话框

指定下一点或［放弃(U)］：用户可输入第三点或选择"放弃(U)"选项以取消刚才绘制的线段。

指定下一点或［闭合(C)/放弃(U)］：可输入下一点或选择闭合(C)/放弃(U)选项分别用于取消上一次输入和闭合多线。

◆ 对正(J)：有上(Top)/无(Zero)/下(Bottom) /三个选项，分别用于在鼠标光标下方、原点、上方绘制多线。

◆ 比例(S)：控制多线的宽度系数，但这个比例不影响线型的比例。

◆ 样式(ST)：指定多线的样式。多线样式可以用下拉菜单：【格式】→【多线样式】命令打开的图 2.63a 所示的"多线样式"对话框来设置。

上机实践　绘制如图 2.64 所示的图形，步骤如下：

(1) 点击"格式"下拉菜单"多线样式"选项，打开"多线样式"对话框。

(2) 点击"新建"按钮，在随后出现的对话框中输入多线样式名为"ml1"

(3) 点击"确定"，出现"新建多线样式"对话框(图 2.63b)。

(4) 在"图元"区域中选中第一行的一条多线，在"偏移"框中输入－1。

(5) 在"图元"区域中选中第二行的一条多线，在"偏移"框中输入 1。

(6) 点取"添加"按钮，增加一条平行线。

(7) 点取"线型"按钮，弹出"选择线型"对话框。

(8) 在"选择线型"对话框中点取"加载"，出现"加载或重载线型"对话框。

(9) 在"加载或重载线型"对话框中选取 ISO Dash 线型，点击 OK 按钮。

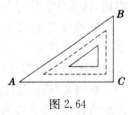
图 2.64

(10) 在"选择线型"对话框中选取刚刚载入的 ISO Dash 线型，点击 OK 按钮。

(11) 在"多线样式"对话框中点击"置为当前"和"保存"按钮。

(12) 在弹出的"保存多线样式"对话框中点击"保存"按钮,ml1 多线样式就被保存在 ACAD.min 中。

命令：mline （在"命令："提示下输入 mline 启动命令）

当前设置：对正＝上,比例＝20.00,样式＝ML1 （系统提示当前的对齐、多线比例、多线样式等信息）

指定起点或［对正(J)/比例(S)/样式(ST)］：j （选择"对正(J)"选项）

输入对正类型［上(Top)/无(Zero)/下(Bottom)］：z （选择对齐方式为"无(Zero)"）

当前设置：对正＝无,比例＝20.00,样式＝ML1 （系统提示当前的对齐、多线比例、多线样式等信息）

指定起点或［对正(J)/比例(S)/样式(ST)］：（拾取点 A）

指定下一点：（拾取点 B）

指定下一点或［放弃(U)］：（拾取点 C）

指定下一点或［闭合(C)/放弃(U)］：c （输入字母"c"选择"闭合(C)"以闭合多线）

这时,图 2.64 就会出现在屏幕上。

注意

(1) Mline 命令绘制的多线是一个整体。它并不是多条平行多段线,不能用 Pedit 命令修改,多线只能用 Mledit 命令来编辑它。

(2) 多线不能用 Offset、Chamfer、Fillet、Extend、Trim 等编辑命令编辑。

(3) 多线被分解后将变成一条条直线段。

2) 用 Spline 命令绘制光滑曲线

Spline 样条曲线是在指定的公差范围内把一系列点拟合成光滑的曲线。样条曲线对于创建不规则形状的曲线是很有用的。

命令 功 能 区：【常用】选项卡 → 【绘图】面板→【样条曲线】

下拉菜单：【绘图】→【样条曲线】

工 具 栏：【绘图】→【样条曲线】

命 令 行：spline(或简化命令 spl)

命令提示及选项说明

启动该命令后会出现提示：

"指定第一个点或［对象(O)］：",用户可以输入光滑曲线的第一点或选择"对象"选项。若输入一点,则系统会出现如下提示："指定下一点："输入第二点。输入第二点后会反复出现如下提示：

"指定下一点或［闭合(C)/拟合公差(F)］＜起点切向＞：",各选项含义如下：

指定下一点：输入下一点。

◆ 闭合(C)：将最后一点定义为与第一点相连并且相切,这样可以使样条曲线闭合。

◆ 拟合公差(F)：修改当前样条曲线的拟合公差。

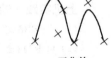

图 2.65

如果公差设置为 0,样条曲线将穿过拟合点,如果输入公差大于 0,将允许样条曲线在指定的公差范围内靠近拟合点(图 2.65)。用户可以输入不同的公差值来控制样条曲线的光滑程度。

◆ 对象(O)：若选择该选项,系统将允许用户选择一个二维或三维的二次或三次样条拟合多段线,然后将它转换成等价的样条曲线并删除多段线。

指定起点切向：当用户在"指定下一点或［闭合(C)/拟合公差(F)］＜起点切向＞："提示下直接回车,命令行将会出现该提示,允许用户为样条曲线指定第一点的切线方向。

"指定端点切向："，当用户为样条曲线第一点指定切线方向之后会出现该提示，要求用户指定最后一点切线方向。

注意

样条曲线命令绘制的线不是多段线，不能用多段线编辑命令来编辑它，也不能用 Explode 命令来打碎它。

上机实践 绘制如图 2.66 所示的图形，步骤如下：

命令：spl *（在"命令："提示下输入 spl 启动 Spline 命令）*

指定第一个点或 [对象(O)]：*（拾取点 A）*

指定下一点：*（拾取点 B）*

指定下一点或 [放弃(U)]：*（拾取点 C）*

指定下一点或 [放弃(U)]：*（拾取点 D）*

指定下一点或 [闭合(C)/放弃(U)]：*（拾取点 E）*

指定下一点或 [闭合(C)/放弃(U)]：*（拾取点 F）*

指定下一点或 [闭合(C)/放弃(U)]：*（拾取点 G）*

指定下一点或 [闭合(C)/放弃(U)]：*（拾取点 H）*

指定下一点或 [闭合(C)/放弃(U)]：f *（选择"拟合公差(F)"选项）*

指定拟合公差<0.0000>：0 *（指定拟合公差为 0）*

指定下一点或 [闭合(C)/拟合公差(F)]<起点切向>：*（直接回车）*

指定起点切向：*（用鼠标在屏幕上拾取一点，指定起始点的切线方向）*

指定端点切向：*（用鼠标在屏幕上拾取一点，指定最后一点的切线方向）*

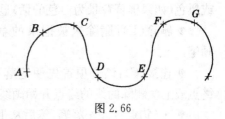

图 2.66

上述命令完成后，屏幕上会出现如图 2.66 所示的图形。

2.4.8 徒手画线(Sketch)

若绘制裂缝图，需要用徒手绘画命令，该命令允许用户绘制一些不规则的线条。启动该命令后，用户可以移动光标在屏幕上画出任意形状的线条或图形，就像拿笔在图纸上直接画一样。

Sketch 命令画出的线条，实际上是由很多小的直线段组成，这些直线段的长度可以由记录增量(Record increment)来控制。用户指定的记录增量越小，线条越光滑。但是记录增量太小，会导致图形的文件所占空间很大，所以用户应该选择合适的记录增量。

命令 命 令 行：sketch

命令提示及选项说明

启动该命令后会出现提示：

"记录增量(Record increment)<1.0000>："，用户可在该提示下指定距离作为记录增量或按回车键确认起始值。

徒手画. 画笔(P)/退出(X)/结束(Q)/记录(R)/删除(E)/连接(C)。

现在就可以开始徒手绘画了。首先单击鼠标点取一个点，然后拖动鼠标，便可画出任意形状的线条，此时，命令行显示<笔 落> <Pen down>。绘制完草图的一笔时，点击鼠标。命令行会出现提示：<笔 提><Pen up>。

各个选项的含义：

◆ 画笔(P)：用于控制提笔和落笔，是一个切换开关。在选取各选项前必须首先提笔。点击鼠标左键也可以实现提笔和落笔的切换。

◆ 退出(X)：记录临时徒手画线段于图形并且退出"徒手画"模式。

◆ 结束(Q)：放弃从调用 Sketch 命令或上一次使用"记录(R)"选项后开始画的所有临时的徒手画线，并结束命令。

◆ 记录(R)：永久记录并保存临时画线且不改变画笔的位置。在选择该选项之前，在屏幕上绘制的草图并没有被记录下来，当使用"结束(Q)"选项退出该命令时，未被记录的草图就被放弃了。缺省情况下，AutoCAD 把未被记录的草图呈绿色显示，已经记录下来的线条呈白色或黑色(如果屏幕背景为白色的话)显示。

◆ 删除(E)：删除未被记录的草图，如果画笔已落下则提起画笔。

◆ 连接(C)：该选项首先使笔落下，然后继续从上次所画草图终点或上次删除的线的终点开始画线。

◆ ·(句点)：首先落笔，然后从上次所画的线的终点到画笔的当前位置画直线，然后提笔。

图 2.67

上机实践 绘制如图 2.67 所示的图形，步骤如下：

(1) 命令：sketch （发出 sketch 命令）

(2) 记录增量 <10.0000>：1 （设置记录增量为 1）

(3) 在"徒手画. 画笔(P)/退出(X)/结束(Q)/记录(R)/删除(E)/连接(C)."提示下点击绘图区任意位置，随后拖动鼠标徒手画出字母"H"的第一笔。

(4) 写完第一笔之后，保持光标不动，点击鼠标左键将笔抬起。

(5) 在命令行输入字母"r"，记录第一笔。

(6) 移动鼠标到第二笔的起点，在命令行输入字母"p"，将笔落下。随后拖动鼠标，写下"H"的第二笔。

(7) 输入字母"r"记录第二笔。

(8) 随后键入字母"H"的第三笔，以及字母"e、l、l、o"。

(9) 在命令行输入"x"，退出 Sketch 命令。

上述命令完成后，屏幕上会出现如图 2.67 所示的 Hello 草图。

2.4.9 绘制填充图形

1) 用 Fill 命令控制填充模式

命令 下拉菜单：【工具】→【选项】→【显示】→【显示性能】→【应用实体填充】

命 令 行：fill

该命令用于控制多线、宽线、二维填充、所有图案填充和宽多段线等的填充显示。受它影响的命令有：Solid、Donut、Pline、Trace、Rectangle、Polygon、Mline。

该命令有两个选项：ON 和 OFF。当选择 ON 时，打开"填充"模式，受该命令控制的图形将以填充形式显示及打印，否则将以轮廓线的形式显示及打印(图 2.68)。

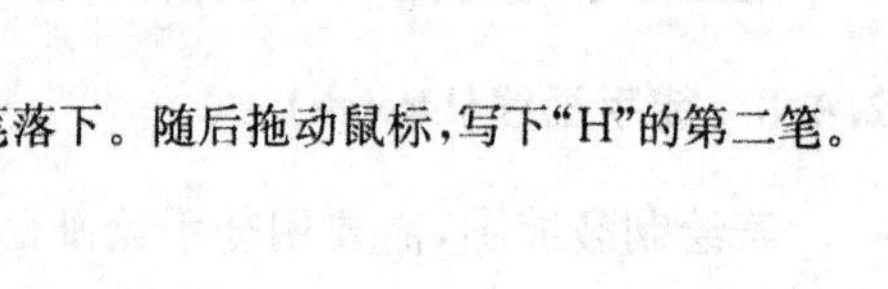

注意

(1) 在进行 ON 和 OFF 转换之后，需进行 Regen 命令之后才可显示相应结果。

(2) 若图形文件中填充图案太多，关闭填充可以

"填充"模式开　　　　"填充"模式关

图 2.68

提高显示速度并减少重生的时间。

2）用 Solid 命令填充任意多边形

命令 命 令 行：solid

命令提示及选项说明

启动该命令后会依次出现提示：

指定第一点：

指定第二点：

指定第三点：（指定与第二点处于对角位置的点）

指定第四点或＜退出＞：（用户可以指定第四点或按回车键创建三点填充图案）

上机实践 绘制如图 2.69 所示的图形，步骤如下：

命令：solid （启动 Solid 命令）

指定第一点： （拾取图 2.69a 中点 1）

指定第二点： （拾取图 2.69a 中点 2）

指定第三点： （拾取图 2.69a 中点 3）

指定第四点或＜退出＞ （拾取图 2.69a 中点 4）

指定第三点： （直接回车结束命令）

命令：solid （再次启动 Solid 命令）

指定第一点： （拾取图 2.69b 中点 1）

指定第二点： （拾取图 2.69b 中点 2）

指定第三点： （拾取图 2.69b 中点 3）

指定第四点或＜退出＞： （拾取图 2.69b 中点 4）

指定第三点： （直接回车结束命令）

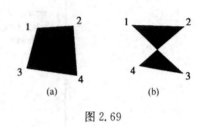

图 2.69

上述命令结束后，屏幕上将会出现图 2.69 所示的图形。

注意

（1）从图 2.69 中可看出，用 Solid 命令绘制填充图形其最后的填充效果与选择点的顺序有关，当图 2.69a 中 3,4 点的选择顺序交换之后，就会出现图 2.69b 中的扭曲的填充效果。

（2）当用户选择第二点之后会反复出现"指定第三点："和"指定第四点或＜退出＞："两个提示，直到用户按下回车键结束命令。

（3）该命令可以用来绘制建筑结构平面图中被填实的柱子等。

3）对图形进行图案填充

该命令首先根据构造封闭区域的对象计算出一个边界，然后有选择地创建边界，并使用图案或填充颜色填充此区域。它可以创建关联填充，也可以创建一个非关联填充。关联填充可根据边界的修改而自动更新；而非关联填充与其边界无关。使用此命令时，可以预览任一图案填充效果并对其定义进行调整。

命令 功 能 区：【常用】选项卡 →【绘图】面板→【图案填充】 ▨

下拉菜单：【绘图】→【图案填充】

工 具 栏：【绘图】→【图案填充】

命 令 行：batch

启动该命令后，系统会弹出图 2.70 所示的"图案填充和渐变色"对话框，允许用户以对话框的形式进行图案填充。现在对对话框中的各个选项介绍如下：

图 2.70　边界图案填充和渐变色对话框

◆ 图案填充(Pattern type)选项卡:该区由一个"类型"下拉列表框、一个"图案"下拉列表框及旁边的图像按钮、一个"角度"文本框、一个比例文本框等组成。下面分别介绍。

"类型"下拉列表框:有预定义、用户定义和自定义三个选项。"预定义"选项用于指定预定义的 AutoCAD 填充图案。这些图案保存在 acad. pat 和 acadiso. pat 文件中。可以控制任何预定义图案的角度和缩放比例。"用户定义"选项是基于图形的当前线型创建直线图案,用户可以控制用户定义图案中直线的角度和间距。"自定义"选项指定以任意自定义 PAT 文件定义的图案,这些自定义的 PAT 文件应已添加到 AutoCAD 的搜索路径中。

"图案"下拉列表框:点击"图案"下拉箭头,可以从一组图像列表中选择一个图案。点击"样例"或"图案"按钮,会出现"填充图案选项板(Hatch Pattern Palette)"对话框,用于选定预定义的图案类型。如果在该区的下拉列表框中选择"用户自定义(User-defined)"或"自定义(Custom)",则此选项不可用。

"比例"文本框:用于输入一个数字以放大或缩小预定义或自定义填充图案。如果在"类型"区中选择"用户自定义",则此选项不可用。

"角度"文本框:指定在当前 UCS 坐标系中,填充图案相对 X 坐标轴的角度。

"间距"文本框(在此图中呈灰色显示):指定用户自定义填充图案中的直线间距。

◆ "添加拾取点"按钮:用于进行边界定义,点击该按钮系统将自动切换到绘图区,允许用户在要填充区域内指定点。系统将自动判定填充边界,并将所选边界呈亮显。选择完毕系统又回到对话框。

◆ "添加选择对象"按钮:选择要填充的对象。点击该按钮之后,对话框关闭,AutoCAD 提示在绘图区中选择对象。

◆"删除边界"按钮：使用"拾取点"按钮选项定义边界时才起作用。删除边界的目的是取消孤岛，孤岛是在一个大的封闭区域内存在的一个不进行填充的区域。当取消孤岛后，系统将从选择集对象中删除内部孤岛以便填充图案穿过内部实体。例如，对如图 2.71 所示的图形进行填充时，若采用拾取点的方式拾取方形与大圆之间的一个内部点，系统默认是图 2.71a 的填充方式，即填充时将从外部边界向内填充，如果填充过程中遇到内部边界，填充将关闭，直到遇到另一个边界为止。如若想要图 2.71b 的填充效果，则删除最内部的三角形边界，若想达到图 2.71c 的效果则删除内部的四边形和三角形边界。

  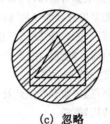

(a) 普通　　　　　　(b) 外部　　　　　　(c) 忽略

图 2.71　填充方式

◆"察看选择集"按钮：显示当前定义的边界集。指定边界集或选区之前，不能使用此选项。

◆"继承特性"按钮：将一个现有的图案填充应用于当前图案类型和图案特性选项。点击该按钮，对话框关闭，用户可以选择一个填充块，之又重新显示该对话框，并使用选定填充块的图案填充特性更新当前图案填充特性的设置。

◆"双向"单选框：对于用户定义图案，选择此选项将绘制第二组直线，这些直线相对于初始直线成 90°角，从而构成交叉填充。

◆"预览"按钮：预览填充效果。

◆"图案填充原点"区：当系统用图案进行填充时，系统自动取坐标原点为基点来填充图形。当填充图案的起点(例如天花板，地面砖)位置不合理时，可以在此改变该基点来调整填充图案。

◆"选项"区：控制填充的关联性。如果选定"关联(Associative)"选项，新建的图案填充将是关联的(即修改其边界时填充随之更新)。而选定"不关联(Exploded)"选项，则指定图案填充是由相对独立的线段构成的，而不是一个填充块。用户也可以使用 Explode 命令将填充块分解成相对独立的直线对象。

上机实践　绘制如图 2.72 所示的填充图形(其中，最外边的矩形尺寸为 100×100)，步骤如下：

(1) 在"命令："　提示下输入 Bhatch，启动填充命令，出现"图案填充和渐变色"对话框。

(2) 单击"图案填充和渐变色"对话框中的"图案"按钮，打开"填充图案选择板"对话框。在此选择 ANSI31 图案，点击 OK。

(3) 在"比例"区内输入比例为 20。

(4) 单击"拾取点"按钮，在"选择内部点："提示下拾取五边形内任意一点，再单击鼠标右键。

(5) 在"图案填充和渐变色"对话框中单击【预览】按钮，绘图区将会出现填充效果。

图 2.72

(6) 单击右键接受图案填充。

（7）单击鼠标右键，再次启动 Bhatch 命令。

（8）单击【继承特性】按钮，在绘图区内选择刚才绘制的填充图案。

（9）在"图案填充和渐变色"对话框中的"角度"文本框中输入选择"N"即 90°。

（10）单击【拾取点】按钮，在"选择内部点："提示下拾取圆的外面、正方形里面任意一点，再单击鼠标右键，返回"图案填充和渐变色"对话框。

（11）单击【预览】按钮，在绘图区内观看填充效果。

（12）单击右键接受图案填充。

（13）再次单击鼠标右键，启动 Bhatch 命令。

（14）单击"图案填充和渐变色"对话框中的"图案"下拉箭头，在此选择 AR-BRSTD 图案。

（15）在"角度"区内选择"E"，在"比例"区内输入比例为 0.1。

（16）单击【拾取点】按钮，在"选择内部点"提示下拾取圆的里面、五边形外面任意一点，再单击鼠标右键，返回"边界图案填充"对话框。

（17）单击【预览】按钮观看填充效果，再单击【继续】按钮，返回到"图案填充和渐变色"对话框。

（18）单击【应用】按钮。

上述操作完成后，屏幕上将会出现如图 2.72 所示的填充图形。

注意

（1）用 Bhatch 和 Hatch 命令也可以实现 Solid 命令的填实效果，这需要在选择填充图案时选择 Solid。

（2）当系统用图案进行填充时，系统自动取坐标原点为基点来填充图形。当填充图案的起点（例如天花板，地面砖）位置不合理时，可以移动该基点来调整填充图案。用户可以用改变 Snapbase 的值或者重新指定草图设置对话框中的"X 基点"和"Y 基点"值。

（3）修改已经进行的图案填充，可以用下述方法：下拉菜单：【修改】→【对象】→【图案填充】；功 能 区：【常用】选项卡→【修改】面板→【修改图案填充】；命 令 行：hatch edit。

启动图案填充编辑后，系统将弹出"图案填充编辑"对话框，允许对填充图案进行修改。

2.4.10　用 Revcloud 命令绘制云状或树状形体

命令　功 能 区：【常用】选项卡→【绘图】面板→【修订云线】🔲

　　　　下拉菜单：【绘图】→【修订云线】

　　　　工 具 栏：【绘图】→【修订云线】

　　　　命 令 行：revcloud

该命令可以绘制云状形体，在建筑图形中可以用来绘制作为配景的花、草、树木等。

命令提示及选项说明

启动该命令后会出现提示：

◆"最小弧长：15 最大弧长：15"，系统提示当前缺省的小段圆弧的弦长值。当光标移动的距离达到一个弦长时，系统自动绘制一段圆弧。用户确定该值时要注意选择合适的弦长，以求得最佳图形效果。

◆"指定起点或[弧长（A）/对象（O）]＜对象＞："，要求输入云状物体的起始点或改变弦长。

◆"沿云线路径引导十字光标…"，在该提示下移动鼠标，系统会自动绘制云状物体，当光标移动到起始点时，该命令自动结束。

上机实践　绘制如图 2.73 所示的图形，步骤如下：

命令：revcloud （启动 Revcloud 命令）

最小弧长：15　最大弧长：15 （系统提示当前缺省的小段圆弧的弦长值）

指定起点或[弧长(A)/对象(O)]＜对象＞：a （设定弦长）

指定最小弧长：0.5 （给出弦长值为 0.5）

沿云线路径引导十字光标… （点取云状物体起始点，并逆时针沿路径回到起始点，修订云线完成。鼠标回到起始点后，该命令自动结束）

图 2.73

注意

该命令绘制的实际上是多段线，可以用 Pedit 命令编辑。Pline 命令设置的宽度值对它有影响。

2.5　图形的编辑

要绘制一个完整的图形，除了要熟练掌握各绘图命令之外，还要利用编辑命令对图形进行修改。AutoCAD 给我们提供了丰富的编辑命令可以使我们方便地修改图形。能快速、方便地修改图形也是计算机绘图跟手工绘图相比最大的优点之一。

2.5.1　目标选择

1）目标选择方式

AutoCAD 提供两种编辑方法：①可以先发出命令然后选择要编辑的对象，②先选择对象然后进行编辑。若想对已有图形进行修改和编辑，必须知道怎样选择图形对象。

当发出某一编辑命令后，缺省情况下系统会在命令行连续出现提示："选择对象："，用户选择编辑对象时十字光标将用拾取框(pick box)代替。在"选择对象："提示下，用户可以输入各个选项的字母，以选用选择对象的方法。缺省情况下，当用户选中某个(些)对象时，这个(些)在绘图区将呈亮显，即虚线显示（图 2.74）。要查看所有选项，可以在命令提示下输入"?"。常用的选项介绍如下：

◆ 自动(Auto)"AU"方式，为缺省选项。在"选择对象："提示下不进行任何操作或者键入"AU"即选择该项。当拾取框点取一个对象即选择该对象，点取空白区的一点将把该点作为窗选(即 Box)方法定义的选择框的第一个角点。

◆ 添加(Add)"A"方式。切换到添加(Add)方式：可以通过任意对象选择方法将选定对象添加到选择集中。当选择方式处于除去(Remove)方式时，需要选择该选项切换到添加方式。

◆ 全部(All)"ALL"方式。选择非冻结的图层上的所有对象。

◆ 窗选(Box)"BOX"方式。选择矩形(由两点确定)内部或与之相交的所有对象。如果该矩形的点是从右向左指定的，窗选与窗交等价，否则，窗选与窗口等价。

◆ 窗口(Window)"W"方式。完全包含于选择矩形框(由两点定义)中的对象被选中（图2.74a）。

◆ 窗交(Crossing)"C"方式。选择区域内部或与之相交的所有对象都被选中（图 2.74b）。窗交显示的方框为虚线或高亮度方框。

◆ 栏选 (Fence)"F"方式。与选择框相交的所有对象被选中（图 2.74c）。

◆ 圈围（WPolygon）"WP"方式。用户可以通过点取待选对象周围的点定义一个多边形，完全包含于该多边形中的对象被选中（图2.74d）。该多边形可以为任意形状，但不能与自身相交或相切。AutoCAD自动绘制多边形的最后一条边，所以该多边形在任何时候都是闭合的。

◆ 圈交（CPolygon）"CP"方式。多边形的生成方式同"WP"方式，完全包含于多边形内部或与之相交的所有对象都被选中（图2.74e）。

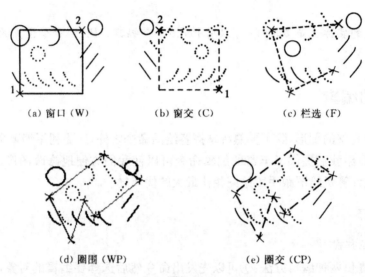

（a）窗口（W）　　（b）窗交（C）　　（c）栏选（F）

（d）圈围（WP）　　　　（e）圈交（CP）

图2.74

◆ 最后（Last）"L"方式。最近创建的可见对象被选中。

◆ 前一个（Previews）"P"方式。选择最近创建的选择集，即最后一次选择的对象。

◆ 撤除（Remove）"R"方式。切换到撤除方式，可以使用任何对象选择方式将对象从当前选择集中撤除。另外，按住"Shift"键选择对象，也可以撤除所选对象。

◆ 单选（SIingle）"SI"方式。选择单选方式，即选择指定的一个或一组对象，否则，默认情况下系统将会连续提示进行更多的选择。

◆ 多次（Multiple）"M"方式。可以多次指定选择点而不亮显示对象，可加快对复杂对象的选择过程。如果两次指定相交对象的交点，将选中这两个相交对象。

◆ 放弃（Undo）"U"方式。放弃选择最近加到选择集中的对象。

◆ 编组（Group）"G"方式。选择指定选择集（用Group命令定义）中的全部对象。

注意

（1）不管由哪个命令引起"选择对象："提示，都可以使用上述这些方法来选择对象。

（2）在"选择对象："提示下，命令行中输入"?"可查看所有选项。

（3）新手注意：对这部分内容，要掌握和体会"窗口"和"窗交"的不同。"窗口"形式时，必须圈住某个图形对象的所有部分时该对象才被选中，而"窗交"形式时，只要圈住某个图形对象的任意地方，这个图形对象就被选中了。在系统默认情况下，在用框选时，若框"从左往右"即为"窗口"模式，若"从右往左"即为"窗交"模式。

2）目标选择的设置

命令 【应用程序】 ▣ →【选项】→【选择集】

下拉菜单:【工具】→【选项】→【选择集】

命 令 行:ddselection(或 option)

在未发出任何命令的情况下,在绘图区点击鼠标右键,在弹出的屏幕快捷菜单中点击"选项",也可以打开"选项"对话框。

启动该命令后,将打开如图 2.75 所示的对话框,允许用户控制目标选择的一些特性。

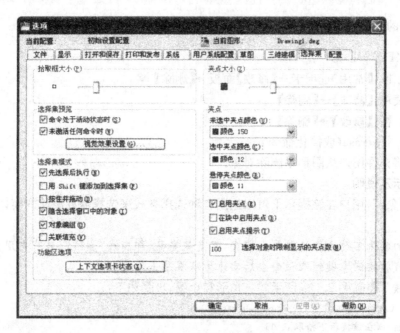

图 2.75 "选项"对话框

选项说明

◆ "选择集模式"区:该区有 6 个复选框,分别用于控制不同的目标选择方式。

"先选择后执行"该选项被选中,将允许用户首先选择实体,然后再发出命令。这种操作方式将在本节后面的夹持点编辑部分讲述。

"按住 Shift 键添加到选择集":控制如何向选择集添加对象。系统缺省方式是自动添加方式,即不用按"Shift"键。若选中该选项,则需按住"Shift"键以向选择集添加更多对象。如果选择一个对象时没有按住"Shift"键,则将覆盖旧的选择集而不是将对象添加到其中。在任何情况下,要取消选择对象或对象组,可在再次选中它们时按住"Shift"键。要快速清除选择集,可在图形的空白区域绘制一个选择窗口。

"按住并拖动":控制如何形成选择窗口或交叉窗口。若选中该选项,则需按住鼠标并且向对角线方向拖动光标生成一个选择窗口,在对角处释放鼠标键完成该窗口。系统缺省是关闭该选项,可以通过指定两个独立的点来定义选择窗口。

"隐含选择窗口中的对象":打开该方式会与 Select 的 Auto 选项一样。可以拾取一个选择对象,也可以建立一个 W 窗口或 C 窗口来选择对象。如果该选项关闭,将不支持窗口方式选择对象。这时若在屏幕空白区域选择了一点,系统将报告没有发现对象。

"对象编组":打开或关闭自动编组选择。

"关联填充"：该选项打开时，选中关联图案填充同时也选中了其边界对象，否则，就只是选中填充的图案，而填充边界不被选中。

◆ "拾取框大小"区：该区允许用户用滑动条调整拾取框的尺寸。

◆ "夹点大小"区：该区允许用户用滑动条调整夹持点的尺寸（夹点的概念请见 2.5.10 节）。

◆ "夹点"区：该区允许用户选择"冷"和"热"夹持点颜色。

2.5.2 图形的删除、复制和移动

1）删除（Erase）图形

命令 功 能 区：【常用】选项卡→【修改】面板→【删除】

    下拉菜单：【修改】→【删除】

    工 具 栏：【修改】→【删除】

    命 令 行：erase（或简化命令 e）

该命令将允许用户从图形中删除对象。

命令提示及说明

"选择对象："，用户在该提示下可以选用各种选择方式来选择需要删除的实体。

注意

被选中的实体不会立即从屏幕上消失，而是呈亮显，即变成"虚线"，只有当用户在"选择对象："提示下直接按回车键结束该命令后实体才从屏幕上消失。

上机实践 删除图 2.76a 所示的三角形和小圆，步骤如下：

命令：e （启动 Erase 命令）

选择对象： （在该提示下拾取点 A）

· 指定对角点： （在该提示下拾取点 B，与 A 点构成一个 Crossing 窗口，则组成三角形的三条直线全部被选中）

选择对象： （在该提示下拾取小圆上的一点 C，小圆被选中）

选择对象： （在该提示下直接回车结束命令）

上述操作完成后屏幕上将会出现只剩下大圆的情况（图 2.76b）。

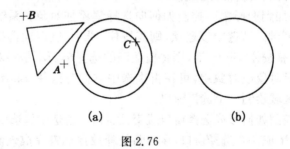

(a)   (b)

图 2.76

2）移动（Move）图形

命令 功 能 区：【常用】选项卡→【修改】面板→【移动】

    下拉菜单：【修改】→【移动】

    工 具 栏：【修改】→【移动】

命 令 行:move(或简化命令 m)

该命令将允许用户在指定方向上按指定距离移动所选实体。

命令提示和选项说明

启动该命令后·系统将会反复出现如下提示：

◆"选择对象:",用户可在该提示下选择需要移动的实体,直到按回车键给出一个空响应以结束选择。之后会出现如下提示：

◆"指定基点或位移:",用户可在该提示下指定一个点作为基点。

◆"指定位移的第二点或<用第一点作位移>:",在该提示下指定第二点。第二点与基点之间定义了一个位移矢量,它指明了被选定对象的移动距离和移动方向。如果在确定第二个点时按回车键,那么第一个点的坐标值就被认为是相对的 X、Y 和 Z 位移。

上机实践 把如图 2.77 所示的圆在 X 轴正方向上移动 50 个单位,步骤如下：

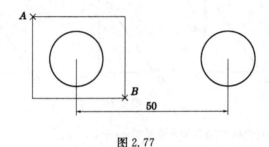

图 2.77

命令：m （在命令行中输入 m 回车,启动 Move 命令）

选择对象: （拾取屏幕上的点 A 作为窗选的第一点）

指定对角点:找到 1 个 （拾取屏幕上的点 B 作为窗选的第二点）

选择对象: （直接回车结束选择）

指定基点或位移: （捕捉圆的圆心）

指定位移的第二点或<用第一点作位移>: @50,0 （指定第二点的相对坐标）

上述操作完成后,圆就被移动到新的位置了(图 2.77)。

注意

在进行实体移动确定基点和第二点时,利用目标捕捉会使移动操作更迅速、准确。同时,在确定第二点时,要巧妙地利用相对坐标的方法。

3) 复制(Copy)图形

命令 功 能 区:【常用】选项卡→【修改】面板→【复制】

　　　下拉菜单:【修改】→【复制】

　　　工 具 栏:【修改】→【复制】

　　　命 令 行:copy(或系统默认的简化命令 cp)

该命令将允许用户在指定方向上按指定距离复制所选实体,用户可以将所选实体进行多次复制。

命令提示和选项说明

启动该命令后,系统将会反复出现如下提示：

◆"选择对象:",用户可在该提示下选择需要复制的实体,直到按回车键给出一个空响应以结束选择。之后会出现如下提示：

◆ "当前设置："，复制模式＝当前值(例如多个)

◆ 指定基点或[位移(D)/模式(O)/多个(M)]＜位移＞："，指定基点或输入选项：要求用户指定一个点作为基点或选择 M 选项。若指定基点，则系统会出现如下提示：

◆ "指定第二点或＜使用第一点作为位移＞："，要求用户指定第二点。

用户指定的两点定义一个矢量，指示复制的对象移动的距离和方向。如果在"指定第二个点"提示下按回车键，则第一个点将被判定为相对的 X、Y、Z 方向位移。例如，如果指定基点为 2,3 并在下一个提示下按回车键，对象将被复制到距其当前位置沿 X 方向 2 个单位，Y 方向 3 个单位的位置。

上机实践 把如图 2.78 所示的三角形复制到两个新的位置上，步骤如下：

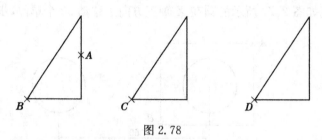

图 2.78

命令：　cp　(在命令行中输入"cp"，回车启动 Copy 命令)

选择对象：(拾取屏幕上的点 A 选择三角形)

选择对象：(直接回车结束选择)

当前设置：复制模式＝多个

指定基点或[位移(D)/模式(O)/多个(M)]＜位移＞：(要求用户指定基点，捕捉 B 点)

指定位移的第二点或 ＜用第一点作位移＞：(点击 C 点)

指定位移的第二点或 ＜用第一点作位移＞：(点击 D 点)

指定位移的第二点或 ＜用第一点作位移＞：(直接回车结束 Copy 命令)

上述操作完成后，屏幕上又出现了两个新的三角形，如图 2.78。

注意

(1) 确定基点时以靠近所选实体为好，便于确定复制的位置。

(2) 默认情况下，Copy 命令将自动重复。要退出该命令，请按回车键。使用 Copymode 系统变量，可以控制是否每次自动复制多个副本。AutoCAD 2010 系统默认该系统变量值为 0，即一次复制多个副本。

2.5.3　图形的镜像、阵列和偏移

1) 图形的镜像(Mirror)

命令　功 能 区：【常用】选项卡→【修改】面板→【镜像】◬

下拉菜单：【修改】→【镜像】

工 具 栏：【修改】→【镜像】

命 令 行：mirror(或简化命令 mi)

该命令将允许用户把所选实体以指定两点的连线为镜像线生成一个镜像反射实体，即对

实体进行镜像反射拷贝或者镜像反射移动。

命令提示和选项说明

启动该命令后,系统将会反复出现如下提示:

◆"选择对象:",用户可在该提示下选择需要镜像的实体,直到给出一个空响应以结束选择。之后会出现如下提示:

◆"指定镜像线的第一点:",指定镜像线第一点。

◆"指定镜像线的第二点:",指定镜像线第二点。

◆"是否删除源对象?[是(Y)/否(N)]:",在该提示下输入"n"或按回车键在生成镜像图形的同时将保留源对象,输入"y"则生成镜像图形的同时删除源对象。

上机实践 把如图 2.79a 所示的三角形进行镜像,步骤如下:

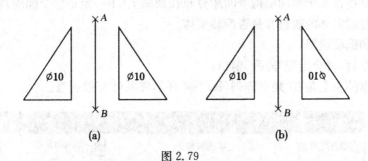

图 2.79

命令:mirror (在命令行中输入 mirror,回车启动 mirror 命令)

选择对象: (选择三角形作为镜像实体)

选择对象: (直接回车结束选择)

指定镜像线的第一点: (拾取点 A)

指定镜像线的第二点: (拾取点 B)

是否删除源对象?[是(Y)/否(N)]: (直接回车选择不删除源实体)

上述操作完成后,屏幕上同时出现了图 2.79a 所示的镜像图形和源图形两个三角形。

注意

如果要控制文字对象的反射特性,请参见系统变量 Mirrtext。Mirrtext 的缺省设置是开(1),这将导致文字对象同其他对象一样作镜像处理,文字将变为不可读(图 2.79b)。当 Mirrtext 设置为关(0)时,文字对象不作镜像处理,仍然可读(图 2.79a)。

2) 图形的阵列(Array)

命令 功 能 区:【常用】选项卡→【修改】面板→【陈列】 ▦

  下拉菜单:【修改】→【阵列】

  工 具 栏:【修改】→【阵列】

  命 令 行:array(或简化命令 ar)

该命令将允许用户把所选实体进行环形或矩形阵列复制。

矩形阵列是指将多个相同结构按指定距离等间距分布,用户可以控制行和列的数目以及它们之间的距离。矩形阵列在缺省情况下行和列与图形坐标轴 X 和 Y 轴方向平行(图 2.80a)。可以使用"阵列角度(A)"或"光标捕捉"命令的"角度"选项改变方向并创建倾斜的阵列(图2.80b)。

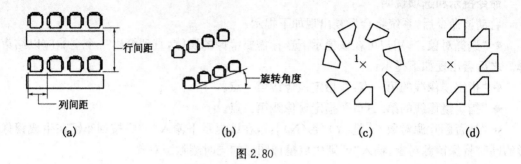

(a)   (b)   (c)   (d)

图 2.80

环形阵列是指将多个相同结构等间距分布在圆周上(不一定是整个圆周),见图2.80c、d。用户可以控制复制实体的数目和是否旋转实体。

命令提示和选项说明

启动该命令后,将会出现"阵列"窗口。

在该对话框的左上角有"矩形阵列(R)"和"环形阵列(P)"单选框。

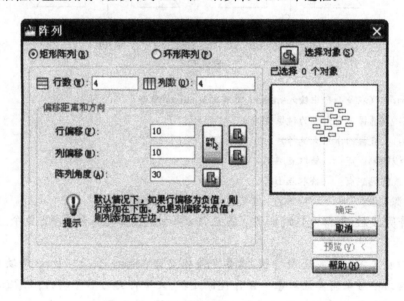

图 2.81

(1) 若选中"矩形阵列(R)",则会出现如图 2.81 的情形,其中:"行(W)"文本框和"列(O)"文本框:在这两个文本框中可以输入要阵列的行数和列数。"行偏移(F)"和"列偏移(W)"文本框:在这两个文本框中可以输入要阵列的行间距和列间距。"阵列角度(A)"。"行偏移(F)"、"列偏移(W)"和"阵列角度(A)"文本框右边均有一个按钮国。点取这些按钮可以用鼠标在屏幕上拾取两点,这两点之间的间距将分别作为行间距或列间距,两点连线与 X 轴正方向的夹角作为阵列的角度。点击"选择对象"按钮则让用户在屏幕上选取要阵列的源对象。

(2) 若选中"环形阵列(P)"则会出现如图 2.82 的情形:

图 2.82

◆"中心点"文本框:指定阵列中心点。中心点是阵列时所有图形环绕的中心。

◆"项目总数"文本框:可以输入环行阵列的拷贝总数(包括用户选择的源实体)。

◆"填充角度"文本框:指定填充角度(默认为 360°)。角度为正是逆时针阵列,为负是顺时针阵列。

◆"复制时旋转项目"单选框:确定对象复制时是否旋转,系统缺省是旋转。

◆"对象基点"区:用于指定阵列基点。基点指的是图形绕中心点旋转时每个图形本身的参考点(即阵列时究竟是哪一个点在绕中心点旋转,图 2.83(a)和(b)分别为基点是 A 和 B 时绕圆的圆心阵列的结果)。

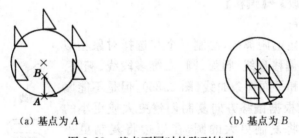

(a) 基点为 A   (b) 基点为 B

图 2.83 基点不同时的阵列结果
(阵列时不旋转)

上机实践 把如图 2.84a 所示的三角形进行阵列,步骤如下:

(1) 在命令行中输入"ar"回车启动 Array 命令,出现如图 2.81 所示的"阵列"窗口。

(2) 在图 2.81 所示的窗口中点击"选择对象"按钮,拾取图 2.84a 中的三角形。

(3) 选中"矩形阵列(R)"。

(4) 在图 2.81 所示的窗口中指定矩形阵列行数为 4。

(5) 在图 2.81 所示的窗口中指定矩形阵列列数为 5。

(6) 点击"行偏移(F)"和"列偏移(W)"文本框右侧的长方形按钮。

(7) 在"指定单位单元:"提示下在屏幕上拾取点 A。

(8) 在"另一角点:"提示下拾取点 B。

(9) 在图 2.81 所示的窗口中点击"确定"按钮,此时屏幕上将会出现图 2.84b 所示的 4 行 5 列的阵列。

(10) 点击【修改】下拉菜单的【阵列】出现如图 2.81 所示的"阵列"窗口,再次启动 Array 命令。

(11) 在图 2.81 所示的窗口中点击"选择对象"按钮,拾取图 2.84a 中的三角形。

(12) 选中"环形阵列(P)"则出现如图 2.82 所示的窗口。

(13) 点击"中心点"右侧的按钮,在屏幕上拾取三角形的一个角点为阵列中心点。

(14) 在"项目总数"文本框中输入环形阵列总数为 6。

(15) 在"填充角度"文本框中输入环形阵列总填充角为 360。

(16) 选中"复制时旋转项目"确认环形阵列时实体进行旋转。

(17) 点击"确定"按钮,此时屏幕上出现图 2.84c 所示的环形阵列结果。

若环形阵列填充角为 180°,即为图 2.84d 所示的情况,请读者试一试。

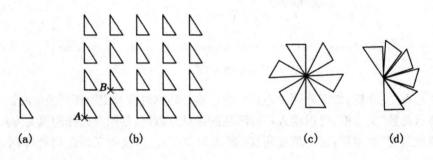

(a)　　　　　(b)　　　　　(c)　　　　　(d)

图 2.84

3) 图形的偏移复制(Offset)

命令 功 能 区:【常用】选项卡→【修改】面板→【偏移】 ⚙

　　　　下拉菜单:【修改】→【偏移】

　　　　工 具 栏:【修改】→偏移

　　　　命 令 行:offset

偏移命令是在指定的距离内,绘制一个与选择对象相似的新对象。可以用于偏移直线、圆弧、圆、二维多段线、椭圆、椭圆弧、参照线、射线和平面样条曲线(图 2.85),但是不能偏移复制多线。偏移圆根据偏移方向复制创建更大或更小的圆,在圆周外边偏移将复制更大的圆,在里边将复制更小的圆。

在土木工程绘图中,会经常使用该命令绘制平行线。

命令提示和选项说明

启动该命令后,系统将会出现如下提示:

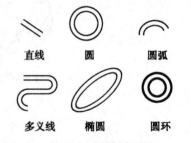

直线　　　圆　　　圆弧

多义线　　椭圆　　圆环

图 2.85　各种对象偏移复制的结果

"指定偏移距离或[通过(T)]:",允许用户指定偏移距离方式还是通过一点方式进行偏移。

(1) 若在屏幕上拾取一点则表明选择了指定距离方式,此时将会出现"提示指定第二点:",当用户指定第二点时,系统将会以这两点之间的距离为偏移距离。之后会反复出现如下两个提示，以允许用户同时对多个对象进行相同距离的偏移复制操作，直到用户直接回车为止。

"选择要偏移的对象或＜退出＞：",选择要进行偏移的对象。

"指定点以确定偏移所在一侧：",选择在哪一边做偏移。

（2）若在"指定偏移距离或［通过（T）："提示下输入"t"回车以通过点（Through）方式进行偏移，会反复出现如下两个提示，直到用户直接回车为止。

"选择要偏移的对象或＜退出＞：",在该提示下可选择要偏移的对象。

"指定通过点：",指定偏移对象要通过的点。

2.5.4　图形的旋转和缩放

1）图形的旋转（Rotate）

命令　功　能　区：【常用】选项卡→【修改】面板→【旋转】

　　　　下拉菜单：【修改】→【旋转】

　　　　工　具　栏：【修改】→【旋转】

　　　　命　令　行：rotate（或简化命令 ro）

该命令通过选择一个基点和一个绝对的或相对的旋转角来旋转对象。指定一个绝对角度会从当前位置将对象旋转所指定角度。指定一个相对角度将从对象当前的方向根据相对角度围绕基点旋转对象。默认情况下，角度为正将向逆时针方向旋转。

命令提示和选项说明

启动该命令后，系统将会出现如下提示：

◆ "选择对象：",用户可在该提示下选择需要旋转的实体，直到给出一个空响应以结束选择。之后会出现如下提示：

◆ "指定基点：",要求指定一个点作为基点。

◆ "指定旋转角度或［参照（R）］：",输入角度作为对象绕基点旋转的绝对角度；或输入"r"选择参照相对角度；或者指定点（该点与基点的连线跟 X 轴正方向的夹角为旋转绝对角度）。

若选择相对角度，则需指定当前参照角度和所需的新角度。可以使用该选项拉直一个对象或者将它与图形中的其他要素对齐。此时命令行会出现提示：

◆ "指定参照角＜0＞：",用户可在该提示下输入一个参照角度（可以两点定一个角度）。

◆ "指定新角度：",可以在该提示下输入或指定一个新角度。

注意

选择基点时要尽量选择在旋转实体附近，否则旋转之后，所选实体会因移动距离太大而给用户造成不便。

上机实践 1　用绝对角度方法把如图 2.86a 所示的图形进行旋转，步骤如下：

命令：rotate　（启动 Rotate 命令）

选择对象：（拾取点 1 选择要旋转的对象）

指定基点：（选择旋转基点）

指定旋转角度或［参照（R）］：　［指定点 3 作为旋转角度（即 3 和 2 的连线与 X 轴正方向的夹角）］

此时屏幕上将会出现图 2.86c。

上机实践 2　用相对角度方法把如图 2.87a 所示的图形进行旋转，步骤如下：

命令：rotate （启动 Rotate 命令）
选择对象：（拾取点1选择要旋转的对象）
指定基点：（选择旋转基点）
指定旋转角度或[参照(R)]：r （输入"r"选择相对方式）
指定参照角<0>：int （捕捉交点2,开始定义参照角）
指定第二点：endp （捕捉端点3,完成参照角的定义）
指定新角度：endp （捕捉端点4,旋转结果见图2.87c）

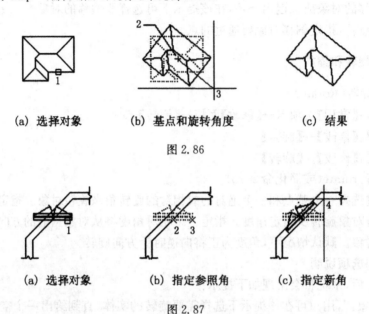

(a) 选择对象　　　　(b) 基点和旋转角度　　　　(c) 结果

图 2.86

(a) 选择对象　　　　(b) 指定参照角　　　　(c) 指定新角

图 2.87

2）图形的缩放（Scale）

命令　功　能　区:【常用】选项卡→【修改】面板→【缩放】🔲

下拉菜单:【修改】→【缩放】

工　具　栏:【修改】→【缩放】

命　令　行:scale(或简化命令 sc)

该命令允许用户将所选实体在 X、Y 和 Z 方向等比例放大或缩小。在实际操作中可以通过指定一个基点和长度(基于当前图形单位被用作比例因子)或直接输入比例因子来缩放对象,也可以用参考方式为对象指定当前长度和新长度来进行缩放。

命令提示和选项说明

启动该命令后,系统将会出现如下提示：

◆"选择对象:",用户可在该提示下选择需要缩放的实体,直到给出一个空响应以结束选择。之后会出现如下提示:

◆"指定基点:",指定点作为基点进行缩放。指定的基点是指在比例缩放中的基准点(即缩放中心点),一旦选定基点后,拖动光标时图像将按移动光标的幅度进行放大或缩小。

◆"指定比例因子或[复制(C)/参照(R)]:",指定比例,或输入"c"以创建要缩放的选定对象的副本,或者输入"r"选择参考方式。

（1）若直接输入一个数字,则按指定的比例缩放选定对象,数字大于1将使对象放大,介于0和1之间将使对象缩小。

（2）若输入"c"选择复制选项，则在缩放所选中图形的时候，原图还继续保留。

（3）若输入"r"，将按参照长度和指定的新长度比例缩放所选对象。命令提示如下：

◆ "指定参照长度<1>:"，用户可在该提示下输入一个长度作为参考长度，默认是1。

◆ "指定新长度:"，在该提示下输入新长度。如果新长度大于参照长度，对象将放大；反之则缩小。

上机实践 把如图2.88a所示的图形进行放大和缩小，步骤如下：

命令：sc （在命令行中输入"sc"启动Scale命令）

选择对象： （选择图2.88a中的实体）

指定基点： （指定基点为点O）

指定比例因子或[复制(C)/参照(R)]:1.5 （输入缩放系数为1.5，图形放大为图2.88b）

命令：scale （再次启动Scale命令）

选择对象： （选择圆作为缩放对象）

指定基点： （指定基点为点D）

指定比例因子或[复制(C)/参照(R)]:r   （输入字母"r"选择参考方式）

指定参照长度<1>: （捕捉点D作为参考长度的第一点）

指定第二点： （捕捉点A作为参考长度的第二点）

指定新长度： （捕捉点O，此时会看到圆被缩小，同时其位置也被移动）

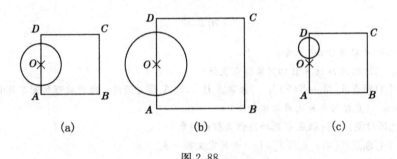

图2.88

注意

选择基点时要尽量选择在旋转实体附近，否则旋转之后，所选实体会因移动距离太大而给用户造成不便。

2.5.5 图形的折断和修剪

1）图形的折断（Break）

命令 功 能 区：【常用】选项卡→【修改】面板→【打断】或者【打断于点】□

　　下拉菜单：【修改】→【打断】

　　工 具 栏：【修改】→【打断】

　　命 令 行：break（或简化命令br）

该命令用于部分删除对象或把对象分解为两部分。

命令提示和选项说明

启动该命令后，系统将会反复出现如下提示：

◆"选择对象:",用户可在该提示下选择需要折断的实体,系统会默认选择实体时拾取点为第一点。之后会出现如下提示:

◆"指定第二个打断点或[第一点(F)]:",要求用户输入第二点或输入字母"f"重新定义第一点。

(1) 若直接输入第二点,将删除两点间的部分。如果用户选择的第二点不在对象上,将在对象上选取与之距离最近的点作为新的第二点,因此,如果要删除直线、圆弧或多段线的一端,可以将第二点指定在要删除部分的端点之外。

(2) 若输入字母 f 重新定义第一点,则会重新出现如下提示:

"指定第一个打断点:",重新指定一点作为第一点;

"指定第二个打断点:",指定另外一点作为第二点。

上机实践 把如图 2.89a 所示的图形进行剪切和折断,步骤如下:

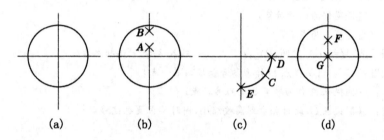

(a)　　　　(b)　　　　(c)　　　　(d)

图 2.89

命令:_break （启动 Break 命令）

选择对象: （拾取点 A 选择剪切对象为垂直线）

指定第二个打断点或[第一点(F)]: （拾取点 B,此时 A、B 之间的一段线被剪切图 2.89b）

命令:_break （直接回车再次启动该命令）

BREAK 选择对象: （拾取点 C 选择圆作为剪切对象）

指定第二个打断点或[第一点(F)]: f （重新定义第一点）

指定第一个打断点: int of （捕捉交点 D 作为第一点）

指定第二个打断点: int of （捕捉交点 E 作为第二点,则圆被逆时针剪切成圆弧图 2.89c）

命令:break （再次启动该命令）

选择对象: （拾取点 F）

指定第二个打断点或 [第一点(F)]: f （重新定义第一点）

指定第一个打断点: int of （捕捉交点 G 作为第一点）

指定第二个打断点: @ （用相对坐标定义第二点与第一点相同）

此时从外观上看不出什么变化(图 2.89d),但实际上直线 FG 已经在 G 点被折为两段。

注意

(1) 如果指定的第一点和第二点相同,则只拆分一个对象(即折断),而不删除其中的任一部分。指定第二点时,可以输入"@"使其与第一点相同。在功能区中选择"修改"面板的"打断于点"按钮相当于拆分该对象(不能在一点打断一闭合对象,例如圆等)。

(2) 直线、圆弧、圆、多段线、椭圆、样条曲线、圆环以及其他几种对象类型都可以被拆分为两个对象或将其中的一端删除。

(3) 处理圆时,AutoCAD 按逆时针方向删除两点之间的圆弧段,将圆转换成圆弧。

84

2) 图形的修剪（Trim）

命令 功 能 区：【常用】选项卡→【修改】面板 →修剪延伸下拉式按钮→【修剪】

下拉菜单：【修改】→【修剪】

工 具 栏：【修改】→【修剪】

命 令 行：trim（或简化命令 tr）

该命令是一个常用的命令，它允许用户将所选实体以一个或多个对象作为边界精确地修剪对象。在修剪实体时，使用起来比 Break 命令精确、方便一些。作为剪切边的对象并非一定与正在被修剪的对象真正相交，两者可以在其延长线上相交。剪切边可以是直线、圆弧、圆、多段线、椭圆、样条曲线、面域、文字、构造线、射线等。

命令提示和选项说明

启动该命令后，系统将会相继出现如下提示：

◆"当前设置：投影＝UCS，边＝无"，提醒用户当前的投影模式和边模式。

◆ 选择剪切边…

◆"选择对象或 ＜全部选择＞："，要求用户选择作为剪切边界的对象，可以连续用拾取框和窗口两种方式选择一个或多个实体，选择完毕后回车确认。用户也可按回车键选择所有对象作为潜在边界，系统修剪对象时将寻找最靠近的剪切边。

(a)　　　　(b)

图 2.90

◆"选择要修剪的对象，或按住 Shift 键选择要延伸的对象，或［栏选(F)/窗交(C)/投影(P)/边(E)/删除(R)/放弃(U)］："，要求用户选择要修剪的对象或选择其他选项。系统将重复该提示，所以可以修剪多个对象。各个选项的含义如下：

栏选(F)/窗交(C)：选择与选择栏相交的所有对象/选择矩形区域（由两点确定）内部或与之相交的对象。

投影(P)：在三维编辑中进行修剪时的不同投影方法选择。

边(E)：设置延伸边界属性，选择该项之后会出现如下提示：

"输入隐含边延伸模式［延伸(E)/不延伸(N)］＜不延伸＞："，选择"延伸(E)"方式，被修剪对象可以以所选剪切边界实体的延长线作为剪切边界进行修剪（图 2.90a）。选择"不延伸(N)"方式，被修剪对象不能以所选剪切边界实体的延长线作为剪切边界进行修剪（图 2.90b）。亦即选择时，边界和被修剪对象必须相交。

放弃(U)：取消所做的修剪动作。

注意

(1) 选定被修剪对象时，如果其拾取点位于端点和剪切边界之间，将删除对象超出剪切边界范围的部分。如果拾取点位于两剪切边之间，将删除它们之间的部分。

(2) AutoCAD 按宽二维多段线的中心线修剪。如果多段线是锥形的，在修剪之后宽度保持不变。

(3) Trim 命令也可以修剪尺寸标注。

上机实践 把图 2.91a 修剪成 2.91b，步骤如下：

命令：_trim （启动 Trim 命令）

当前设置：投影＝UCS，边＝无

选择剪切边…

选择对象：（拾取点 A）

指定对角点：（拾取点 B,则 4 条直线全部被选中作为剪切边界）

选择对象：（直接回车结束选择）

选择要修剪的对象,或按住 Shift 键选择要延伸的对象,或〔投影(P)/边(E)/放弃(U)〕：（拾取点 C）

选择要修剪的对象,或按住 Shift 键选择要延伸的对象,或〔投影(P)/边(E)/放弃(U)〕：（拾取点 D）

选择要修剪的对象,或按住 Shift 键选择要延伸的对象,或〔投影(P)/边(E)/放弃(U)〕：（拾取点 E）

选择要修剪的对象,或按住 Shift 键选择要延伸的对象,或〔投影(P)/边(E)/放弃(U)〕：（拾取点 F）

选择要修剪的对象,或按住 Shift 键选择要延伸的对象,或〔投影(P)/边(E)/放弃(U)〕：（直接回车结束命令,此时屏幕上将会出现图 2.91b)

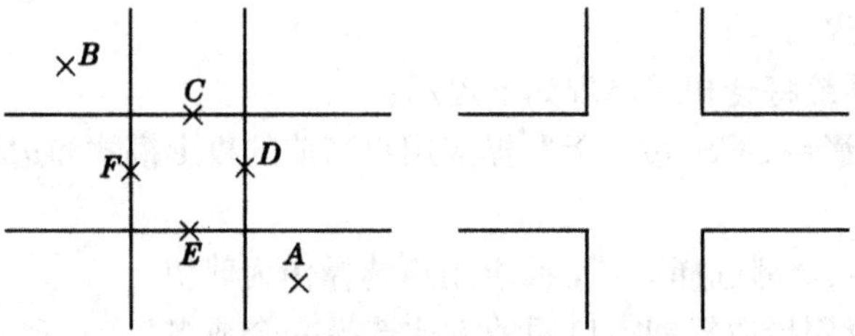

图 2.91

2.5.6　图形的延伸、拉伸和改变长度

1）图形的延伸(Extend)

命 令　功 能 区：【常用】选项卡→【修改】面板 →修剪延伸下拉式按钮→【延伸】

　　　　下拉菜单：【修改】→【延伸】

　　　　工 具 栏：【修改】→【延伸】

　　　　命 令 行：extend(或简化命令 ex)

该命令允许用户将所选实体延伸至其他对象定义的边界。也可以将对象延伸到它们将相交的某个边界上,这种操作被称为延伸到隐含边界。

命令提示和选项说明

启动该命令后,系统将会出现如下提示：

◆"当前设置：投影=UCS,边=无",提醒用户当前的投影模式和边模式。

◆"选择边界的边… 选择对象：",要求用户选择延伸边界,可以连续用拾取框和窗口两种方式选择一个或多个实体,选择完毕后回车确认。用户也可 ENTER 键选择所有对象作为潜在边界。系统延伸对象时将寻找最靠近的边界。

◆"选择要延伸的对象,或按住 Shift 键选择要修剪的对象,或〔栏选(F)/窗交(C)/投影(P)/边(E)/删除(R)/放弃(U)〕：",要求用户选择要延伸的对象或选择其他选项。系统将重复该提示以同时延伸多个对象。各个选项的含义与前述 Trim 命令相同。

上机实践　将图 2.92a 所示的圆弧和多段线延伸到直线,步骤如下：

命令：ex　（发出 Extend 命令)

当前设置：投影=UCS,边=无　（提醒用户当前的投影模式和边模式)

选择边界的边...

选择对象：（拾取点 A 选择直线作为延伸边界）

选择要延伸的对象，或按住 Shift 键选择要修剪的对象，或［栏选（F）/窗交（C）/投影（P）/边（E）/删除（R）/放弃（U）］：（拾取点 B 选择圆弧作为延伸对象）

选择要延伸的对象，或按住 Shift 键选择要修剪的对象，或［栏选（F）/窗交（C）/投影（P）/边（E）/删除（R）/放弃（U）］：（拾取点 C 选择多段线作为延伸对象）

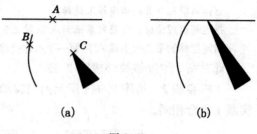

图 2.92

上述命令执行后，屏幕上会出现图 2.92b 所示的延伸效果。

注意

（1）延伸边可以是直线、圆弧、圆、多段线、椭圆、样条曲线、面域、文字、构造线、射线等。

（2）如果选择二维多段线作为边界对象，AutoCAD 将忽略其宽度并将对象延伸到多段线的中心线处。如果延伸一个锥形的多段线线段，AutoCAD 将修改延伸端的宽度使其按原来的锥度进行延伸。如果这样导致了负的终端宽度，则终端宽度为零（见图 2.92）。

（3）可被延伸的对象包括：圆弧、椭圆圆弧、直线、非闭合的二维三维多段线以及射线等。

2）图形的拉伸（Stretch）

命令 功 能 区：【常用】选项卡→【修改】面板→【拉伸】▨

　　　　下拉菜单：【修改】→【拉伸】

　　　　工 具 栏：【修改】→【拉伸】

　　　　命 令 行：stretch（或简化命令 s）

命令提示和选项说明

启动该命令后，系统将会出现如下提示：

"以交叉窗口或交叉多边形选择要拉伸的对象...选择对象："，要求使用圈交（CPolygon）或窗交（Crossing）目标选择方式选择拉伸对象。该命令将移动选择窗口中的端点，而不改变窗口外的端点。之后会出现提示：

"指定基点或位移："，指定基点或位移。

"指定位移的第二个点或 ＜用第一个点作位移＞："，指定位移第二点。

上机实践 1 将图 2.93a 所示的屋顶平面图拉伸成图 2.93c，步骤如下：

命令：s　（在命令行输入"s"发出 Stretch 命令）

以交叉窗口或交叉多边形选择要拉伸的对象...

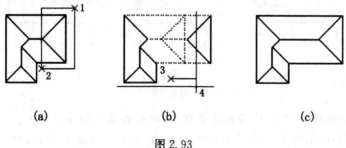

图 2.93

选择对象：（拾取选择框的角点1）

指定对角点：（拾取选择框的角点2，2点必须在1点的左边）

选择对象：（直接回车结束选择）

指定基点或位移：［指定基点为点3（图2.93b），并打开正交模式］

指定位移的第二个点或 <用第一个点作位移>：［指定位移第二点为点4（图2.93b）］

此时图2.93a被拉伸成图2.93c。

上机实践2 将图2.94a所示的门移动到墙壁的另一个位置（图2.94c），步骤与前述上机实践1完全相同。

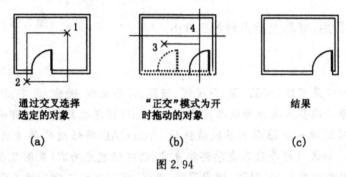

通过交叉选择 选定的对象	"正交"模式为开 时拖动的对象	结果
(a)	(b)	(c)

图2.94

当上述操作完成后，因为门和门的端点完全位于选择窗口内，所以它被移动到新的位置，而墙线因为与选择窗口相交，故它随着门的移动而进行了拉伸。

注意

（1）拉伸命令是一个效率非常高的命令，它一定要用从右往左的窗口形式选择图形对象。

（2）若所选实体的端点完全位于选择窗口内，Stretch命令将把实体移动到新的位置。若所选实体的部分端点位于选择窗口内，Stretch命令将把在选择窗内的端点移动到新的位置，而不改变窗口外的端点，即对实体进行了拉伸。

（3）由上述两个实例可以看出，在拉伸过程中，打开正交模式可使用户方便地把对象按直线拉伸或移动。

（4）该命令可以拉伸与选择窗口相交的圆弧、椭圆弧、直线、多段线线段、射线和样条曲线。

（5）多段线的每一段都被当作简单的直线或圆弧分开处理。图2.95即为一条由直线段和圆弧组成的多段线（图2.95a），当选择框为1、2点组成的矩形，基点和第二点分别为3、4点时，拉伸之后的结果见图2.95c。

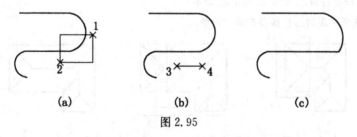

(a)	(b)	(c)

图2.95

（6）该命令不修改三维实体、多段线宽度、切线或者曲线拟合的信息。

（7）可以将Stretch命令用于拉伸尺寸标注，若尺寸标注是关联的，那么尺寸线、延伸线、尺寸文本、尺寸箭头等都一起进行拉伸或移动,而且尺寸文本的内容将自动更新(见图2.96c)。若尺寸标注是非关联的,那么尺寸线、延伸线、尺寸箭头等可以进行拉伸或移动,而尺寸文本要根据其在选择框内还是外而进行移动或不移动,它的内容不会更新。

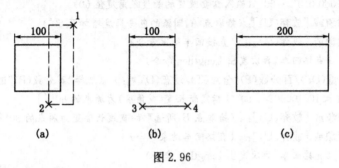

图 2.96

3)改变长度(Lengthen)

命令 功能区:【常用】选项卡→【修改】面板→【拉长】

下拉菜单:【修改】→【拉长】

工具栏:【修改】→【拉长】

命令行:lengthen(或简化命令 len)

Lengthen 命令用于修改所选对象的长度或圆弧的包含角,但是它不能修改闭合的对象。

命令提示和选项说明

启动该命令后,系统将会出现如下提示:

选择对象或[增量(DE)/百分数(P)/全部(T)/动态(DY)]:可在该提示下选择对象或输入其他选项。

◆ 选择对象:若选择一个修改对象,系统还会重复上述提示。

◆ 增量(DE):以指定的增量修改对象的长度或圆弧的角度,从距离选择点最近的端点处开始测量。如果输入正数,就拉伸对象,如果是负数,就修剪对象。

◆ 百分数(P):通过指定的对象总长度(或者总角度)的百分比来设置对象长度(或角度)。

◆ 全部(T):通过指定固定端点间总长度的绝对值(或者总包含角)设置选定对象的长度(或角度)。

◆ 动态(DY):打开动态拖动模式。可将端点移动到所需要的长度或角度来改变选定对象的长度,另一端保持固定不动。

上机实践 1 用 Lengthen 命令将图 2.97 所示的图形修改,步骤如下:

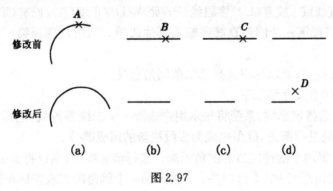

图 2.97

命令：len　（发出 Lengthen 命令）

选择对象或［增量(DE)/百分数(P)/全部(T)/动态(DY)］：del　（输入"del"选择"增量(DE)"选项）

输入长度增量或［角度(A)］<0.0000>：2　（输入"a"回车选择角度选项）

输入角度增量<0d0'0.0">：60　（输入需要改变的长度或角度值60）

选择要修改的对象或［放弃(U)］：(拾取点 A,圆弧的包含角度增加了 60°)

选择要修改的对象或［放弃(U)］：　（直接回车结束命令）

命令：lengthen　（直接回车,再次发出 Lengthen 命令）

选择对象或［增量(DE)/百分数(P)/全部(T)/动态(DY)］：p　（选择"百分数(P)"选项）

输入长度百分数 <100.0000>：80　［指定新长度(或角度)为原来的80%］

选择要修改的对象或［放弃(U)］：(拾取点 B,所选取的直线长度变为原来的80%)

选择要修改的对象或［放弃(U)］：　（直接回车结束命令）

命令：lengthen　（直接回车,再次发出 Lengthen 命令）

选择对象或［增量(DE)/百分数(P)/全部(T)/动态(DY)］：t　（选择"全部(T)"选项）

指定总长度或［角度(A)］<1.0000>：200　［输入总长度(或角度)为200］

选择要修改的对象或［放弃(U)］：(拾取点 C,则所选直线的总长度变为200)

选择要修改的对象或［放弃(U)］：　（直接回车结束命令）

命令：lengthen　（直接回车,再次发出 Lengthen 命令）

选择对象或［增量(DE)/百分数(P)/全部(T)/动态(DY)］：dy　（选择"动态(DY)"选项）

指定新端点:

选择要修改的对象或［放弃(U)］：(拾取点 D)

选择要修改的对象或［放弃(U)］：　（直接回车结束命令）

2.5.7　对图形进行倒角和倒圆

1）对图形进行倒角

命 令　功 能 区:【常用】选项卡→【修改】面板→圆角倒角下拉菜单→【倒角】

　　　　　下拉菜单:【修改】→【倒角】

　　　　　工 具 栏:【修改】→【倒角】

　　　　　命 令 行:chamfer

命令提示和选项说明

启动该命令后,系统将会出现如下提示:

("修剪"模式)当前倒角距离 1=86.550 1,距离 2=35.846 2,提醒用户当前的修剪模式和第一、第二倒角距离。

"选择第一条直线或［放弃(U)/多段线(P)/距离(D)/角度(A)/修剪(T)/方式(M)/多个(U)］:",要求用户选择第一条倒角直线或输入其他选项。当用户选择第一条直线之后,系统会提示:

"选择第二条直线:",要求用户选择第二条倒角直线。

其他各个选项的含义介绍如下:

◆ 多段线(P):选择该选项,系统将提示用户选择一个二维多段线,选择完毕后,将在多段线的每个相交顶点处进行倒角,倒角也成为多段线新的组成部分。

◆ 距离(D):设置两个沿选定边的倒角距离。选择该选项后,系统将会出现提示:

"指定第一个倒角距离 <86.5501>:",输入第一个倒角距离或按回车键确认当前值。

90

"指定第二个倒角距离 <130.8807>:",输入第二个倒角距离或按回车键确认当前值。

◆ 角度(A):使用一条线的倒角距离和一个角度确定倒角距离。

◆ 修剪(T):控制在倒角时是否修剪选定边至倒角线端点,默认为修剪方式,系统将修剪相交直线至倒角线的端点。

◆ 方式(M):控制 AutoCAD 是使用两个距离还是一个距离加一个角度来创建倒角。

◆ 多个(U):使用"多个"选项可以为多组对象倒角而无需结束命令。

如果将两个距离都设置为零,AutoCAD 就延长或修剪两条线以使二者相交于一点为止。

注意

(1) Chamfer 命令只能对直线、多段线、参照线和射线等进行倒角,不能对圆、圆弧、椭圆等进行倒角。

(2) 如果选定的两条直线不相交,AutoCAD 将延长或修剪它们以使其相交。

(3) 如果正在被倒角的两个对象都在同一图层,则倒角线将处于那个图层。否则,倒角线将处于当前图层。此规则同样适用于倒角颜色和线型。

上机实践 将图 2.98a 所示的图形进行倒角,步骤如下:

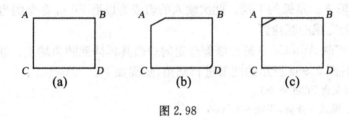

图 2.98

(1) 命令:_chamfer (发出倒角命令)

(2) ("修剪"模式)当前倒角距离 1=20.000 0,距离 2 =20.000 0 (提醒用户当前修剪模式和倒角距离)

(3) 选择第一条直线或 [多段线(P)/距离(D)/角度(A)/修剪(T)/方式(M)/多个(U)]:d (选择"距离(D)"选项以改变倒角距离)

(4) 指定第一个倒角距离 <20.0000>:30 (指定第一个倒角距离为 30)

(5) 指定第二个倒角距离 <30.0000>:15 (指定第二个倒角距离为 15)

(6) 命令:chamfer (在命令行直接回车,再次发出倒角命令)

(7) ("修剪"模式)当前倒角距离 1=30.000 0,距离 2=15.000 0 (提醒用户当前修剪模式和倒角距离)

(8) 选择第一条直线或 [多段线(P)/距离(D)/角度(A)/修剪(T)/方式(M)/多个(U)]: (选择 AB 直线)

(9) 选择第二条直线: (选择 AC 直线)

倒角结果见图 2.98b,若剪切模式设置为"不修剪",则出现图 2.98c 的情况。

2) 对图形进行倒圆

命令 功 能 区:【常用】选项卡→【修改】面板→圆角倒角下拉菜单→【圆角】

　　　　下拉菜单:【修改】→【圆角】

　　　　工 具 栏:【修改】→【圆角】

　　　　命 令 行:fillet(或简化命令 f)

倒圆命令通过一个指定半径的圆弧来光滑地连接两个对象。可以给两个圆弧、圆、椭圆弧、直线、射线、多段线、样条曲线或参照线进行圆角。

命令提示和选项说明

启动该命令后，系统将会出现如下提示：

当前设置：模式＝修剪，半径＝0.0000 提醒用户当前的修剪模式和倒圆半径。

选择第一个对象或[放弃(U)/多段线(P)/半径(R)/修剪(T)/多个(U)]：要求用户选择第一个倒角实体或输入其他选项。当用户选择第一条直线之后，系统会提示：

选择第二个对象：要求用户选择第二个倒角实体。如果要加圆角的两个对象在同一图层上，则 AutoCAD 在该图层创建圆角，否则，AutoCAD 在当前图层上创建圆角，对于圆角的颜色和线型也是如此。

其他各个选项的含义介绍如下：

◆ 多段线(P)：选择该选项，系统将提示用户选择一个二维多段线，选择完毕后，系统将在两条线段相交的每个顶点处插入圆角弧。如果一条弧线段隔开两条相交的直线段，那么该弧线段被删除而替代为一个圆角。

◆ 半径(R)：输入圆角弧的半径。此次输入的值成为以后 Fillet 命令的当前半径值。修改此值并不影响已经完成的圆角弧。

◆ 修剪(T)：控制 AutoCAD 是否修剪选定的边使其延伸到圆角端点。缺省为剪切。

上机实践 将图 2.99a 所示的图形进行圆角，步骤如下：

(1) 命令：f （发出 Fillet 命令）

(2) 当前设置：模式＝修剪，半径＝0.0000

　　选择第一个对象或[多段线(P)/半径(R)/修剪(T)/多个(U)]：r （选择"半径(R)"选项，以设置圆角半径）

(3) 指定圆角半径＜0.0000＞：20 （输入圆角半径为20）

(4) 选择第一个对象或[多段线(P)/半径(R)/修剪(T)/多个(U)]：（拾取直线 AB）

(5) 选择第二个对象：（拾取直线 AD）

(6) 命令：fillet （再次发出 Fillet 命令）

(7) 当前设置：模式＝修剪，半径＝50.0000

　　选择第一个对象或[多段线(P)/半径(R)/修剪(T)/多个(U)]：（拾取 DC 直线（靠近 C 点））

(8) 选择第二个对象：[拾取 AB 直线（靠近 B 点）]

(9) 命令：fillet （再次发出 Fillet 命令）

(10) 当前设置：模式＝修剪，半径＝50.0000

选择第一个对象或[多段线(P)/半径(R)/修剪(T)/多个(U)]：t （输入"t"选择"修剪(T)"选项以改变 Trim 模式）

(11) 输入修剪模式选项[修剪(T)/不修剪(N)]＜修剪＞：n （输入字母"n"设置 Trim 模式为不修剪）

(12) 选择第一个对象或[多段线(P)/半径(R)/修剪(T)/多个(U)]：（选择 AD 直线）

(13) 选择第二个对象：（选择 DC 直线）

上述操作完成后，圆角的结果见图 2.99b

注意

(1) 如果圆角半径为0，则系统会延伸或剪切两个所选实体，使之成为一个直线角，若圆角半径太大，以至于所选实体容纳不下那么大的圆弧，则系统将不进行圆角。

(2) 在圆之间和圆弧之间可以有多个圆角存在，系统将选择端点最靠近选中点的圆角。

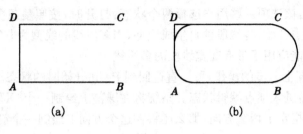

图 2.99

(3) 给具有直线边界的关联填充加圆角时,填充的关联性将被取消;但当边界是多段线时,填充的关联性将被保留。

(4) 直线、构造线和射线在相互平行时也可作圆角。圆角半径由系统自动计算,总是与直线间的距离相等,当前的圆角半径被忽略并保持不变,如图 2.99b 中的 BC 半圆。

2.5.8 线性编辑

1) 编辑多段线(Pedit)

命令 功 能 区:【常用】选项卡→【修改】面板→【编辑多段线】✍

下拉菜单:【修改】→【对象】→【多段线】

工 具 栏:【修改Ⅱ】→【编辑多段线】

命 令 行:pedit(或简化命令 pe)

该命令可以用于编辑多段线,也可以将多个本来相连的 Line 直线和圆弧合并成多段线。

命令提示和选项说明

启动该命令后,系统将会出现如下提示:

(1) "选择多段线或[多条(M)]:",选择多段线。如果选定对象是 line 命令画的直线或 arc 命令画的圆弧,则 AutoCAD 提示:

(2) "选定的对象不是多段线",提醒用户所选对象不是多段线。

(3) "是否将其转换为多段线?<Y>",询问用户是否将其转换为多段线,用户可以选择"y"和"n"。如果输入"y",则对象被转换为可编辑的单段二维多段线。

(4) "[闭合(C)/合并(J)/宽度(W)/编辑顶点(E)/拟合(F)/样条曲线(S)/非曲线化(D)/线型生成(L)/放弃(U)]",各个选项的含义分别介绍如下:

① 闭合(C):通过连接第一条线段与最后一条线段创建闭合的多段线线段。除非使用该选项来闭合多段线,否则 AutoCAD 将会认为它是打开的。

② 合并(J):将端点重合的直线、圆弧或多段线添加到打开的多段线端点上,如果多段线经过曲线拟合,则将删除曲线拟合。

③ 宽度(W):为整条多段线指定新的统一宽度。

④ 拟合(F):创建各对顶点间都由一对圆弧段连接的一条平滑曲线。曲线通过多段线的所有顶点并在顶点处具有指定的切线方向。

⑤ 样条曲线(S):本选项可以将多段线拟合生成样条曲线。

⑥ 非曲线化(D):拉直多段线的所有线段,并保留指定给多段线顶点的切线信息,在随后的曲线拟合中将会使用这些信息。

⑦ 线型生成(L)：该选项一些用户选择两个状态：打开时，按照整条多段线全长来生成线型；关闭时，从每个顶点开始，各线段独自生成线型，当多段线的线型为非实线时需要选用该选项来控制。该选项不能应用于带有变宽线段的多段线。

⑧ 放弃(U)：放弃上一步的操作，可一直返回到 Pedit 开始时的状态。

⑨ 编辑顶点(E)：进入顶点编辑状态。系统将在屏幕上绘制一个"X"来标记第一个顶点，如果已经为这个顶点指定了切线方向，那么还将在这个方向上绘制一个箭头。其后续提示为：

"[下一个(N)/上一个(P)/打断(B)/插入(I)/移动(M)/重生成(R)/拉直(S)/切向(T)/宽度(W)/退出(X)]<N>："，各个选择的含义如下：

◆ 下一个(N)：缺省选项。移动标记"X"到下一个顶点。

◆ 上一个(P)：移动标记"X"到上一个顶点。

◆ 打断(B)：AutoCAD 将在指定顶点处将多段线拆分成两部分。其后续提示为：

"输入选项[下一个(N)/上一个(P)/执行(G)/退出(X)]<N>："，其中"下一个(N)"和"上一个(P)"用于将标记"X"移动到其他任意顶点。如果不移动标记"X"并输入"g"选择"执行(G)"，则该多段线在标记点被分成两个实体。如果移动标记，指定的两顶点之间的线段和顶点将被清除。如果指定的一个顶点在多段线的终点上，结果为一条被截断的多段线。如果指定的两个顶点都在多段线端点上或者只指定了一个在端点上的顶点，将不能使用"打断"。

◆ 插入(I)：在多段线的标记顶点之后添加一个新顶点。

◆ 移动(M)：移动标记"X"当前所在的顶点的位置。

◆ 重生成(R)：重新生成多段线。

◆ 拉直(S)：拉直两个顶点。后续提示为："输入选项[下一个(N)/上一个(P)/执行(G)/退出(x)]<N>："，保存标记顶点的位置。可以移动标记"X"到其他任意顶点并输入"g"，将用一条直线替代指定两顶点之间的任何线段和顶点。如果不移动标记"X"，而是输入"g"来指定了一个顶点，那么如果跟随此顶点的是段弧，段弧将被拉直。如果要删除连接多段线两条直线段的弧段并延伸直线段直到它们相交，则可以使用命令 Fillet，令其圆角半径为 0。

◆切向(T)：在当前标记为"X"的顶点上修改缺省切线方向，这是为了在将来的曲线拟合中使用。

◆宽度(W)：修改从标记顶点开始的线段起点和终点宽度。后续提示为：

"指定下一线段的起点宽度<0.0000>："，输入起点宽度。

"指定下一线段的端点宽度<0.0000>："，输入终点宽度。

◆退出(X)：退出"编辑顶点"模式。

2) 编辑平行多线

命令 下拉菜单：【修改】→【对象】→【多线】

命 令 行：mledit

该命令发出后，将弹出一个图 2.100 所示的"多线编辑工具"对话框，用于编辑平行多线。对话框中的第一列处理十字交叉的多线，第二列处

图 2.100　多线编辑对话框

理 T 形相交的多线,第三列处理角点结合和顶点,第四列处理多线的剪切或接合。

2.5.9 分解图形(Explode)

在 AutoCAD 中,插入的图块是一个整体,用户不能对组成图块的部分对象进行编辑,但是我们用 Explode 命令来炸开该图块,组成图块的实体就可以分解开来,用户就可以对它们进行分别的编辑。

另外还有很多可以分解的对象:二维网格、二维实体、体、尺寸标注、多线、多面网格、多边形网格、多段线以及面域等。

命令 功 能 区:【常用】选项卡→【修改】面板→【分解】🔲
下拉菜单:【修改】→【分解】
工 具 栏:【修改】→【分解】
命 令 行:explode(或简化命令 x)

该命令发出之后,将连续提示用户选择需要分解的对象,直到用户按回车键为止。当一个对象被分解之后,其外观可能看起来是一样的,但该对象的颜色和线型等属性可能改变了,分解的结果取决于对何种组合对象进行分解。具体来说,下面是几种常用对象的分解结果:

◆ 块被分解之后,AutoCAD 一次分解一层块,如果一个块包含一个多段线或嵌套块,那么对该块的分解就首先显露出该多段线或嵌套块,然后再分别分解该块中的各个对象。

◆ 具有相同 X、Y 和 Z 比例的块将分解成它的组成部分。具有不同 X、Y 和 Z 比例的块(非一致比例块)可能分解成未知的对象。

◆ 分解一个包含属性的块将删除属性值并重显示属性定义。

◆ Minsert 插入的块、外部参照以及与外部参照相关的块不能被分解。

◆ 二维多段线被分解之后,将失去所有相关宽度或相关切线信息。

◆ 多线分解成直线。

◆ 尺寸标注被分解之后,将失去其关联性,不能用尺寸编辑命令对它进行编辑,在拉伸尺寸标注之时,尺寸文本也不会自动更新。

◆ 关联填充被分解之后,也将失去其关联性,每个线条都变成单独的实体。也不能用 Hatchedit 命令进行编辑。

2.5.10 夹持点的使用(Ddgrips)

1) 用夹持点进行图形编辑

如 2.5.1 节所述,AutoCAD 支持两种编辑方法,一种是先发命令后选择实体,另外一种是先选择实体后发出命令。前面我们讲述的都是前者,现在给大家介绍后者,即先选择动作的对象,后发出命令。夹持点的使用将允许我们实现这种操作。

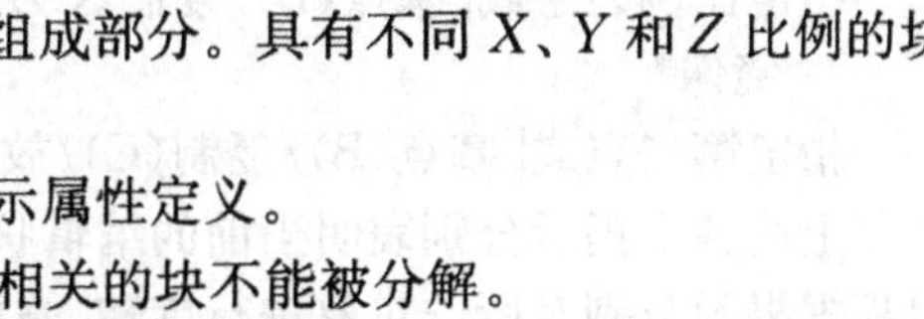

图 2.101

未发出任何命令之前,在"命令:"提示下,用鼠标点取屏幕上任何一个实体(或者用 W、C 等方式选取某些实体),这个(些)实体的某些部位将会出现蓝色的方框(图 2.101),我们把这些方框称为夹持点。夹持点出现的地方一般为物体的关键点,例如对角点、端点、中心、中点等。

夹持点出现之后,用户可以以命令行、工具栏、下拉菜单等各种方式发出命令,那么发出的这个命令的操作对象即为出现夹持点的这些实体。另外,用户在此时也可以以一种特殊的方式发出命令,介绍如下:

在出现夹持点之后,再次点击一个夹持点(或按住 Shift 键点击多个夹持点),这个(些)夹持点将变成红色,我们称这个(些)红色的夹持点为热夹持点(相对于热夹持点,那些蓝色的夹持点称为冷夹持点)。此时,命令行会出现提示:

＊＊拉伸＊＊

指定拉伸点或[基点(B)/复制(C)/放弃(U)/退出(X)]:当用户看到这个提示时,就表明可以使用夹持点编辑,而且现在处于 Stretch(拉伸)状态,可以根据提示对图形进行拉伸。若在上述提示下,直接回车,将会出现提示:

＊＊移动＊＊

指定移动点或[基点(B)/复制(C)/放弃(U)/退出(X)]:此时,表明进入 Move 状态。可以根据提示对图形进行移动。若在上述提示下,依次直接回车,将会依次出现提示:

＊＊旋转＊＊

指定旋转角度或[基点(B)/复制(C)/放弃(U)/参照(R)/退出(X)]:

＊＊比例缩放＊＊

指定比例因子或[基点(B)/复制(C)/放弃(U)/参照(R)/退出(X)]:

＊＊镜像＊＊

指定第二点或[基点(B)/复制(C)/放弃(U)/退出(X)]:

上述各个提示分别表明当前的编辑状态处于"旋转","比例缩放"和"镜像"状态。用户可以根据提示分别对所选对象进行旋转、缩放和镜像等操作。在进行这些操作的时候,用户均可以选择复制(C)选项以保留原对象。

另外需要注意的是,选择实体上哪一点为热夹持点,所进行的编辑结果可能不同,请读者自行练习,多多总结。

2) 夹持点的控制(Ddgrips)

命令　下拉菜单:【工具】→【选项】→【选择】

　　命　令　行:ddgrips

该命令发出之后,屏幕上将会弹出如图 2.75 所示的对话框。

在"夹点"区可设置冷夹持点(Unselected)和热夹持点(Selected)的颜色,以及设置是否启用夹点和是否启用块中夹点等。

在"夹点大小"区可以通过拖动滑动块来设置夹持点的大小。

2.6　图形显示控制

为了更好地观察图形,AutoCAD 为我们提供了方便地控制图形显示的工具,本小节将介绍这方面的内容。

2.6.1　利用 Zoom 命令缩放图形

每次打开一个图形,AutoCAD 总是显示上一次退出该文件时屏幕上的最后画面。若想要对图形进行显示缩放,此时可使用 Zoom 命令(这是一个透明命令)。

命令 功 能 区:【视图】选项卡→【导航】面板→【缩放】下拉式菜单(图2.102)

下拉菜单:【视图】→【缩放】

命 令 行:zoom(或简化命令 z)

点击"功能区"的"视图"选项卡"导航"面板的"缩放"下拉式菜单,可以出现图 2.102 所示的"范围"、"窗口"和"上一个"等多个选项,其意义与命令行方式的相同。下拉菜单方式跟功能区方式类似。

用命令行形式发出该命令后,命令行将会出现如下提示:

指定窗口角点,输入比例因子(nX 或 nXP),或[全部(A)/中心点(C)/动态(D)/范围(E)/上一个(P)/比例(S)/窗口(W)]<实时>:下面介绍各个选项:

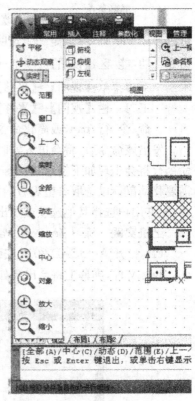

图 2.102

◆ 全部(A):显示整个图形,AutoCAD 将尽可能大地显示图形界限(Extends)和实际绘图范围二者范围的并集。该项操作将引起图形重生(Regen)。

◆ 中心点(C):屏幕上将显示由中心点和高度所定义的窗口内的内容。高度值较小时图形的显示范围较小,即增加缩放比例;高度值较大时减小缩放比例。

◆ 动态(D):对图形进行动态缩放。这是一个比较实用的选项,读者应该多加练习。选择该选项后,屏幕上将会出现几个不同颜色的方框。其中,蓝色虚线方框为图形界限区,即 Limits 所定义的绘图区。绿色虚线方框为当前视图区,显示在进行 Zoom 命令之前屏幕上的图形在整个图形中的位置。黑色实线方框为观察框,其中间有一个"╳"号,表明此时该框处于可移动状态,这时拖动鼠标可以移动观察框。当观察框移动到所需要的位置时,点击鼠标,这时观察框变成可调节大小的状态,框的右侧有一个箭头符号(→),这时拖动鼠标可以改变选择框的大小,再次点击鼠标左键,观察框又变成可移动状态……如此,点击鼠标左键可以在可移动和可调大小两者之间转换,直到选中用户欲观察的部分,点击鼠标右键或按回车键。

◆ 范围(E):将全部图形以最大比例显示在屏幕上,将造成图形重生(Regen)。

◆ 上一个(P):缩放显示前一个视图,系统最多可保留此前的 10 个视图。

◆ 比例(S):以当前视图中心为中心,以指定的比例因子缩放显示图形。输入值与图形界限有关。输入的值越大,则显示比例也越大。若输入数字后面跟一个"x",则表示相对当前视图的比例,例如"3x"表示把当前的视图比例放大 3 倍,"0.5x"则表示把当前的视图比例缩小一半。

◆ 窗口(W):允许用户指定一个窗口,屏幕上将会尽可能大地显示所选图形范围。

◆ 实时:实时缩放。在上述提示下直接回车即为选择此选项。此时屏幕上鼠标形状将会变成一个带有"+"和"一"号的放大镜图标,出现提示:"按 Esc 或 Enter 键退出,或单击右键显

图 2.103　视图缩放
　　　　　屏幕菜单

示快捷菜单。",此即为实时缩放状态。这时在屏幕上从上向下拖动小手,将会实时缩小,从下向上拖动小手,将会实时放大。在实时缩放状态,点击鼠标右键,将会弹出如图 2.103 所示的屏幕菜单,用户可以在该菜单上选择所希望选择的项目。若欲退出该菜单,点击其中的"退出"选项。

2.6.2　利用 Pan 命令平移显示图形

　　在不改变缩放比例的情况下,若用户欲观看其他范围内的图形,则可以使用 Pan 命令(这是一个透明命令)。

命令　功 能 区:【视图】选项卡→【导航】面板→【平移】 🖐 平移

　　下拉菜单:【视图】→【平移】

　　工 具 栏:【视图】→【平移】

　　命 令 行:pan(或简化命令 p)

发出该命令后,将会进入实时平移状态,屏幕上的鼠标形状将变成一个小手的形状图案。命令行将会出现如下提示:按 Esc 或 Enter 键退出,或单击右键显示快捷菜单。用户可以根据需要移动鼠标以选取希望观看的视图区。点击鼠标右键,也会弹出如图 2.103 所示的屏幕菜单,允许用户选择其他选项或退出。

　　上机实践　练习 Zoom 和 Pan 命令,步骤如下:

　　(1) 打开 AutoCAD 2010 安装目录下 Sample 子目录的 design center 子目录中的 kitchens. dwg 文件,屏幕上将会出现如图 2.104 所示的情况。

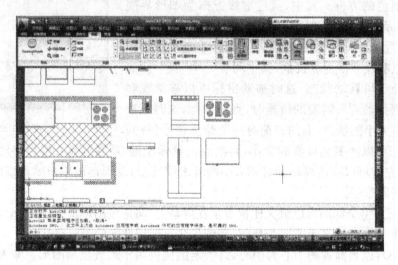

图 2.104

　　(2) 在命令行输入命令

命令:zoom　(发出 Zoom 命令)

指定窗口角点,输入比例因子(nX 或 nXP),或[全部(A)/中心点(C)/动态(D)/范围(E)/上一个(P)/比例(S)/窗口(W)]<实时>:0.5x　(输入 0.5x 设置其为当前视图比例的 0.5 倍,此时会出现如图 2.105 所示的状态)

命令:zoom （再次发出 Zoom 命令）

指定窗口角点,输入比例因子(nX 或 nXP),或[全部(A)/中心点(C)/动态(D)/范围(E)/上一个(P)/比例(S)/窗口(W)]＜实时＞:c （选择"中心点"选项）

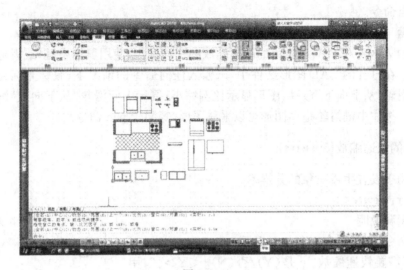

图 2.105

指定中心点: （在图 2.105 上拾取一点作为中心点）

输入比例或高度＜24.4828＞:50 （输入高度为 50,此时屏幕上出现图 2.106）

命令:zoom （再次发出 Zoom 命令）

[全部(A)/中心点(C)/动态(D)/范围(E)/上一个(P)/比例(S)/窗口(W)]＜实时＞: （在屏幕上拾取一点,系统默认为 Window 方式的第一点）

指定对角点: （在屏幕上拾取 Window 的第二点,屏幕上将会尽可能大地显示用户指定的窗口范围内图形）

命令: z （再次发出 Zoom 命令）

指定窗口的角点,输入比例因子（nX 或 nXP）,或[全部(A)/中心(C)/动态(D)/范围(E)/上一个(P)/比例(S)/窗口(W)/对象(O)]＜实时＞:a （输入"a",选择显示全部,屏幕上出现如图 2.107 所示的情况）

命令:p （在命令行输入"p"启动 Pan 命令）

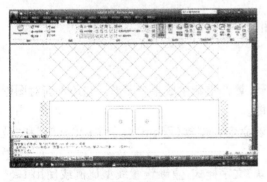

图 2.106

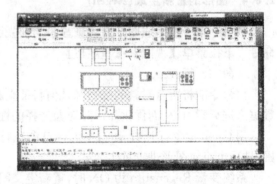

图 2.107

（3）命令行会出现提示:按【Esc】或【Enter】键退出,或单击右键显示快捷菜单。此时,屏幕上的鼠标变成了小手的形状,按需要拖动鼠标,直到看到想要观察的图形。

（4）点击鼠标右键，屏幕上会弹出如图 2.103 所示的屏幕菜单，点取"退出"，退出动态缩放和平移状态。

在屏幕下方的状态栏右侧，有几个图标，▮▮▮分别为平移、实时缩放，用户可以方便地点取它们发出各自命令。

操作秘籍

高版本的 AutoCAD 中，对常用的图形缩放和平移操作，使用鼠标中键（或者称滚动滑轮）是很方便的。在打开的 CAD 图形文件中，未输入任何命令的情况下，鼠标光标在绘图区时，将鼠标中间滑轮"从上向下"滚动，图形显示比例缩小；鼠标中间滑轮"从下向上"滚动，图形显示比例放大。按住中键滑轮拖动图形可以平移图形（等同于 pan 命令）。

2.6.3 图形的快速缩放（Viewres）

该命令用于设置生成对象的分辨率。

命令　命令行：viewres

命令提示和说明

发出该命令后，系统会出现如下提示：

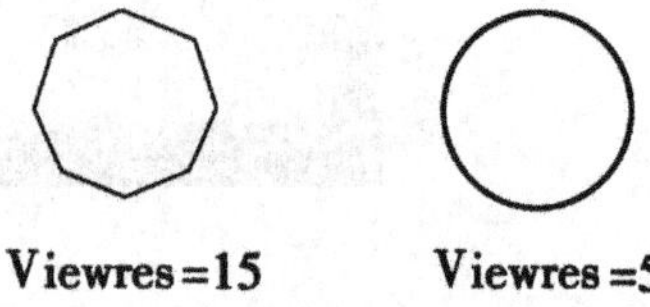

Viewres=15　　　Viewres=500

图 2.108

◆ "是否需要快速缩放？［是(Y)/否(N)］<Y>："，用户可在该提示下输入"y"以设置圆、圆弧的分辨率。

◆ "输入圆的缩放百分比(1—20000)<1000>："，输入圆的显示分辨率(1~20 000 之间的一个整数)或者按回车键。

这个选项使用短矢量控制圆、圆弧、椭圆和样条曲线的外观（图 2.108 为 Viewres 分别为 15 和 500 时圆的外观）。矢量数目越大，圆或圆弧的外观越平滑。使用这个选项将以牺牲平滑度为代价提高速度，或者以牺牲速度为代价提高视觉的精确度。例如，如果创建了一个很小的圆然后将其放大，它可能显示为一个多边形。重生成图形将更新圆的外观并对其进行平滑处理。

说明：该命令只影响图形的显示，不会影响图形的打印输出。故有时图形太大，为了加快图形显示的速度，可以把这个值定得低一些。

2.6.4 图形的重新生成（Regen）

该命令用于重生成图形并刷新显示当前视图。

命令　下拉菜单：【视图】→【重生成】

　　命令行：regen

该命令能将所有对象的数据和几何特征重新计算并重新生成整个图形。它还重新对图形数据库进行索引，从而优化显示和对象选择的性能。

用 Open 命令打开图形时，系统将自动执行该命令。缩放（Zoom）命令中的"全部"和"范围"选项也将对图形进行重生。

系统变量 Regenauto 为 ON 时，重新定义图块、文字样式，重新设置线型比例或使用 Layer 命令的冻结和解冻图层时，系统也会进行 Regen 动作。关闭或冻结不用的图层可以加快 Regen 命令的执行速度。

2.7 图块及其应用

2.7.1 图块的特点

图块是 AutoCAD 中用一个图块名命名的一组图形实体的总称。在该图形单元中,各图形实体均有各自的图层、颜色、线型等特征,但 AutoCAD 把这个图形单元作为一个单独的、完整的对象来操作。用户可以根据需要将图块按给定的缩放系数和旋转角度插入到指定的任意一位置,也可以对整个图块进行复制、移动、旋转、比例缩放、镜像、删除和阵列等操作。图块的使用带来以下优点:

(1) 便于创建图形库(Block Library)

如果把绘图过程中经常使用的某些图形定义成图块,保存在磁盘上,就形成一个图形库。当需要某一个图块时,就把它插入到当前图形文件中,即把复杂的图形变成几个图块简单拼凑而成,避免了大量的重复工作,大大提高了工作效率。

(2) 节约磁盘空间

对于图形文件中的每一个实体,都有其各自的特征参数,例如图层、位置、大小、颜色、线型等等。我们保存所绘制的实体,即是要求 AutoCAD 将图形中每个实体的上述特征参数保存在磁盘上。实体越多,图形文件也越大。

图块作为一个整体图形单元,在每次插入到图形中时,系统只是将它的特征参数(如图块名、插入点的坐标、缩放比例、旋转角度等)保存在磁盘上,而不需要保存图块中每一个实体的特征参数。这样,在绘制比较复杂的图形时,利用图块就会节约大量的磁盘空间。Copy 编辑功能也能在一定程度上提高绘图效率,但是它不能使我们节约磁盘空间。

(3) 便于图形修改

在工程项目中,特别是在方案论证、产品设计、技术改造阶段,需要经常修改图纸。如果在当前文件中修改或者更新一个已经定义过的图块(重新定义块),则 AutoCAD 将会自动地更新图中插入的所有该图形块。

(4) 便于携带属性

属性是从属于图块的一些文本信息。有些常用的图块虽然形状相似,但是用户可能根据实际情况需要不同规格、级别等技术参数。例如在土木工程制图中,要求用户经常要绘制并确定不同规格的预制构件。而 AutoCAD 允许用户为图块携带属性,在每次插入图块时,就可以为图块定义属性值,例如在插入一个预制构件时,可以根据需要给出构件的具体型号等参数。

2.7.2 图块的定义

要定义一个图块,事先要绘制好组成图块的实体,然后用 Block 和 Wblock 命令来定义图块。对命令分别介绍如下。

1) 用 Block 命令定义图块

命令 功 能 区:【插入】选项卡(或【常用】选项卡)→【块】面板→【创建】

下拉菜单:【绘图】→【块】→【创建】

工 具 栏:【绘图】→【创建块】

命 令 行：block(或者简化命令 b)

命令提示和说明

启动 Block 命令后，将出现如图 2.109 所示的"块定义"对话框，用于用户定义图块，其操作过程及命令提示如下：

◆"名称"文本框：输入要创建图块的名称，点击该文本框右侧的下拉箭头可用来查询已经建立的图形块。

◆"基点"区：确定图块的插入基点。图块的插入基点是一个参考点，当插入图块时，AutoCAD 将根据插入点的位置来定位图块。建议用户根据图块的具体结构选择图块的特征点（例如对称中心、左下角等）来作为插入点。用户可以使用下列方法之一指定块插入点：①选择"拾取点"，使用鼠标在屏幕上指定一个点；②输入该点的 X、Y、Z 坐标。

图 2.109 "块定义"对话框

◆"对象"区：在该区点击【选择对象】按钮可用于在屏幕上选择构成图块的实体。选择组成块的对象时暂时关闭"块定义"对话框。完成对象选择后，按回车键重新显示"块定义"对话框。

◆"方式"区：勾选"注释性"则指定块为注释性。在该区点击"按统一比例缩放"按钮可用于指定是否阻止块参照不按统一比例缩放。"允许分解"选项是指定插入块时是否把块分解（若不分解则插入的块的内容为一个实体，不能对块中的部分内容进行编辑，只能对块整体进行编辑）。

注意

（1）若在"对象"区选中"删除"按钮，则定义图块后，构成图块的实体将会从绘图区内消失，用户可以用 Oops 命令来恢复图形。若选中"保留"按钮，则定义图块后，构成图块的实体将不会从绘图区内消失，继续保留在图形中。若选中"转换为块"按钮，则定义图块后，被构成图块的实体不仅继续保留在图形中，而且还将自动变成已经插入的图块，这是高版本的 AutoCAD 新增的功能。

（2）图块名最多只能包含 31 个字符，可以由英文字母（大小写均可）、数字、美元符号（$）、连接符（—）和下划线（__）等字符组成。用户输入的小写字母均被 AutoCAD 替换成相应的大写字母，因此图块名中没有大小写之分。

（3）用 Block 命令定义的图块只能在本图形文件中使用。若欲在其他图形文件中使用该图块，则可以用 Wblock（即块存盘命令）。

（4）在新建图块时，如果用户确定的文件名与当前图形文件中已有的图块名相同，系统将会出现对话框提醒用户以该名定义的图块已经存在，并询问用户是否重新定义它？系统默认为 N（即不想重新定义）。单击【否】按钮，将回到"块定义"对话框，要求用户重新选择图块名。

（5）如果未指定插入点，则 AutoCAD 将会以（0，0，0）作为基点。点击下拉菜单【绘图】中【块】的【基点】选项，则允许用户重新设置图块的插入基点。

若在图 2.109 中左下角勾选"在块编辑器中打开"，则块定义完成后，点击确定按钮，屏幕的功能区部分会出现图 2.110 所示的"块编辑器"选项卡，同时绘图区出现"块编写选项板"，图中坐标原点移动到所绘制的"矩形"图案的左边中点。在该界面可以定义动态块。若不需要定

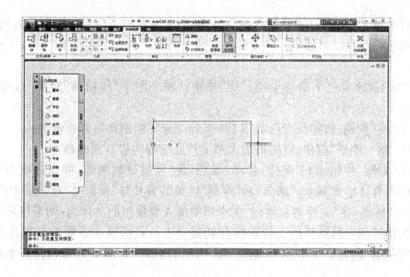

图 2.110

义动态块,则点击"关闭块编辑器",定义普通块的过程完成。
如果不需要创建动态块,则请不要勾选"在块编辑器中打开"。

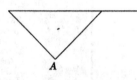

图 2.111

上机实践 利用 Block 命令定义如图 2.111 所示的图块,步骤如下:

(1)绘制如图所示的图形。

(2)在"命令:"提示下在命令行输入 block 并回车,屏幕上会出现如图 2.109 所示的对话框。

(3)在图 2.109 所示的对话框的"名称"文本框中输入要创建图块的名称(BG)。

(4)在"基点"区点击【拾取点】按钮捕捉点 A 作为图块的插入点。

(5)在"对象"区点击【选择对象】按钮,"块定义"对话框消失,在绘图区中选择图中实体。

(6)在"选择对象:"提示下直接回车,结束选择。这时定义块的步骤已经完成。

2)用 Wblock 命令定义图块(块写命令)

用 Block 命令定义的图块只能应用于本图形文件。若想在其他图形文件中也引用,需用 Wblock 命令来写图形于磁盘中,该命令定义的图形文件将以 DWG 文件保存于磁盘上,并独立于定义的图形文件,所以可被其他图形插入。

图 2.112 "写块"对话框

103

在命令行中输入 wblock(或者简化命令 w)并回车即发出该命令。该命令发出后,将出现如图 2.112 所示的"写块"对话框。该对话框有两个区域:"源"区和"目标"区。下面分别介绍这两个区域:

(1)"源"区:该区有三个单选按钮:"块"按钮,"整个图形"按钮和"对象"按钮,分别介绍如下。

◆ 若选中"块"按钮,将把一个已经用 Block 命令定义的图块写到磁盘上;

◆ 若选中"整个图形"按钮,将把当前图形文件的全部内容写到磁盘上;

◆ 若选中"对象"按钮,则下面的"基点"和"对象"区域将被激活,即允许用户选择欲写到磁盘上的图形内容并定义基点,"基点"和"对象"区域的含义与"块定义"对话框中的相同。

(2)"目标"区域:在"文件名和路径"文本框中输入要输出的文件名,则系统将把所定义的块写图形内容按所指定的路径的文件名保存到磁盘上。点击该文本框右侧的按钮□则出现如图 2.113 所示的"浏览图形文件"对话框,用户可以在该对话框中方便地选择路径和命名文件名。

图 2.113 "浏览图形文件"对话框

说明

用 Wblock 命令进行块写磁盘之后,新图形文件的世界坐标系(WCS)平行于当时有效的用户坐标系 UCS。

2.7.3 图块的插入

1) 插入图块(Insert)

定义图块的目的是为了插入图块,插入图块的命令为 Insert。用 Insert 命令一次插入的图块对象为一个实体。

命令 功能区:【插入】选项卡→【块】面板→【插入】

下拉菜单:【插入】→【块】

工 具 栏:【绘图】→【插入块】

命 令 行：insert

发出该命令后,将弹出如图 2.114 所示的"插入"对话框,利用该对话框,用户可以方便地插入指定名称的块或文件。该对话框的各个选项介绍如下：

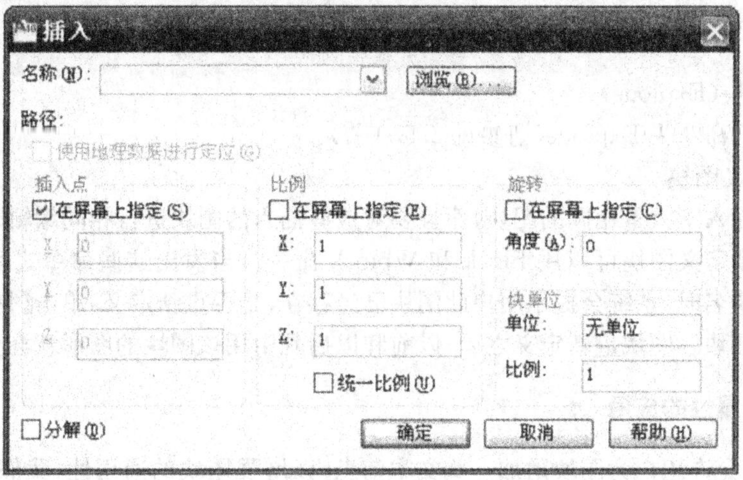

图 2.114 "插入"对话框

"名称(N)"文本框：在该文本框中用户可以选择事先所定义的图块。

【浏览(B)】按钮：单击该按钮,将弹出"选择图形文件"对话框,允许用户选择要插入的文件。

"插入点"区：在该区用户可以输入图块要插入的插入点的 X、Y、Z 坐标,也可以在屏幕上拾取插入点。

"缩放比例"区：在该区用户可以输入插入图块的 X、Y、Z 比例(X、Y、Z 三个方向的比例可以不同)；也可以用鼠标在屏幕上指定插入比例,此时用两个点来确定插入比例,两点之间的 X 方向的坐标差作为插入图块 X 方向的比例,Y 方向的坐标差作为插入图块 Y 方向的比例。

"旋转"区：在该区用户可以输入插入图块的转角。

"分解"选项：用 Insert 命令插入的图块缺省情况下是一个实体,但当我们插入图块时将图 2.114 中的"分解"选中时,在插入图块时可以选择分解图块,可以很方便地对插入之后的图形进行编辑修改。

2) 阵列插入图块(Minsert)

在命令行中输入 minsert 即发出阵列插入图块命令。命令提示为：

输入块名或[?]<新块>： (指定图块名或按"?"询问现存图块名)

指定插入点或[基点(B)/比例(S)/X/Y/Z/旋转(R)/预览比例(PS)/PX/PY/PZ/预览旋转(PR)]： (指定插入点)

输入 X 比例因子,指定对角点,或[角点(C)/XYZ]<1>： (指定 X 向插入比例)

输入 Y 比例因子或<使用 X 比例因子>： (指定 Y 方向比例,缺省为等于 X 向比例)

指定旋转角度<0>： (用于输入要插入图块时旋转角度)

输入行数(一)<1>： (输入阵列行数)

输入列数(|||)<1>： (输入阵列列数)

输入行间距或指定单位单元(一)： (输入阵列行间距)

指定列间距(|||)：（输入阵列列间距）

注意

使用 Minsert 插入的块是一个实体，不能被修改或被分解。

2.7.4 图块的编辑

1）分解图块（Explode）

分解图块的命令为 Explode（请参见 2.5.9 节）。

2）重新定义图块

当图形中插入了大量相同的图块，而且要对这些插入的图块进行相同编辑时，可以重新定义该图块。重新定义图块可以用 Block 和 Wblock 命令。当发出这些命令之后，若输入一个已经存在的图块名时，系统会提示用户此图块已经存在，是否重新定义，单击【是】按钮，则可以开始重新定义图块。图块重新定义之后，以前和以后凡引用该图块的图形就会变成新的内容。

2.7.5 图块中属性的应用

AutoCAD 允许用户为图块附加一些文本信息，以增强图块的通用性，我们把这些文本信息称之为属性（Attribute）。如果某个图块中带有属性，用户在插入这个图块时就可以根据具体情况设置不同的属性值，来为插入的图块设置不同的文本信息。

使用属性有三步：①定义属性；②向图块追加属性；③插入图块时确定属性值。

1）属性的定义

Ddattdef 命令允许用户以对话框的形式来定义属性。

下拉菜单：【绘图】→【块】→【定义属性】

功 能 区：【插入】选项卡→【属性】面板→【定义属性】

命 令 行：ddattdef

启动该命令后，系统将会弹出如图 2.115 所示的对话框。对话框中各个选项介绍如下：

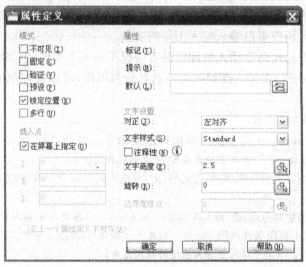

图 2.115 "属性定义"对话框

◆ "模式"区:设置属性模式。该区中有四个复选框,各自含义如下:

"不可见"复选框:选中该选项表示插入图块并输入图块各属性值之后,图中将显示属性值。否则将不显示属性值。

"固定"复选框:选中该选项表示属性值在定义属性时给定的是一个常值,在插入图块时,该属性值不变。否则属性值将不是常值。

"验证"复选框:选中该选项表示用户在插入图块输入属性值后系统将再次给出校验提示,要求用户确认所输入的属性值是否正确无误。否则,系统不会对用户所输入的属性值提出校验要求。

"预置"复选框:选中该选项表示在定义属性时,用户为属性指定一个初始缺省值。当插入图块时,用户可以直接回车默认预先设置的缺省值,也可以指定新的属性值。否则,表示不预先设置缺省值。

◆ "属性"区:该区有三个文本框,介绍如下:

"标记"文本框:要求用户输入属性标签(即属性名)。属性标签可包含除空格和感叹号之外的任何字符(包括中文字符),对于属性标签的小写字母,AutoCAD 将自动将其换成大写字母。该选项不能空缺。

"提示"文本框:要求用户输入属性提示,以便于引导用户正确输入属性值。如果定义属性时不设置属性提示,那么在插入一个带有属性的图块时,系统将把属性标签作为属性提示。若选择"固定"选项,系统则隐含属性提示。

"默认(L)"文本框:要求用户输入属性初始值。

◆ "插入点"区:确定属性文本插入点。单击该区的【拾取点】按钮,用户可在绘图区内选择一点作为属性文本的插入点,然后返回对话框。用户也可以直接在"X"、"Y"、"Z"文本框中输入属性文本的插入点坐标。

◆ "文字设置"区:确定属性文本特性区。用户单击该区的"对正"下拉箭头,可以选择属性文本的对齐方式,单击"文字样式"下拉箭头,可以选择属性文本的样式。【文字高度】和【旋转】两个按钮和其后面的文本框分别允许用户对属性文本的字高和旋转角度进行设置。

◆ 单击"在上一个属性下对齐"复选框,表示该属性将继承上一个属性的部分参数,如字高、字体、旋转角度和对齐方式等。此时"插入点"和"文字选项"两个区将呈灰色显示。

2) 向图块追加属性及属性的调用

属性只有和图块在一起才有意义。下面以一个实例向读者介绍如何向图块追加属性以及如何在插入带有属性的图块时确定属性值:

(1) 绘制如图 2.116 所示的标高符号图形。

(2) 打开【绘图】下拉菜单,单击【块】子菜单下的【定义属性】选项,打开如图 2.115 所示的"属性定义"对话框。

(3) 在"标记"文本框中输入"BG"作为属性标签。

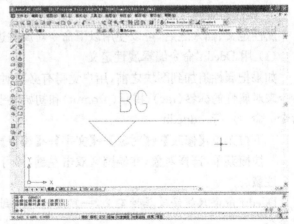

图 2.116　构成图块 height 的图形

(4) 在"提示"文本框中输入"Please input height"作为属性提示。

107

（5）在"默认"文本框中输入 3.000 作为初始属性值。

（6）点击"文字高度"文本框右侧的按钮，在屏幕上拾取一段长度作为文字高度。

（7）点击"插入点"按钮，系统切换到绘图窗口并自动隐藏该对话框，捕捉横线上面一点作为属性文本的起始点。系统又回到该对话框。

（8）在"属性定义"对话框中点击【确定】按钮，绘图区将会出现如图 2.116 所示的图形，属性显示为属性标签。

（9）在"命令："提示下，输入 block 并回车。

（10）在出现的图 2.109 所示的"块定义"对话框中"名称"文本框中输入 height 作为图块的名称。

（11）在"基点"区中点击【拾取点】按钮，该对话框消失，出现绘图区，捕捉图形下尖点作为图块 height 的插入点。

（12）在"选择对象："提示下选择如图 2.116 所示的图形及属性作为图块的内容。

（13）在"选择对象："提示下直接回车结束定义图块命令。

（14）单击【插入】下拉菜单下的【块】选项，打开"插入"对话框。

（15）在该对话框"名称"文本框中输入图块名 height，并单击【确定】按钮关闭该对话框。

（16）在"指定插入点或［比例(S)/X/Y/Z/旋转(R)/预览比例(PS)/PX/PY/PZ/预览旋转(PR)］："提示下选择绘图区的一点作为插入点。

（17）在"输入 X 比例因子，指定对角点，或［角点(C)/XYZ]<1>："提示下直接回车默认 X 方向插入比例为 1。

（18）在"输入 Y 比例因子或<使用 X 比例因子>："提示下直接回车默认插入 Y 比例与 X 方向相同。

（19）在"旋转 <0>："提示下回车默认旋转角度为 0。

（20）在"输入属性值 Please input height <3.000>："提示下输入 6.000 作为属性值并回车。

至此，向图块追加属性以及插入图块时输入属性值的步骤就完成了，读者将会在屏幕上看到图 2.117 所示的图形。

3）属性的编辑与修改

属性定义、插入之后，可以使用以下命令对属性进行修改、编辑以及提取。

（1）用 Ddedit 命令编辑属性定义

如果把属性追加到图块之前，用户觉得有必要对已经定义的属性进行修改，可以用 Ddedit 命令来对属性的标签(tag)、提示(prompt)和初始缺省值(default value)进行修改。

命令 命 令 行 ddedit

    下拉菜单：【修改】→【对象】→【文字】→【编辑】

    快捷菜单：选择对象，在绘图区双击左键，即可弹出"编辑属性定义"对话框。

注意

Ddedit 命令只能修改属性定义，一旦属性加入到图块中，就不能用该命令，而要用属性编辑命令。

（2）用 Ddatte 命令改变图块中的属性值

在命令行输入 ddatte 后回车即发出此命令。

图 2.117　插入图块 height 并设置属性值为 6.000 后的情形

说明

该命令只能对选定属性块的属性值进行编辑,不能修改属性名、提示符及缺省值;而且对尚未做成块或分解块的属性不能进行编辑。

(3) 用 Eattedit 命令编辑图块中的属性

命令　下拉菜单:【修改】→【对象】→【属性】→【单个】

　　　　功能区:【插入】选项卡→【属性】面板→【编辑属性】下拉菜单→【单个】

　　　　功能区:【选项卡】→【块】面板→【单个】

　　　　工 具 栏:【修改Ⅱ】→【编辑属性】

　　　　命 令 行:eattedit

该命令允许用户选择一个带有属性的图块,对图块中的属性进行修改(包括属性值和文字特征、线型颜色图层等)。

(4) 用 Eattext 命令提取图块中的属性

下拉菜单:【工具】→【属性提取】

工 具 栏:【修改Ⅱ】→【属性提取】

命 令 行:eattext

用该命令可以从图形中提取属性信息,建立单独的文本文件供数据库软件使用。

2.7.6　动态图块的概念和应用

"动态块"是从 CAD2006 开始出现的,随着 CAD 版本的升级,功能与界面都在不断改进中。想了解"动态块"的意义,可以先看一个 CAD 自带的动态块。

按图 2.118 所示的功能区或下拉菜单方法打开"工具选项板－结构"(图 2.119)。在工具选项板的右上角有一个特性按钮(图 2.120),点击该按钮出现如图 2.120 所示的弹出菜单。在弹出菜单中除了"结构"选项之外,还有"建筑、电气工程、土木工程"等,我们可以根据需要选择打开哪一个工具选项板。

以结构选项板为例,点击"WF 梁-公制"按钮,屏幕上出现一个如图 2.121 所示的宽翼缘工字型钢的截面。选中该截面,出现一个蓝色的夹持点和一个蓝色的下拉箭头。点击下拉箭头,出现如图 2.122 所示的弹出菜单,在弹出菜单中有很多截面型号可以选择。选不同的截面,工字钢梁的截面大小会有变化。该"WF 梁–公制"即为一个动态块,工具选项板即为 AutoCAD 自带的多个动态块的集合。

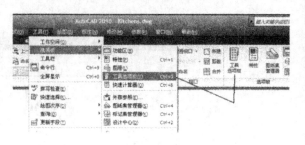

图 2.118

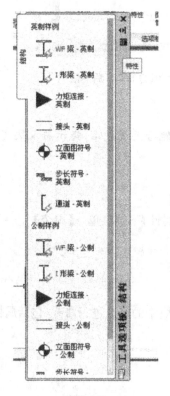

图 2.119

图 2.120

用户可以编写自己的动态块。为了创建高质量的动态块,以便达到用户的预期效果,建议按照下列步骤进行操作。此过程有助于用户高效编写动态块,具体过程请读者自行练习。

(1)步骤 1:在创建动态块之前规划动态块的内容

在创建动态块之前,应当了解其外观以及在图形中的使用方式。在命令行输入"确定",当操作动态块参照时,块中的哪些对象会更改或移动。另外,还要确定这些对象将如何更改。例如,用户可以创建一个可调整大小的动态块。另外,调整块参照的大小时可能会显示其他几何图形。这些因素决定了添加到块定义中的参数和动作的类型,以及如何使参数、动作和几何图形共同作用。

(2)步骤 2:绘制几何图形

可以在绘图区域、块编辑器上下文选项卡或块编辑器中为动态块绘制几何图形。也可以使用图形中的现有几何图形或现有的块定义。

（3）步骤 3：了解块元素如何共同作用

在向块定义中添加参数和动作之前，应了解它们相互之间以及它们与块中的几何图形的相关性。在向块定义添加动作时，需要将动作与参数以及几何图形的选择集相关联。此操作将创建相关性。向动态块参照添加多个参数和动作时，需要设置正确的相关性，以便块参照在图形中正常工作。

例如，用户要创建一个包含若干对象的动态块。其中一些对象关联了拉伸动作。同时用户还希望所有对象围绕同一基点旋转。在这种情况下，应当在添加其他所有参数和动作之后添加旋转动作。如果旋转动作并非与块定义中的其他所有对象（几何图形、参数和动作）相关联，那么块参照的某些部分可能不会旋转，或者操作该块参照时可能会造成意外结果。

（4）步骤 4：添加参数

按照命令提示上的提示向动态块定义中添加适当的参数。有关使用参数的详细信息，请参见向动态块添加操作参数。

注意使用块编写选项板的"参数集"选项卡可以同时添加参数和关联动作。有关使用参数集的详细信息，请参见使用参数集。

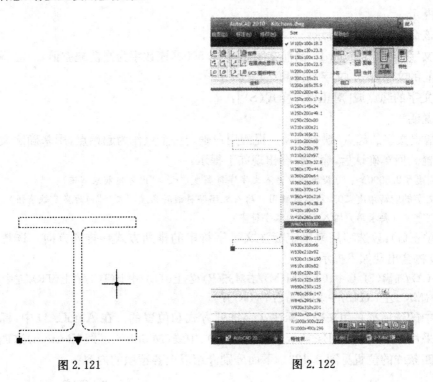

图 2.121　　　　　　　　　　　　　图 2.122

（5）步骤 5：添加动作

向动态块定义中添加适当的动作。按照命令提示上的提示进行操作，确保将动作与正确的参数和几何图形相关联。有关使用动作的详细信息，请参见使用动作概述。

（6）步骤 6：定义动态块参照的操作方式

用户可以指定在图形中操作动态块参照的方式。可以通过自定义夹点和自定义特性来操作动态块参照。在创建动态块定义时，用户将定义显示哪些夹点以及如何通过这些夹点来编辑动态块参照。另外还指定了是否在"特性"选项板中显示出块的自定义特性，以及是否可以通过该选项板或自定义夹点来更改这些特性。

（7）步骤 7：测试块

在功能区上，在块编辑器上下文选项卡的"打开/保存"面板中，单击"测试块"以在保存之前测试块。

2.8　给图形标注文字

文字是图形中不可缺少的组成部分，它常与图形一起表达完整的设计意图。本节将讲述与文字标注有关的文字标注命令、字形设置和文字编辑等内容。

2.8.1　用 Text(或 Dtext)命令标注单行文字

命令　下拉菜单：【绘图】→【文字】→【单行文字】

命 令 行：text(或者简化命令 dt)

该命令允许用户以命令行的方式输入文字。

命令提示

启动该命令后会出现提示：

当前文字样式：Standard　当前文字高度：2.5000(该数字为当前缺省值)　注释性：（提醒用户当前的文字样式、文字高度和注释性）

指定文字的起点或[对正(J)/样式(S)]：

选项说明

（1）指定文字的起点：缺省选项。提醒用户确定一个点作为起始点，用来确定文字行基线的起始位置。回车确认后，命令行会出现如下提示：

指定高度<2.5000>：（提醒用户输入文字字符高度，"<>"内为当前缺省值）

指定文字的旋转角度<0>：（提醒用户输入文字字符旋转角度，"<>"内为当前缺省值）

输入文字：（要求用户输入文字内容字符串）

（2）对正(J)：该选项用来确定标注文字字符串的排列方式和排列方向。选择该选项后 AutoCAD 将会出现如下提示：

[对齐(A)/布满(F)/居中(C)/中间(M)/右对齐(R)/左上(TL)/中上(TC)/右上(TR)/左中(ML)/正中(MC)/右中(MR)/左下(BL)/中下(BC)/右下(BR)]：

提示中的选项都是用来确定标注文字排列方式和位置的。在 AutoCAD 中，标注文字的位置通常采用文字的基线(Baseline)、顶线(Top)、中线(Middle)、底线(Bottom)这四条直线来确定。这四条线的位置见图 2.123。下面分别介绍以上各选项的内容：

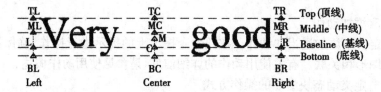

图 2.123

◆ 对齐(A)：该选项要求用户确定标注文字的基线的起点与终点位置。用户可以在命令行输入坐标，也可以用鼠标点取。选择该选项后，会出现提示："指定文字基线的第一个端点："和"指定文字基线的第二个端点："。

使用"对齐(A)"选项输入的字符串，将均匀地分布在用户所指定的基线起点与终点之间，文字字符串的倾斜角度服从于基线的倾斜角度，字符的高度和宽度由基线起点和终点的距离、字符数和文字的宽度系数所决定。图 2.124 即为用"对齐(A)"选项标注的文字。从图中可以看出，基线起点和终点的选择顺序会影响标注结果。

第一点 ABCDEFG 第二点

第二点 ABCDEFGHIJK 第一点

图 2.124　使用 Text Align 标注的文字

◆ 布满(F)：该选项要求用户确定所标注文字基线的起点和终点位置以及字高。选择该选项，AutoCAD 将给出如下提示：

指定文字基线的第一个端点：

指定文字基线的第二个端点：

指定高度<159.3762>：　(输入字符高度，"<>"内为当前缺省值)

输入文字：　(输入字符串)

"布满"和"对齐"两种方式相同之处在于都是将输入的文字均匀分布于输入的两个端点之间。但二者也是有区别的。"对齐"方式的字体高度与输入的字数有关，字数越多，字高和字宽越小，变化时遵循的原则是字的高宽比保持不变。而"布满"方式的字体高度是由用户指定的，字体宽度是随着输入字数的增多而减小。

◆ 居中(C)：该选项要求用户用中心点来确定标注文字的位置：在水平方向该点位于基线的中间，在垂直方向，该点是当前输入的整个文字字高的中点。

◆ 中间(M)/右对齐(R)：这两个选项分别要求用户确定标注文字基线的中点(终点)，选择这两个选项，分别出现如下提示："指定文字的中心点："和"指定文字基线的右端点："[用于确定基线的中点(终点)]，以后会出现提示：指定高度(仅在当前文字样式不是注释性且没有固定高度时，才显示"指定高度"提示)；输入文字行的倾斜角度；输入文字：分别用于输入文字字符串的高度、倾斜角度和字符串的内容。以下 10 个选项除了要求输入点的提示不同之外，后续提示跟此项提示相同。

◆ 中间(M)：该选项要求用户用中心点来确定标注文字的位置，在水平方向该点位于基线的中间，在垂直方向，该点是当前输入的整个文字字高的中点。

◆ 左上(TL)、中上(TC)和右上(TR)：这 3 个选项分别要求用户确定文字顶线的起点、中点和终点。

◆ 左中(ML)、正中(MC)和右中(MR)：这 3 个选项分别要求用户确定文字中线的起点、中点和终点。

◆ 左下(BL)、中下(BC)和右下(BR)：这 3 个选项分别要求用户确定文字底线的起点、中点和终点。

上述各选项中各点的位置分别见图 2.123。

◆ 样式(S)：该选项用来选择文字的文字样式(设置字体的内容请见后面章节 Style 命令)。选择该选项后，会出现如下提示：

输入样式名或[?]<缺省值>：　(该提示符要求用户输入标注文字所用文字样式名称。用户也可以在

该提示下输入"?"以查询当前文件的文字样式名称,其后续提示为:)

输入要列出的文字样式< * >:（在该提示下回车,系统便会打开文字窗口,在该窗口中列出了当前文件中的所有字体）

注意

（1）使用 Text 命令（或者 Dtext 命令）允许用户可以动态地标注文字。使用该命令标注文字时,将有一个标注文字的竖线出现在屏幕上需要标注的地方,且可以单击鼠标随意移动这条竖线。线的大小即表示文字的字高,线的倾斜度表示文字的倾斜度。在输入过程中,用户可清楚地在屏幕上观察到刚刚输入的文字,并可通过按【Backspace】键（←）修改前面输入的文字。

（2）启动该命令后,命令行中的"输入文字:"提示会重复出现,直到在该提示下直接按键盘回车键才能结束该命令,鼠标回车键不能结束该命令。

（3）用 Text 命令（或 Dtext 命令）标注的多行文字中,每行文字是一个单独的实体。

上机实践　在屏幕上绘制如图 2.125 所示的文字,操作步骤如下:

命令: text　（在"命令:"提示下,输入 text 并回车）

指定文字的起点或[对正(J)/样式(S)]: j　（在该提示下,输入"j"并回车,选择"对正(J)"选项）

[对齐(A)/布满(F)/居中(C)/中间(M)/右对齐(R)/左上(TL)/中上(TC)/右上(TR)/左中(ML)/正中(MC)/右中(MR)/左下(BL)/中下(BC)/右下(BR)]: tc　（在该提示下选择"中上(TC)"选项）

指定文字的中上点:　（在该提示下点取屏幕上的点 A）

指定高度<2.5000>: 25　（在该提示下输入字高为 25）

指定文字的旋转角度<0>: 30　（输入文字的旋转角度30°）

输入文字: AutoCAD 2010　输入文字内容 AutoCAD 2010

以上操作的结果见图 2.125。

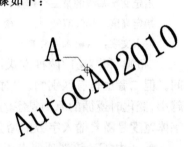

图 2.125

2.8.2　用 Mtext 命令标注多行文字

如前所述,用 Text 命令或 Dtext 命令虽然可以标注多行文字,但每行文字是一个单独的实体,不易编辑。AutoCAD 命令给我们提供了一个 Mtext 命令,允许用户以对话框的方式来输入多行文字,在该命令输入的多行文字中,各行都是以指定宽度对齐排列的,且多行文字为一个实体。

命令　功 能 区:【常用】选项卡 →【注释】面板 →【多行文字】A

下拉菜单:【绘图】→【文字】→【多行文字】

工 具 栏:【绘图】→【多行文字】A

命 令 行: mtext（或者简化命令 t 或 mt）

命令提示

启动该命令后,系统会出现如下提示:

当前文字样式:"Standard"　当前文字高度: 92.3396（该数字为当前缺省值）　注释性: 是

指定第一角点:

在上述提示中,系统告诉用户当前文字的字体和字高,并要求用户指定输入文字框的第一个角。当用户确定第一个角之后,系统会出现如下提示:

指定对角点或[高度(H)/对正(J)/行距(L)/旋转(R)/样式(S)/宽度(W)/栏(C)]：

在该提示中，各选项分别介绍如下：

◆ 指定对角点：该选项是默认选项，用来确定标注文字框的另一个对角点。AutoCAD 将在这两个角点确定的矩形区域内进行文字标注。矩形区域的宽度就是所标注文字的宽度，系统自动把左上角点作为文字第一行顶线的起始点。

◆ 高度(H)和宽度(W)：这两个选项分别用来确定标注文字框的宽度和高度。

◆ 对正(J)、旋转(R)和样式(S)：这三个选项分别与 Text 命令或 Dtext 命令的各自选项相同。

◆ 行距(L)：指定多行文字的行距。行距是一行文字的底部(或基线)与下一行文字底部之间的垂直距离。选择该选项后会出现提示：

输入行距类型[至少(A)/精确(E)]<当前类型>：

至少(A)：根据行中最大字符的高度自动调整文字行。当选定"至少(A)"时，包含更高字符的文字行会在行之间加大间距。选择该选项后会出现如下提示："输入行距比例或行距<当前默认值>："，其中，"行距比例"是将行距设置为单倍行距的倍数。单倍行距是文字字符高度的 1.66 倍。可以以数字后跟"x"的形式输入行距比例，表示单倍行距的倍数。例如，输入"1x"指定单倍行距，输入"2x"指定双倍行距。"行距"是将行距设置为以图形单位测量的绝对值，有效值必须在 0.0833(0.25x)和 1.3333(4x)之间。

精确(E)：强制多行文字对象中所有文字行之间的行距相等。间距由对象的文字高度或文字样式决定。选择该选项后会出现与前面"至少(A)"选项相同的如下提示："输入行距比例或行距<当前默认值>："，各个选项的含义与前面相同。

当用户对以上各选项进行响应，确定第二个角点后，操作界面的反应会有两种情况：

(1)功能区操作界面。若操作界面原来处于显示"功能区"的情况，则此时会在功能区的最右侧自动打开一个"文字编辑器"选项卡(图 2.126)。从图中可知，"文字编辑器"选项卡包含"样式、格式、段落、插入、拼写检查、工具、选项、关闭"八个面板。绘图区则出现一个灰色的可调整大小的文字框，文字框的上部带有一个标尺。

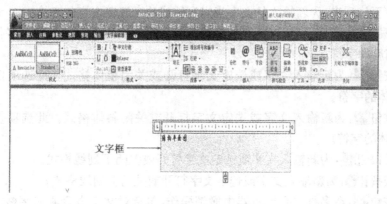

图 2.126

在"文字编辑器"选项卡中的界面与其他文字编辑软件界面非常相似，在这个界面上可以方便地对文字的字体和格式进行设置，其具体操作这里就不详细介绍了。当完成文字输入和格式设置的任务后，点击选项卡最右侧的"关闭"按钮，"文字编辑器"选项卡和绘图区的文字框自动消失。

（2）经典操作界面。若操作界面原来处于"AutoCAD 经典"界面的情况，在绘图区弹出图 2.127 的"文字格式"工具栏和图 2.128 的文字框。

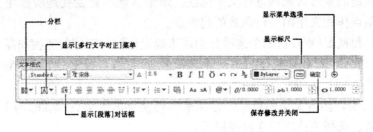

图 2.127

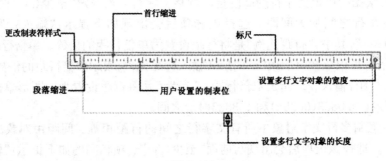

图 2.128

（1）"文字格式"工具栏的说明（图 2.127）

◆"样式"下拉列表：用来选择文字的字体样式。如果将新样式应用到现有的多行文字对象中，用于字体、高度和粗体或斜体属性的字符格式将被替代。堆叠、下划线和颜色属性将保留在应用了新样式的字符中。具有反向或倒置效果的样式不被应用。如果在 SHX 字体中应用定义为垂直效果的样式，这些文字将在多行文字编辑器中水平显示。

◆"字体"下拉列表：为新输入的文字指定字体或改变选定文字的字体。

◆"文字高度"文字框：设置新文字的字符高度或更改选定文字的高度。多行文字对象可以包含不同高度的字符。

◆ 粗体按钮 **B** ：为新输入文字或选定文字打开或关闭粗体格式。此选项仅适用于使用 TrueType 字体的字符。

◆ 斜体按钮 *I* ：为新输入文字或选定文字打开或关闭斜体格式。此选项仅适用于使用 TrueType 字体的字符。

◆ 下划线按钮 **U** ：为新输入文字或选定文字打开或关闭下划线格式。

◆ 上划线按钮 **O** ：为新输入文字或选定文字打开或关闭上划线格式。

◆ 放弃按钮 ：在多行文字编辑器中撤销操作，包括对文字内容或文字格式的更改。也可以使用 Ctrl＋Z 组合键。

◆ 重做按钮 ：在多行文字编辑器中重做操作，包括对文字内容或文字格式的更改。也可以使用 Ctrl＋Y 组合键。

◆ 堆叠按钮 ：如果选定文字中包含堆叠字符，则创建堆叠文字（例如分数）。如果选定堆叠文字,则取消堆叠。使用堆叠字符、插入符(ˆ)、正向斜杠(/)和磅符号(♯)时,堆叠字符左侧的文字将堆叠在字符右侧的文字之上。默认情况下,包含插入符(ˆ)的文字转换为左对正的公差值。包含正斜杠(/)的文字转换为置中对正的分数值,斜杠被转换为一条同较长的字符串长度相同的水平线。包含磅符号(♯)的文字转换为被斜线(高度与两个字符串高度相同)分开的分数。斜线上方的文字向右下对齐,斜线下方的文字向左上对齐。

◆ 文字颜色下拉列表■ ✓:为新输入文字指定颜色或修改选定文字的颜色。可以为文字指定与所在图层关联的颜色(ByLayer)或与所在块关联的颜色(ByBlock)。也可以从颜色列表中选择一种颜色,或单击"其他"打开"选择颜色"对话框。

◆ 符号@ ▾ 点击"符号"右侧的下拉箭头,会弹出如图 2.129 所示快捷菜单,允许用户选择角度符号、正负符号和直径等符号。也可以点击"其他",在弹出的对话框中选择其他更复杂的符号。

新版本的 AutoCAD 还增加了分栏、文字对齐方式的设置、倾斜角度、宽度因子等的设置功能,这里不一一详述,请读者自行练习。

【确定】:确定并关闭多行文字编辑器并保存所做的任何修改。也可以在编辑器外的图形中单击以保存修改并退出编辑器。要关闭多行文字编辑器而不保存修改,可按【ESC】键。

【插入字段】:该按钮允许用户选择任意 ASCII 或 RTF 格式的文件插入到多行文字当中。需注意输入文字的文件必须小于 32K。

多行文字编辑器自动将文字颜色设置为 Bylayer。当插入黑色字符且背景色是黑色时,多线文字编辑器自动将其改变为白色或当前颜色。

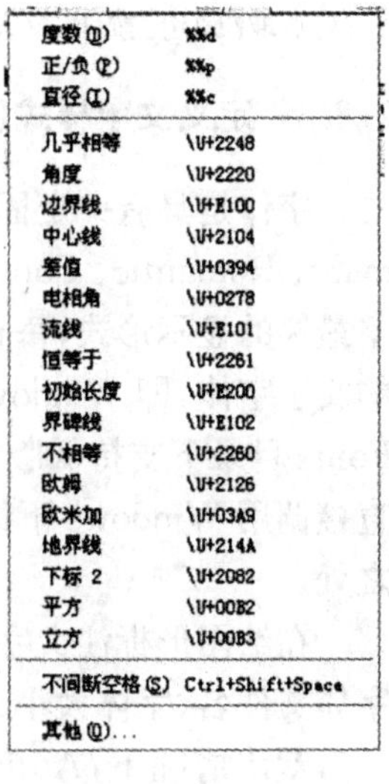

注意

如果 Excel 电子表格不是在 Office 2002(带有 Service Pack 2)中创建的,则输入到 AutoCAD 图形中时电子表格将被截为 72 行。当在安装有 Office 早期版本的系统中打开包含 OLE 对象的图形时,也会出现这种限制,即电子表格被截断。

(2)"文字框"说明(图 2.128)

在文字框中可以很方便地输入文字。

在文字框中点击鼠标右键,会弹出一个快捷菜单。菜单顶层的选项是基本编辑选项:放弃、重做、剪切、复制和粘贴。后面的选项是多行文字编辑器特有的选项。另外还有对正、查找和替换、全部选择、改变大小写、自动大写、删除格式和合并段落等选项,这里就不详细介绍。

注意

默认情况下用户输入的多行文字会根据文字框的宽度自动换行,但如果输入文字全部是字符,而且字符中没有空格,则字符串的宽度不服从文字框宽度的设置。即文字框宽度只对单词和文字起作用。

上机实践 标注如图 2.130 所示的文字,步骤如下:

命令:mt

当前文字样式:"Standard" 当前文字高度:2.5 (提示当前字型、字高)

指定第一角点: (拾取屏幕上的点 A 作为第一个角点)

度数 (D)	%%d
正/负 (P)	%%p
直径 (I)	%%c
几乎相等	\U+2248
角度	\U+2220
边界线	\U+E100
中心线	\U+2104
整值	\U+0394
电相角	\U+0278
流线	\U+E101
恒等于	\U+2261
初始长度	\U+E200
界碑线	\U+E102
不相等	\U+2260
欧姆	\U+2126
欧米加	\U+03A9
地界线	\U+214A
下标 2	\U+2082
平方	\U+00B2
立方	\U+00B3
不间断空格 (S)	Ctrl+Shift+Space
其他 (O)...	

图 2.129

117

指定对角点或[高度（H）/对正（J）/行距（L）/旋转（R）/样式（S）/宽度（W）/栏（C）]：（拾取屏幕上的点 B 作为第二个角点）

图 2.130

在 Mtext 对话框中输入"施工说明"后按键盘回车键 （输入第一行文字）

点取"字体"下拉列表框中的 Times New Roman 字体，设定英文字体

输入"AutoCAD 2010" （输入第二行文字）

按住鼠标左键并拖动之，使"AutoCAD 2010"反白显示 （选择文字字符）

点取【B】、【I】、【U】按钮 （给选定文字设定粗体、斜体、加下划线）

按键盘回车键 （换行）

点击"符号"下的"％％C"后输入"10@150" （输入第三行文字）

选中第三行文字，使之反白显示 （选择编辑对象）

点取【B】、【I】、【U】按钮 （取消加粗、斜体和下划线）

点取【确定】按钮 （结束 Mtext 命令，并关闭对话框）

2.8.3 定义文字样式（Style）

字体是具有一定固定形状，有若干个单词（字）的字描述库。例如：英文有 Roman、Romant、Romantic、Complex、Italic 等字体，汉字有楷体、宋体、黑体等字体。这些字体决定了文字最终的显示形式，每种字体都由一个字体文件控制。AutoCAD 系统提供了多种可供选择的文字字体，即 Windows 系统 Fonts 目录下的 *.ttf 字体（True Type 字体）和 2010 版本的 Fonts 目录下支持低版本大字节即西文的 *.shx、*.ps、*.gsf 字体（即 Bigfont 字体）。可以直接调用 Windows 下的 True Type 字体是 AutoCADR14 以上版本在文字应用上的最大改进之处。

在给图形标注文字之前，需要先给文字定义文字样式。定义文字样式的内容包括所用的字体文件名、字体大小、宽度系数、倾斜度和文字方向等内容。

默认情况下，AutoCAD 2010 内置的文字样式有 Annotation、Standard、标题、说明（图 2.131），从图中可见，除了 Standard 之外，其余三个文字样式左侧均有一个 标识，说明他们为"注释性"文字样式。

图 2.131

所谓"注释性"，是属于通常用于对图形加以注释的对象的特性。以下对象可以为注释性对象（具有注释性特性）：图案填充、文字（单行和多行）、尺寸标注、公差、引线和多重引线（使用 MLEADER 创建）、块、属性等。用于创建这些对象的许多对话框都包含"注释性"复选框，用户可以使用此复选框使对象为注释性对象。通过在"特性"选项板中更改注释性特性，用户还可以将现有对象更改为注释性对象。

所有上述对象均具有一定的尺寸和尺寸的比例（例如文字的字高和字高比例，尺寸的大小和比例等）。注释性特性使用户可以自动完成注释缩放过程。注释性对象按图纸高度进行定义,并以注释比例确定的大小显示。

将光标悬停在支持一个注释比例的注释性对象上时,光标将显示 ⚖ 图标。如果该对象支持多个注释比例,则它将显示 ⚖ 图标。

AutoCAD 定义文字样式的命令为 Style。

命令 功 能 区:【常用】选项卡 →【注释】面板 →【文字样式】下拉箭头→【管理文字样式】

下拉菜单:【格式】→【文字样式】

工 具 栏:【文字】→【文字样式】

命 令 行:style 或 ddstyle

启动 Style 命令后, AutoCAD 将在屏幕上出现如图 2.132 所示的对话框。该对话框允许用户设定文字样式的各项内容。下面介绍该对话框中各选项的含义。

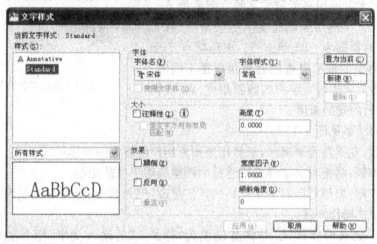

图 2.132 "文字样式"对话框

◆"样式"区:该区列出了当前图形文件中所有定义过的字体样式名。若用户还未定义过字体样式,则系统除了原来版本的缺省样式 Standard 外,新版本又有"Annotative"、"说明"、"标题"三种。Standard 字体样式使用的是基本字体,字体文件是 txt. shx,但用户可以对这种样式进行修改。

◆"新建"按钮:用来建立新的字体样式,它可以打开一个"新建文字样式"对话框,用户可以在该对话框中建立新的字体样式。

◆"置为当前"按钮:将在"样式"下选定的文字样式设置为当前文字样式。

◆"删除"按钮:用来删除所选择的字体样式。值得注意的是,Standard 字体样式不能被删除或更名。

◆"字体"区:这是字体文件设置区。

"字体名"下拉列表用来选择字体文件,其中包括 Windows 系统提供的所有字体文件,也包括 AutoCAD 提供的"大字体"字体。

"高度"文本框:"字体样式"下拉列表指定字体格式,比如斜体、粗体或者常规字体。选定"使用大字体"后,该选项变为"大字体",用于选择大字体文件。

字体区的右边是"高度"文字框,用户可在该框内设置文字的高度。也可选择其默认选项

119

0（通常做法），则在用 Text、Mtext 命令标注文字时再设置文字的高度。

"使用大字体"单选按钮若被选中，则可选择"大字体"字体文件，此时"大字体"下拉列表框被激活，可进行选择设置。

◆ "效果"区：在该区内可以设置字体的排列等具体特征。

"颠倒"复选框确定是否将文字旋转 180°。

"反向"复选框确定是否将文字以镜像方式标注。

"垂直"复选框用来确定文字是水平标注还是垂直标注；值得注意的是，"垂直"选项只能在所选字体支持双向时才能起作用，否则将呈灰色显示。True Type字体不能垂直标注。

"宽度比例"文字框用来设定文字的宽度系数。

"倾斜角度"文字框用来确定文字的倾角（缺省为0，即不倾斜）。其范围为－85 至＋85。该选项与 Text命令或 Mtext 命令中提示设置的旋转角度是不同的。"倾斜角度"是指文字中每个字符的倾斜角度，而"旋转角度"是指文字行的倾斜角度。

各种设置的结果见图 2.133。

◆ "预览"区：左下角为预览区，该区用来预览用户所设置的字体样式。

◆【应用】按钮：将把对文字样式所进行的调整应用于当前图形。

◆【关闭】按钮：取消对已有文字样式的任何修改，但是改变、重命名或删除当前文字样式和创建新文字样式操作除外。

上机实践 定义楷体样式，并将其设置为"样式 1"后输入文字：标准层平面图。步骤如下：

（1）点击【格式】菜单的【文字样式】选项，启动"文字样式"命令。

（2）在弹出的"文字样式"对话框中单击"样式名"区的【新建】按钮，打开"新建文字样式"对话框。

（3）在"新建文字样式"对话框的文字框中输入"样式 1"，单击【确定】按钮确认。

（4）打开"样式名"下拉列表框，选择"楷体"字体文件。

（5）单击【应用】按钮，查看预演结果。

（6）使用 Dtext 命令标注汉字："标准层平面图"，字高设置为合适字高，旋转角度为 0。

（7）最后结果见图 2.134。

注意

对丢失了的字体的处理：

在文字样式建立好之后，相关的字体不是图形的一部分，而是 AutoCAD 启动时将所需的字体文件和图形文件都装载进来。因此，如果某个图形文件需要某一种字体，在 AutoCAD 的查询路径中可以查找这种字体，如果找到了，就把它装载进来。如果用户使用的是 AutoCAD或 Windows 的标准字体，找到一般不成问题。但若用户使用自己的字体，就会出现找不到字体的情况。

在 AutoCAD 的早期版本中，若遇到找不到字体，就会看到错误（missing－font）信息，使新用

120

图 2.134

户不知所措。而 R14 以上的版本在这种情况下会自动地用一种存在的字体（AutoCAD 2010 的缺省替换字体是：Simplex. shx）去替换丢失的字体。用户还可以使用系统变量 Fontalt 来找到另外一种字体。方法是在命令行输入 Fontalt 回车，键入要用来替换的字体文件名。

用户也可以用【工具】下拉菜单的【选项】子菜单的【文件】选项卡来选择替换用的字体。在【文件】选项卡中找到"文字编辑器、词典和字体文件名"，然后单击左边的加号，会列出当前的替换文件名，双击这个文件名会出现"替换字体"对话框，在该对话框中可以选择所用于替换的字体。

2.8.4 特殊字符的输入

在 AutoCAD 中，某些符号不能用标准键盘直接输入，这些符号包括：上划线、下划线、角度符号、直径符号、％、±等。但是用户可以使用某些替代形式输入这些符号。在输入这些符号时，Text 命令使用的方法与 Mtext 命令不同，所以分别讲述输入方法。

1) 在 Text 命令中输入特殊符号

在 Text 命令中输入特殊符号，需要用到控制码"％％"。所以若需输入字符"％"，其前面也需要输入"％％"作为控制码。表 2.4 列出了用 Text 命令时输入特殊符号的代码。此外，用户还可以利用"％％nnn"输入任何字符或符号，其中"nnn"为各符号的 ASCII 码。

表 2.4　用 Text 命令时输入特殊符号的代码

输　入　代　码	对　应　字　符
％％o	上划线
％％u	下划线
％％d	角度符号(°)
％％c	直径符号(φ)
％％p	±
％％％	％

121

上机实践 用 Text 命令输入 4 ⌀ 25,30°，<u>AutoCAD</u> 2010，80％，±0.000。步骤如下：

命令：text （启动 Text 命令）

当前文字样式：Standard 当前文字高度：2.5000 （提醒用户当前的文字样式和文字高度）

指定文字的起点或[对正(J)/样式(S)]：（指定文字的起点位置）

指定高度＜2.5000＞：（在该提示下输入文字的字高）

指定文字的旋转角度＜0＞：（回车默认旋转角度为 0）

输入文字：4％％u％％c％％u25 （在 Text 提示下输入 4 ⌀ 25）

输入文字：30％％d （在 Text 提示下输入 30°）

输入文字：％％uAutoCAD％％u2010 （在 Text 提示下输入 AutoCAD 2010）

输入文字：80％％％ （在 Text 提示下输入 80％）

输入文字：％％p0.000 （在 Text 提示下输入 ±0.000）

输入文字：（在 Text 提示下直接回车结束 Text 命令）

注意

控制码所在的文字字体为 Windows 下的 True Type 字体，则无法显示相应的特殊字符，只能出现乱码或问号。所以，如需输入这些特殊字符，需要把字体选择为非 True Type 字体。

2) 在 Mtext 命令中输入特殊符号

Mtext 命令比 Text 命令更具有更大的灵活性，因为它本身就具有一些格式化选项。例如，在文字框中点击鼠标右键，在弹出的快捷菜单中选择"符号"选项会弹出如图 2.129 所示选项，用户可直接输入"°"、"⌀"等。但是此时用户不能使用"％％控制字符"形式来输入这些特殊符号。

2.8.5 文字编辑

已标注的文字，有时需要对文字内容和文字特性进行修改，称为文字编辑。文字编辑最简单的方法为用鼠标点击该文字，这时可以很方便地在弹出的对话框中对文字进行修改（图 2.135 为双击已有文字"钢筋混凝土"后屏幕上出现的对话框，可以看出此时对文字的内容、图层、字高、样式的选择等都可以修改）。AutoCAD 提供了一些可以用来编辑文字的命令：Ddedit、Ddmodify 以及 Textedit。

1) 用 Ddedit 命令编辑文字内容

Ddedit 命令是文字的一种快速编辑方法，它只能编辑文字字符的内容，不能编辑文字的其他属性。

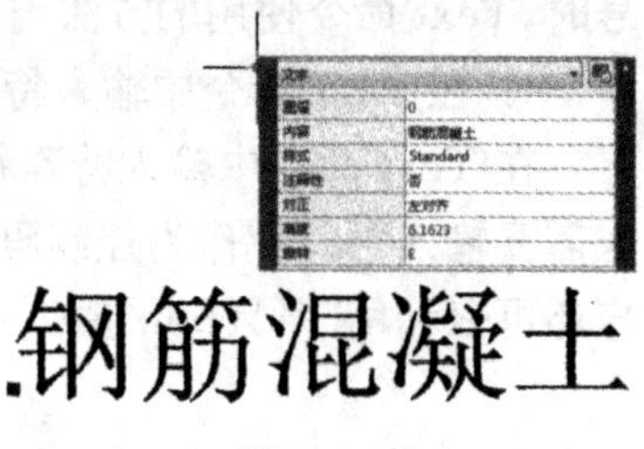

命令 工具栏：【文字】→【编辑文字】

命令行：ddedit

钢筋混凝土

图 2.135

快捷方式：双击所要编辑的文字对象。或者选择文字对象，在绘图区域中单击鼠标右键，然后单击"编辑"。

该命令启动后，系统会在命令行出现如下提示：

选择注释对象或[放弃(U)]：

在该提示下，若选中的文字是 Text 命令标注的，则系统会允许用户直接对文字进行修改。

若选中的文字是 Mtext 命令标注的，则会弹出如图 2.136 或者图 2.137 所示的多行文字输入的对话框，在该对话框中可以对所选文字进行全面的编辑。

注意

启动 Ddedit 命令之后，系统会反复出现"选择注释对象或[放弃(U)]:"提示，允许用户对多个文字对象逐个进行编辑，直到在该提示下直接回车才能结束该命令。"放弃(U)"选项用于取消上次进行的文字编辑操作，若上次没有进行文字修改，则此选项无效。

2) 用 Properties(或者 Ddmodify)(特性)命令编辑文字

启动 Ddmodify 之后，若所选实体为一 Text 或 Dtext 文字标注，则会弹出一如图 2.136 所示的"文字"对话框。对话框的"基本"区允许用户对所选文字的图层、颜色等属性进行编辑，而其余部分则分别允许用户对文字的内容(Text)、字体高度(Height)、字体位置(Oringin)、旋转角度(Rotation)、宽度比例(Width Factor)、倾斜角度(Obliquing)、对正方式(Justify)、文字样式(Style)、是否倒置(Upside Down)和是否前后相反(Backward)等进行编辑。

若所选实体为一 Mtext 文字标注，则弹出图 2.137 的"多行文字"对话框，其设置内容和单行文字非常相似，不再赘述。

3) Textedit 命令与 DDedit 命令操作基本相同或相似

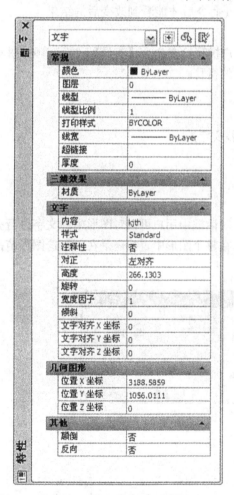

图 2.136 "文字"对话框

图 2.137 "多行文字"对话框

123

2.8.6　与文字有关的其他命令

1) 控制文字显示质量和速度

在图形中加入太多文字将减慢缩放（Zoom）、重画（Redraw）及重生（Regen）速度，特别是在使用 True Type 字体以及其他复杂格式字体时，这种影响将会十分明显。为减少刷新时间，用户可以用以下两种方式：

第一个是用简单字体（如 TXT 字体）输入所有文字，用于最初图形生成和绘制，在最后真正出图时再使用更精美的字体（如 Romans）来替换。

第二种是使用文字快显（Qtext）命令。该命令是一个开关命令，可以控制文字和属性的屏幕显示及图形输出。在"命令："提示下输入 qtext 可以激活该命令。当 Qtext 为 ON 时，AutoCAD 将用小矩形代替文字、尺寸和属性，可以大大提高图形的重新生成速度。在【工具】下拉菜单中的【选项】对话框中的【显示】选项卡中"仅显示文字边框"复选框也可以控制 Qtext 的开、关状态。

值得注意的是，改变 Qtext 状态，必须调用 Regen 命令后才能看到改变后的结果。

2) 拼写检查

为了检查文字输入的正确性，AutoCAD 提供给用户拼写检查命令（【工具】下拉菜单的【拼写检查】选项）。使用该命令可检查文字标注和属性文字的拼写。

3) 查找与替换

在 AutoCAD 中也可以使用字符串的查找和替换

命令　功　能　区：【注视】选项卡 →【文字】面板 →【查找文字】

　　　　下拉菜单：【编辑】→【查找】

　　　　工　具　栏：【文字】→【查找】

　　　　命令行：find

该命令发出之后，将出现图 2.138 所示对话框，在对话框中用户可以对图形中的文字进行查找和替换。对话框中的"查找位置"区域可方便地选择在整个图形中查找还是在所框选图形范围内查找和替换。

图 2.138

2.8.7　在图形中插入表格

1) 插入 Excel 表格

高版本的 CAD 可以在图形中插入表格，2008 以上的版本可以直接插入 Excel 表格，且可以双向更新！

具体来说，Auto CAD 中插入 Word 或 Excel 2000 表格的 4 种方法

（1）利用 Windows 提供的剪贴板功能

首先在 Word 或 Excel 文件中处理好表格数据，选中后复制到剪贴板中，然后再进入 Auto CAD 绘图环境中，采取以下两种方法进行粘贴：

① 直接粘贴

在 CAD 中选择"编辑"中的"粘贴"命令，将所复制的 Word 或 Excel 表格粘贴到 CAD 图形中，但粘贴后的结果是表格为一个整体，不能分割。如果想要进行修改，只要双击图中的表格即可进入 Word 或 Excel 进行编辑修改，修改完成后退出即可返回到 Auto CAD 中继续进行设计。该方法的优点是操作方便快捷，易于掌握，可以充分利用 Excel 的强大计算功能进行数据统计和运算。而缺点也很明显，那就是表格在 Auto CAD 中并不是一个普通图元，无法利用 AutoCAD 的功能对表格的字高、颜色和线宽进行编辑。

② 选择性粘贴

在 Word 或 Excel 文件中处理好表格数据，也可以使用编辑下拉菜单中选择性粘贴命令进行粘贴。其基本操作方法是：首先将 Excel 中的数据复制到剪贴板中，然后点击 CAD 中编辑下拉菜单中选择性粘贴命令，再用鼠标点击粘贴(P)选项，在右侧标签框中选中 Auto CAD 图元选项即可以将其粘贴进 Auto CAD 中，然后使用 Auto CAD 中分解（Explode)命令将表格分解成单个线性要素即可。这种方法的主要优点是可以将表中任意元素进行删改，而不需要再回到 Word 或 Excel 中进行。

（2）利用 Auto CAD 软件提供插入 OLE 对象功能

① 插入现有的表格文件

在 Word 或 Excel 文件中处理好表格数据，并以 XLS 等文件类型进行保存，然后返回到 Auto CAD 中，执行 Auto CAD 中"插入"菜单中的"OLE 对象…"命令，打开插入对话框。选择"由文件创建"单选项，浏览到刚才保存的 Word 或 Excel 文件，确定即可。

② 插入一个新建的表格文件

在 Auto CAD 中，执行"插入"菜单中"OLE 对象…"命令，打开插入对话框。选择"由文件创建"单选项，对象类型选择 Word 文档或 Excel 工作表，单击"确定"按钮后，会启动 Word 文档或 Excel 工作表进行编辑，编辑完成之后，返回 Auto CAD 绘图环境，再编辑 OLE 对象即可。

（3）利用 PowerPoint 等软件来进行转换

利用 PowerPoint 软件也可对 Word 或 Excel 文件中处理好表格数据进行转换，具体操作步骤如下：

① 将 Word 或 Excel 文件中已经处理好的表格数据转换到 PowerPoint 中（利用插入对象的方式），然后在 PowerPoint 软件中以图形格式 bmp、tiff 格式保存。

② 在 Auto CAD 中，执行"插入"菜单中"图像管理器…"命令，打开"图像管理器"对话框。单击"附着"按钮后会，再添加 PowerPoint 软件中以图形格式 bmp、tiff 格式的表格数据，在出现的对话框点击"确定"按钮后进行设置即可。

（4）利用属性块解决表格插入问题

先将 Word 或 Excel 表格制定完成后定义成属性块（记住在创建属性块之前必须预定义属性），属性块的定义方法与普通块的定义方法基本一致，只是在选择时，要把将在块中出现的属性全部选中。

在完成表格属性块的定义后,即可进行表格插入操作,其插入方法与普通块的插入方法也基本相同,但是在回答完插入块的旋转角度后需输入属性的具体值。插入完成后,可以利用属性编辑对表格内的属性值进行修改,具体方法是:在 modify 菜单中选择"modify attribute"或直接输入"ddatte"命令,选中待修改的属性块,在对话框中可以修改该块中所有的属性值。记住千万不能用"explode"将块炸开后做修改操作,因为块被炸开后属性值全部变成了属性标记值,所以这种方法不可取。

利用属性块这种方法插入表格,操作起来有些烦琐,但是可以将已定义好的属性块用"wblock"命令写入硬盘,能方便多个图形文件共用该表格,达到"一劳永逸"的效果。

2) 在 Auto CAD 中创建表格

在 AutoCAD 2010 中也可以输入表格,输入表格的命令如下:

命令 功 能 区:【注释】选项卡→【表格】面板→【表格】

　　　　下拉菜单:【绘图】→【表格】

　　　　工 具 栏:【绘图】→【表格】

　　　　命 令 行:table

该命令发出后,会出现如图 2.139 的对话框,在该对话框里的界面下,我们可以设置绘制表格的行数、列数等具体细节。

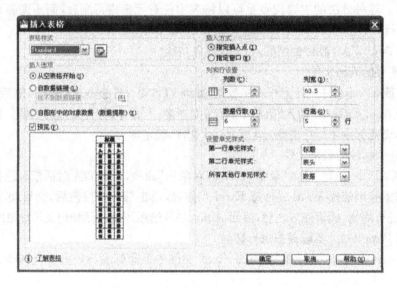

图 2.139

图 2.139 所示的对话框进行设置完成后,点击【确定】按钮,会在绘图区出现一个空的表格,用户可以根据需要填写表格内容。

为了更好地控制表格的外观形式,需要对表格样式进行设置。表格样式的命令为:

命令 功 能 区:【注释】选项卡→【表格】面板→右斜拉箭头

　　　　下拉菜单:【格式】→【表格样式】

　　　　工 具 栏:【样式】→【表格样式】

　　　　命 令 行:tablestyle

该命令发出后,将会出现如图 2.140 所示的"表格样式"对话框,在该对话框中列出所有的表

126

格样式名和当前的表格样式及其预览。点击"新建"按钮,在出现的对话框中输入要新建的表格样式名,之后会出现如图 2.141 所示的"新建表格样式"对话框。在该对话框中可以对表格的标题、表头、数据的外观(填充颜色、文字高度、边框类型等)进行设置。

关于表格这部分具体操作请读者自行练习,不再举例。

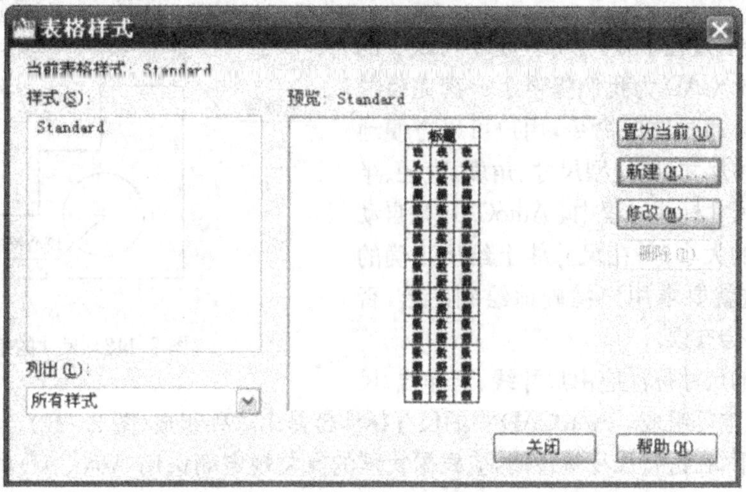

图 2.140

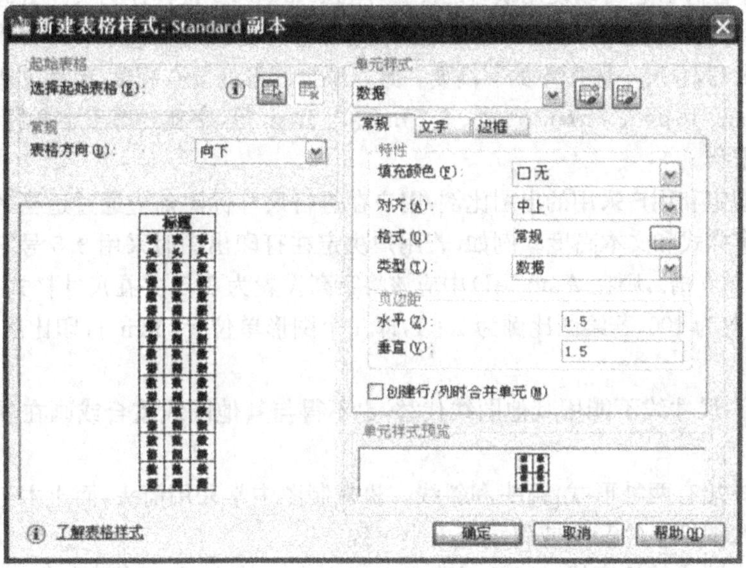

图 2.141

2.9 给图形标注尺寸

2.9.1 尺寸标注简述

一般,在绘图过程中,尺寸标注是不可缺少的步骤,因此,AutoCAD 为我们提供了一套完整的尺寸标注命令。通过这些命令,用户可以方便地标注图中的各种尺寸:如线型尺寸、角度、直径、半径等。在进行尺寸标注过程中,AutoCAD 是自动测量标注对象的大小,并在尺寸线上给出正确的数字。因此,这就要求用户精确地绘制图形,否则,标注的数字会有误。

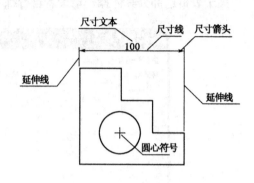

图 2.142　尺寸的组成

一个完整的尺寸标注应由尺寸线、延伸线、尺寸箭头、尺寸文本等组成。AutoCAD 中的尺寸标注也是由这些组成(图 2.142)。

通常情况下,在进行尺寸标注时,应根据我国的有关规定而选用 AutoCAD 给我们提供的各种尺寸标注特性。

尺寸文本是指与标注相关联的文字,包括测量值、公差(尺寸公差和形位公差)、前缀、后缀和单行或段落文本注释。它可以使用缺省的测量单位(AutocAD 将其作为文字处理)、输入文字或直接使用测量值。可以使用标注文字添加信息,例如特殊的制造工艺或装配要求。尺寸文本应该按标准字体书写,且同一张图中的字高要一致。根据图形的复杂程度,尺寸文本的字体高度可选 20 mm、14 mm、10 mm、7 mm、5 mm、3.5 mm、2.5 mm 等,字宽约等于字高的 2/3。图纸上的汉字字体为仿宋字。

根据上述规定和用户采用的出图比例,用户在进行尺寸标注前应通过适当的命令和对话框设置合适的文字样式和文本高度。例如,若用户决定在打印出图时采用 3.5 号字且绘图比例为1:100(即缩小 100 倍),则在 AutoCAD 中应该将字高设置为 3.5,并在尺寸样式对话框中将"使用全局比例"设置为 100,若绘图比例为 1:1,即 1 个图形单位＝1 mm,打印比例为1:100,则字高应设为 350。

一般情况下,尺寸线不能用其他图线代替,也不得与其他图线重合或画在其他图线的延长线上。

尺寸线的终端有两种形式:箭头和斜线。机械制图中常采用箭头,而土木工程制图中常采用斜线。同一张图纸上的箭头或斜线应大小一致。

延伸线应自图线的轮廓线、轴线、对称中心线引出。其中,轮廓线、轴线、对称中心线也可以作为延伸线。

尺寸线和延伸线通常由细线绘制。

一般来讲,用户在进行尺寸标注时应遵循下面的基本过程:

◆ 为尺寸标注专门设置一个图层,使之与图形的其他信息分开。如果希望在一张图纸中输出立体对象的不同视图,则最好为每个视图设置一个标注图层。

◆ 为尺寸标注建立专门的文字样式。选择制图标准中规定的字体作为尺寸文字样式的字体。为了能在尺寸标注时随时修改尺寸文本的高度,应将该文字样式的"字高(height)"设置为0。因为我国要求字体的宽高比为2/3,所以将"宽度比例"设为0.67。

◆ 通过执行Dimstyle命令或选择【格式】下拉菜单的【标注样式】以打开"标注样式管理器"对话框,通过该对话框设置尺寸线、延伸线、尺寸样式、比例因子、尺寸文本、尺寸单位和尺寸精度等。

◆ 保存所做设置,生成尺寸样式簇。

◆ 给图形加上尺寸标注。此时应充分利用各种对象捕捉,以便快速准确地拾取点。

◆ 对不符合要求的部分用尺寸标注编辑命令进行编辑。

2.9.2　尺寸标注的关联性

一般情况下,尺寸标注中尺寸线、延伸线、箭头、引线和标注文字不是单独的实体,而是构成图块的一部分。如果对该尺寸标注进行拉伸,那么拉伸后的尺寸文本也自动地发生变化。我们把这种尺寸标注叫做关联性的尺寸标注(Associative Dimension)。修改某尺寸标注样式时,以它作为模板生成的关联性的尺寸标注将随着改变。

而非关联性的尺寸标注(Non-Associative Dimension),它的尺寸线、延伸线、箭头、引线和标注文字是单独的实体,不构成图块。当拉伸这种尺寸标注时,其尺寸线和延伸线可以被拉伸,而拉伸后的尺寸文本内容不会自动地发生变化。可见非关联性的尺寸标注不能适时地反应图形的正确尺寸。

尺寸标注的关联性可以用系统变量Dimaso来控制。同时,用户也可以用Explode命令将一个关联性的尺寸标注炸开使之成为非关联性的尺寸标注。

2.9.3　尺寸标注的类型

AutoCAD提供了两种基本标注类型:标注尺寸对象和标注注释。标注尺寸对象包括线性标注、坐标标注、角度标注、径向标注和中心标注等,而标注注释包括引线标注(Leader)和坐标标注(Ordinate Dimension)等。

线性标注包括水平标注(Horizontal Dimension)、垂直标注(Vertical Dimension)、对齐标注(Aligned Dimension)、旋转标注(Rotated Dimension)、连续标注(Continue Dimension)和基线标注(Baseline Dimension)六种类型。

径向标注包括半径标注(Radial Dimension)和直径标注(Diameter Dimension)。

中心标注包括圆心线标注(Centerline Dimension)和圆心标注(Centermark Dimension)。

所有标注尺寸对象类型的样例显示如图2.143。

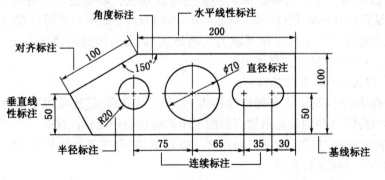

图2.143　各种尺寸标注类型

2.9.4 尺寸标注样式的设置(Ddim)

标注样式是一组用来决定标注外观的标注设置。通过创建标注样式,可以设置所有相关的标注系统变量并控制所有标注的布局和外观。

标注样式可以有多簇设置。例如,在一个标注样式中可以创建一个半径(Radial)标注变种和一个角度(Angular)标注变种。AutoCAD 根据创建的标注的类型使用相应的族成员。如果对某个标注类型没有设置变种,那么就使用父系"Parent"标注样式设置。

系统缺省的尺寸标注样式是 ISO-25,它对某些机械制图比较适用,而对于土木工程制图或建筑制图用户必须建立自己的尺寸标注样式。

命令 功 能 区:【注释】选项卡 →【标注】面板 →【标注样式】

下拉菜单:【格式】→【标注样式】或【标注】→【样式】

工 具 栏:【标注】→【标注样式】

命 令 行:dimstyle(或者简化命令 d 或 ddim)

上述命令用于设置尺寸标注样式。激活该命令后,系统会弹出如图 2.144 所示的"标注样式管理器"对话框。下面对对话框中的各选项进行说明。

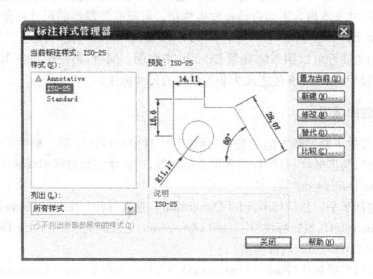

图 2.144 "标注样式管理器"对话框

(1)"样式(S)"区:该区用于显示所有已命名的标注样式列表。新建立一个空白 AutoCAD 图形,系统有三个缺省标注样式 ISO-25、Annotative 和 Standard,用户也可以建立自己的标注样式。可从列表中选择一个名称以使其成为当前样式,则当前样式名就被亮显。AutoCAD 在系统变量 Dimstyle 中存储标注样式名。

(2)"预览"区:显示被选中标注样式的特点。

(3)"列出"下拉列表:用于控制显示哪种标注样式。其中"所有样式"选项用于显示所有标注样式。"正在使用的样式"选项则仅显示被当前图形中的标注引用的标注样式。

(4)"新建"按钮:点击"新建"按钮,会弹出如图 2.145 所示的"创建新标注样式"对话框。以后将对该对话框中的各个选项进行介绍。

（5）"置为当前"按钮：用于设置当前标注样式，在"样式（S）"区选中某样式再点击该按钮，则将把该样式作为当前样式。

（6）"修改"按钮：在"样式（S）"区选中某尺寸标注样式，再点击"修改"按钮。将会出现图2.146所示的"修改标注样式"对话框，在对话框中可对选中的标注样式进行修改。

"创建新标注样式"对话框：该对话框中有下列选项："新样式名"文本框，用户可以在这里输入所要创建的新的标注样式名称。"基础样式"下拉列表用于选择新建的标注样式是在哪一个样式的

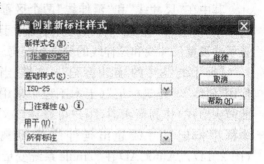

图2.145 "创建新标注样式"对话框

基础上建立的。"用于"下拉列表框用于建立一种仅适用于特定标注类型的样式。例如，假定ISO-25样式的文字颜色为黑色，但希望仅使直径标注的文字为蓝色，则可以在"基础样式"下选择ISO-25，并在"用于"下选择"直径"。因为正在定义ISO-25样式的子样式，所以"新样式名"文本框不可用。在"新建标注样式"对话框中将文字颜色改为蓝色后，在"标注样式管理器"中"直径"作为子样式显示在ISO-25下面。无论何时用ISO-25样式进行直径标注，文字都是蓝色的。将ISO-25用于所有其他标注类型时，文字是黑色的。在该对话框中点击"继续"按钮将会出现如图2.146所示的"新建标注样式"对话框。

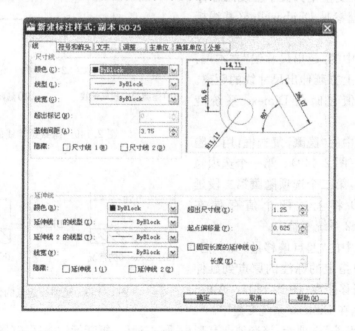

图2.146 "新建标注样式"对话框

（7）"新建标注样式"对话框。该对话框有线、符号和箭头、文字、调整、主单位、换算单位、公差7个选项卡，分别允许用户对标注的各个方面进行设置。介绍如下：

①"线"选项卡：该选项卡有尺寸线、延伸线两个区域。

131

其中在"尺寸线"和"延伸线"两个区都有一个"颜色"和"线宽"下拉列表,分别用于显示并设置尺寸线和延伸线的颜色和线宽。

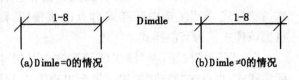

图 2.147　尺寸线超出延伸线的设置

"尺寸线"区中的"超出标记"文本框:当使用"斜线"、"建筑标记"(土木工程中常用此箭头形式)作为箭头时,用户可以在该文本框中指定尺寸线超出延伸线的距离(图 2.147)。AutoCAD 在 Dimdle 系统变量中存储该值。

"尺寸线"区中的"隐藏"复选框:第一个选项隐藏第一段尺寸线(图 2.148a),Auto-CAD 在 Dimsd1 系统变量中存储该值。第二个选项隐藏第二段尺寸线(图 2.148b),AutoCAD 在 Dimsd2 系统变量中存储该值。

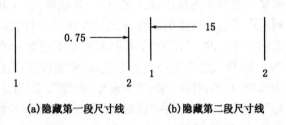

图 2.148　隐藏尺寸线的情况

"尺寸线"区中的"基线间距"文本框:设置基线尺寸标注时尺寸线之间的间距。用户可以输入一个距离,AutoCAD 将该值存储在 Dimdl1 系统变量中。关于基线尺寸标注的详细信息,请参见 Dimbaseline(基线标注)。

"延伸线"区中的"超出尺寸线"文本框:用于指定延伸线上方延伸出尺寸线的距离。AutoCAD 将该值存储在 Dimexe 系统变量中。

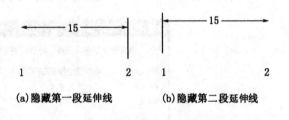

图 2.149　隐藏延伸线的情况

"延伸线"区中的"隐藏"复选框:用于隐藏延伸线的显示(图 2.149)。第一个选项隐藏第一段延伸线,第二个选项隐藏第二段延伸线,AutoCAD 将上述两个值存储在Dimse1 和 Dimse2 系统变量中。

"延伸线"区中的"起点偏移量"文本框:用于定义从用户指定的标注的原点到延伸线实际起点的偏移距离(图 2.150)。Auto-CAD 将该值存储在 Dimexo 系统变量中。

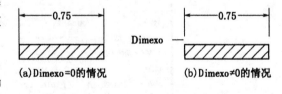

图 2.150　延伸线起点的偏移距离

②"符号和箭头"选项卡:该选项卡有箭头、圆心标记、折断标注等区域(图 2.151)。

"箭头"区:用于控制尺寸箭头的形式。用户可以指定不同的箭头作为第一个箭头和第二个箭头,具体介绍如下:"第一个"下拉列表框用于查看并选择第一个箭头的箭头类型。当修改了第一个箭头的类型,第二个箭头会自动修改以与之匹配。要指定一个自定义块作为箭头,则请选择"用户箭头"。选择了第一个箭头之后,第二个箭头自动设置为与第一个相同。如果要为第二个箭头指定不同的箭头,可从"第二个"列表中选择一个。

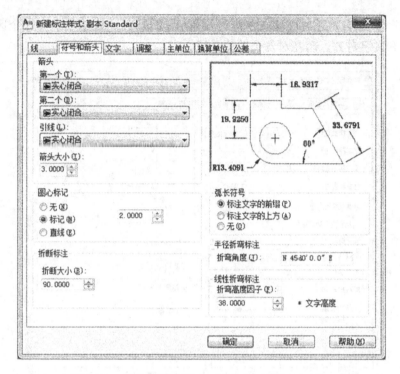

图 2.151 "新建标注样式"中"符号和箭头"选项卡

"箭头大小"文本框：显示并设置箭头的大小。AutoCAD 将该值存储在 Dimasz 系统变量中。

"圆心标记"区：用于控制直径标注和半径标注中的圆心和中心线的标记形式和大小。圆心标记和中心线由 Dimcenter、Dimdiameter 和 Dimradius 使用。对于 Dimdiameter 和 Dimradius,只有当尺寸线放置在圆或圆弧外面时才绘制圆心标记。

"折断标注"区：高版本的 AutoCAD 允许用户在尺寸标注和延伸线与其他对象的相交处打断或恢复标注和延伸线(图 2.152a)。对线性标注、角度标注和坐标标注都可以折断。该区的折断大小数字可以显示和设置用于折断标注的间距大小。

"弧长标注"区：弧长标注用于标注和测量圆弧或多段线圆弧段上的距离。弧长标注的延伸线可以正交或径向。在该区用户可以选择在标注文字的上方或前面来显示圆弧符号。(图 2.152b)

"折弯标注"：AutoCAD 中的折弯标注为有折断线的标注。这种标注中文字代表的数值表示实际距离,而不是在图形中测量的距离(图 2.152c)。折弯标注分线性折弯标注和半径折弯标注两种,在图 2.151 中的选项卡中可以设置折弯标注的内容。

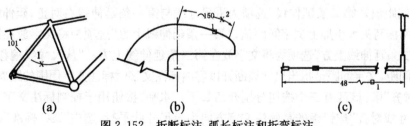

(a)   (b)   (c)

图 2.152 折断标注、弧长标注和折弯标注

③"文字"选项卡:该区对尺寸文字进行设置(图 2.153)。该选项卡有 3 个区域:文字外观、文字位置和文字对齐。现在对各个选项介绍如下:

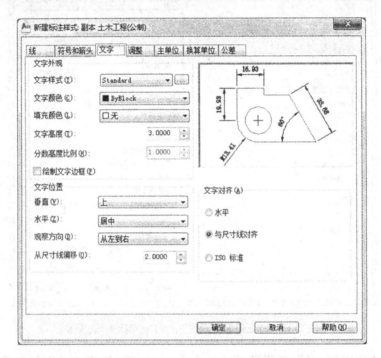

图 2.153 "新建标注样式"对话框的"文字"选项卡

"文字外观"区:"文字样式"下拉列表框,显示和设置当前标注文字样式。用户可以从列表中选择一种现有的文字样式,也可以点击列表旁边的【…】按钮创建和修改文字样式。"文字颜色"框用于设置标注文字的颜色。"文字高度"框用于设置当前标注文字的高度。"分数高度比例"框,标注中若有分数时,设置相对于标注文字的分数比例,仅当在【主单位】选项卡上选择"分数"作为"单位格式"时,此选项才可用。

"文字位置"区:控制标注文字的位置。"垂直"框用于控制标注文字相对尺寸线的垂直位置。其中"置中"选项指在尺寸线的中间放置标注文字;"上方"选项指的是在尺寸线的上方放置标注文字,尺寸线到最底行文字的基线之间的距离为当前文字间距,即"从尺寸线偏移";"外部"选项指的是把标注文字放置到尺寸线边上远离第一个定义点的地方;JIS 选项指的是按日本工业标准(JIS)放置标注文字。"水平"框用于控制标注文本沿尺寸线和延伸线的对齐方式:其中"置中"选项(也是默认选项,见图 2.153)为沿着尺寸线在延伸线之间居中放置标注文字;"第一条延伸线"为沿尺寸线与第一条延伸线左对正,延伸线与文字之间的距离为两倍箭头大小加上文字间距值;"第二条延伸线"选项为沿尺寸线与第一条延伸线右对正,延伸线与文字之间的距离为两倍箭头大小加上文字间距值;"第一条延伸线上方"选项为将文字放在第一条延伸线上方;"第二条延伸线上方"选项为将文字放在第二条延伸线上方。"从尺寸线偏移"框用于设置当前文字间距,文字间距是指当尺寸线断开以容纳标注文字时标注文字周围的距离。

"文字对齐"区:该区有三个按钮分别介绍如下:"水平"按钮用于控制标注文字方向为强制水平;"与尺寸线对齐"按钮指的是标注文字方向为与尺寸线平行;选中"ISO 标准"按钮指的是

当文字在延伸线内时,文字与尺寸线对齐,当文字在延伸线外时,文字水平排列。

④"调整"选项卡(图2.154):该选项卡有4个选项,分别介绍如下。

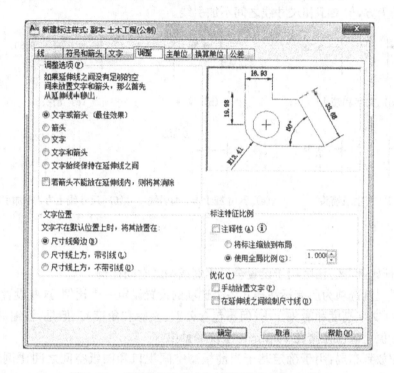

图2.154 "新建标注样式"对话框的"调整"选项卡

"调整选项"区:当两条延伸线间的距离有足够空间时,AutoCAD 通常把文字和箭头放在延伸线之间。否则,本选项会像以下描述的那样安排文字和箭头的放置。AutoCAD 在 Dimfit 系统变量中存储本选项的值。

◆"文字或箭头,取最佳效果"选项:见图2.155d。如果空间只够放置文字,那么把文字放置在延伸线之间,箭头放在延伸线之外。如果空间只够放置箭头,那么把箭头放置在延伸线之间,文字放在延伸线之外。既没有放置文字的位置也没有放置箭头的位置,那么二者都放在延伸线之外。

◆"箭头"选项:如果空间只够放置箭头,那么把箭头放置在延伸线之间,文字放在延伸线之外(图2.155c)。当放置箭头的空间也没有时,那么文字和箭头都放在延伸线之外。

◆"文字"选项:如果空间只够放置文字,那么把文字放置在延伸线之间,箭头放在延伸线之外(图2.155b)。当放置文字的空间也没有时,那么文字和箭头都放在延伸线之外。

◆"文字和箭头"选项:如果没有足够的空间放置文字和箭头,那么二者都放在延伸线之外(图2.155a)。

◆"文字始终保持在延伸线之间"选项始终将文字放在延伸线之间。

◆"若不能放在延伸线内,则消除箭头"选项:如果延伸线内没有足够的可用空间,则不画箭头。

文字位置区:该区用于设置标注文字从默认位置(由标注样式定义的位置)移动时标注文字的位置。"尺寸线旁边"选项,将标注文字放在尺寸线旁边。"尺寸线上方,加引线"选项(图

2.155e)，如果文字移动到远离尺寸线处，AutoCAD 将画一条从文字到尺寸线的引线；当文字太靠近尺寸线时，AutoCAD 将省略引线。"尺寸线上方，不加引线"选项（图 2.155f），将文字放在尺寸线的上方，但文字和尺寸线之间不加引线。

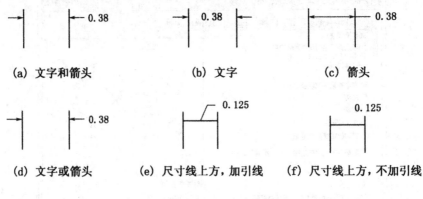

(a) 文字和箭头　　　　　(b) 文字　　　　　(c) 箭头

(d) 文字或箭头　　　(e) 尺寸线上方，加引线　　(f) 尺寸线上方，不加引线

图 2.155

"标注特征比例"区：该区用于设置全局比例或图纸空间比例。

使用全局比例选项为所有标注样式各个选项的设置设定一个比例，这些设置包括大小、距离或间距，包括文字高度和箭头大小（但不包含公差、坐标和角度）。但是，该缩放比例并不更改标注的测量值。该值存储在 Dimscale 系统变量中。

将标注缩放到布局：用于确定基于当前模型空间视口和图纸空间之间比例的比例因子。AutoCAD 在 Dimscale 系统变量中将其值存储为零。当用户在图纸空间而不是模型空间视口工作，或当 Tilemode 设置为"1"时，AutoCAD 使用缺省比例因子"1.0"作为 Dimscale 系统变量的值。

"优化"区："手动放置文字"选项，选中此选项时，AutoCAD 忽略任何在【文字】选项卡中"文字位置"区"水平"下拉列表框中的设置，当进行标注过程中命令行出现"指定尺寸线位置："时，AutoCAD 会把文字放在用户指定点的位置。"在延伸线之间绘制尺寸线"选项，始终在延伸线之间绘制尺寸线，即使将箭头放在延伸线之外。

⑤ "主单位"选项卡（图 2.156）：该选项卡有两个区域，线性标注和角度标注。现分别介绍如下。

"线性标注"区用于设置线性标注的格式和精度。

"单位格式"下拉列表框：用于显示并设置除"角度"外所有标注族成员的当前单位格式。选项包括"科学"、"小数"（土木工程制图一般可选择该项）、"工程"、"建筑"、"分数"和"Windows 桌面"（"控制面板"中的小数位数和数字分组符号设置）等。AutoCAD 将该选项的值存储在 Dimunit 系统变量中。用户可从列表中选择一个选项。

"精度"下拉列表框：用于显示并设置小数位数。

"分数格式"下拉列表框：用于选择并设置分数的格式。

"小数分隔符"下拉列表框：用于选择并设置小数格式的分隔符。

"舍入"文本框：显示并设置标注测量值的舍入规则。用户可在文本框输入一个数值。例如：如果输入"0.25"，那么所有的尺寸文本都舍入到最近的 0.25 的倍数。同样地，如果输入

136

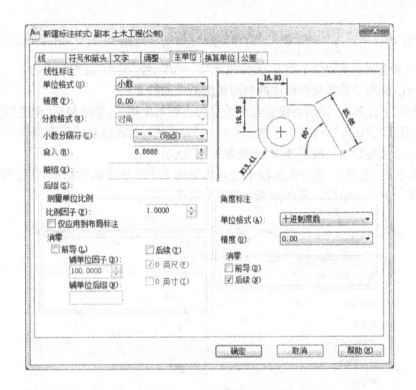

图 2.156 "新建标注样式"对话框的"主单位"选项卡

"1.0",AutoCAD 把所有的尺寸文本都舍入到最近的整数。小数点后所显示数字的位数取决于用户在"主单位"对话框或"换算单位"对话框中设置的精度。输入"0",即不进行舍入。注意:舍入规则并不应用于角度标注。AutoCAD 将舍入值存储在 Dimrnd 系统变量中。

"前缀"和"后缀"文本框分别用于输入前缀和后缀。若在标注文字中包括前缀,则在"前缀"文本框中输入前缀。例如,输入控制代码"%%c",将会在标注文字前加上一个 φ 符号。输入前缀时,它替代了所有缺省前缀[例如在直径标注(φ)和半径标注(R)中的前缀]。AutoCAD 在 Dimpost 系统变量中存储前缀字符串。

如在标注文字中包含后缀,则在"后缀"文本框中输入后缀。例如,输入文字"mm"就在标注文本后面加上 mm 符号。如果标注中有公差,AutoCAD 不但在主标注中包含该后缀,而且在公差中也包含该后缀。系统变量 Dimpost 系统变量中存储后缀字符串。

"测量单位比例"区:该区的"比例因子"文本框用于控制线性尺寸的比例系数,该比例定义的是尺寸标注中尺寸文字的内容与图形中所标注对象的系统测量尺寸之间的比例。例如,如果用户按 1:100 的比例绘制图形,则该框应该输入"100";若用户按 5:1 的比例绘图,则在框中输入"0.2"。"仅应用到布局标注"复选框用来控制当前模型空间和图纸空间的比例系数,当用户选择该按钮后,AutoCAD 将把该值以负数保存在系统变量 Dimlfac 中,该数的绝对值即是图纸空间的比例系数。

"消零"区:用于控制"前导"、"后续"、"英尺"和"英寸"的消零。其中选中"前导"后,AutoCAD 将取消掉小数点前面的 0(例如原为"0.500",经"前导"消零后成为".500");选中"后续"后,AutoCAD 将取消掉小数点后面的 0(例如原为"20.500",经"后续"消零后成为"20.5");选中"英尺"后,AutoCAD 将取消掉英尺－英寸单位制中的小于 1 英尺的数字英尺位上的 0（例如原为"$0'-3\frac{1}{2}''$"，经"英尺"消零后成为"$3\frac{1}{2}''$"）；选中"英寸"后，AutoCAD 将取消掉英尺－英寸单位制中英寸位上的 0（例如原为"$2'-0''$"，经"英寸"消零后成为"$2'$"）。

"角度标注"区用于设置角度标注的当前角度格式和精度。

"单位格式"下拉列表：显示并设置角度标注的当前角度格式，选项包括"十进制度数"、"度/分/秒"、"百分度"、"弧度"，可从中任选择一项。AutoCAD 将此选项的值存储在 Dimaunit 系统变量中。土木工程制图一般可选择"十进制度数"选项。

⑥ "换算单位"选项卡：点击该选项卡会弹出如图 2.157 所示的对话框，用于设置是否标注英制或公制双套尺寸单位。现在分别介绍各个选项：

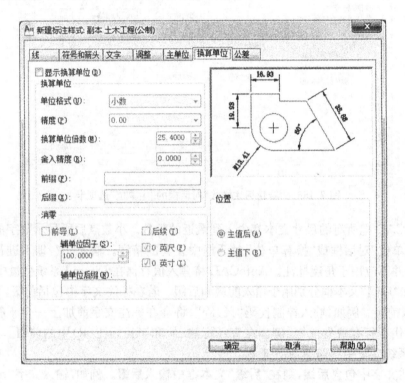

图 2.157 "新建标注样式"对话框的"换算单位"选项卡

"显示换算单位"复选框：选择是否采用第二种单位来进行标注。若选中该框，则其他选项才变为可选，同时，系统变量 Dimalt 设置为"1"。

该选项卡类似于图 2.156 的所示的"主单位"选项卡，用户可以在该对话框中对尺寸标注的第二套单位进行设置。现介绍跟"主单位"不同的两个选项。"换算单位乘数"：指定一个乘数，作为主单位和换算单位之间的换算因子。"主值后"和"主值下"两个单选按钮用于控制换算单位的位置在主单位后面还是下面。

⑦ "公差"选项卡：用来设置尺寸公差的标注方式、公差文本的字高以及公差文本相对于基本尺寸文本的对齐方式。

2.9.5 标注线性型尺寸

如前所述,线性标注是工程制图中最常用的标注类型。线性标注可以是水平、垂直、对齐或旋转的。对齐标注是有与被标注对象平行的尺寸线的尺寸标注。基线和连续标注是可以基于线性标注的连续的标注序列。当创建线性标注时,可实现对文本、文本角度或尺寸线角度的修改。也可使用"尺寸标注样式"对话框中的有关选项来设置文本位置。

1) 标注水平、垂直和旋转尺寸(Dimlinear)

命令 功 能 区:【注释】选项卡 →【标注】面板→【标注】下拉式菜单→【线性】

下拉菜单:【标注】→【线性】

工 具 栏:【标注】→【线性标注】

命 令 行:dimlinear(或者简化命令 dli 或 dimlin)

该命令发出后,AutoCAD 将根据所指定的延伸线端点或选择某对象的点自动地进行水平标注或垂直标注。同时,也通过指定水平(horizontal)或垂直(vertical)标注来创建特定的尺寸标注。

命令提示及选项说明

命令发出后,系统会出现如下提示:

指定第一条延伸线原点或<选择对象>:

要求用户指定一点作为延伸线的起始点或按回车键进行延伸线自动指定。下面对这两种情况分别进行介绍:

(1) 指定一点作为延伸线的起始点。

在上面的提示下,若用户指定了一点作为延伸线的起始点,系统会出现下面的提示:

① "指定第二条延伸线原点:",提示用户输入第二条延伸线起点。选择第二点之后,会出现下面的提示。

② "[多行文字(M)/文字(T)/角度(A)/水平(H)/垂直(V)/旋转(R)]:",要求用户指定一点作为尺寸线的位置,或选择其他选项,各选项的含义如下:

◆ "多行文字(M)"选项:选择该选项,系统会弹出图 2.126～2.128 所示的对话框,用户可以在该对话框中输入或删除自定义文字,或者选择"确定"以接受缺省测量长度作为尺寸文本。在该对话框中,系统自动测量值用尖括号"<>"来表示。用户可以重新输入尺寸文本。确定后,系统会重新出现提示:"指定尺寸线位置或[多行文字(M)/文字(T)/角度(A)/水平(H)/垂直(V)/旋转(R)]:",要求用户指定一点作为尺寸线的位置,或选择其他选项。

◆ "文字(T)"选项:选择该选项后,命令行将会出现提示:"输入标注文字<缺省值>:",用户可以在命令行中输入自定义文字,或者回车以接受缺省测量长度。确定后,系统会重新出现提示:"指定尺寸线位置或[多行文字(M)/文字(T)/角度(A)/水平(H)/垂直(V)/旋转(R)]:",要求用户指定一点作为尺寸线的位置,或选择其他选项。

◆ "角度(A)"选项:该选项用于修改标注文字的角度。选择该选项后,会出现如下提示:"指定标注文字的角度:",提示用户输入标注文本的旋转角度。确定后,系统会重新出现提示:"指定尺寸线位置或[多行文字(M)/文字(T)/角度(A)/水平(H)/垂直(V)/旋转(R)]:",要求用户指定一点作为尺寸线的位置,或选择其他选项。

◆ "水平(H)"选项:用户选择该选项,可以强制标注水平尺寸,而不标注垂直尺寸。选择该选项后,系统会出现如下的后续提示:"指定尺寸线位置或[多行文字(M)/文字(T)/角度(A)]:",提示用户确定尺寸线的位置,或用户也可以修改尺寸线的角度以及文字的内容和角度。

　　◆"垂直(V)"选项:该选项可以强制标注垂直尺寸,而不标注水平尺寸。其后续提示同"水平(H)"选项。

　　◆"旋转(R)"选项:用于创建旋转型尺寸标注(图2.158)。选择该选项后,系统将会出现提示:"指定尺寸线的角度<0>:",在该提示下,用户可以输入要标注的尺寸线角度,括号中为当前值。指定角度之后,AutoCAD重新显示:"指定尺寸线位置或[多行文字(M)/文字(T)/角度(A)/水平(H)/垂直(V)/旋转(R)]:"。

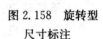

图2.158　旋转型
尺寸标注

　　(2) 直接回车以自动确定两延伸线的起始点。

　　如果用户在"指定第一条延伸线原点或<选择对象>:"提示下直接按回车键。系统将会出现提示:"选择标注对象:",要求用户选择要标注尺寸的对象。

　　在该提示下,如果选中了一条直线或一条圆弧,则其端点用作延伸线的起点。延伸线与端点的偏移由ddim中的"直线和箭头"选项卡中的"起点偏移量"项指定的距离确定。

　　如果选中一个圆,则它的直径端点作为尺寸线原点。如果用于选择圆的点接近南北象限点,则AutoCAD绘制一个水平尺寸标注。如果用于选择圆的点接近东西象限点,则Auto-CAD绘制一个垂直尺寸标注。

　　选择所要标注对象之后,系统会重新出现提示:"[多行文字(M)/文字(T)/角度(A)/水平(H)/垂直(V)/旋转(R)]:",要求用户指定一点作为尺寸线的位置,或选择其他选项。各选项的内容前面已做介绍,不再赘述。

　　上机实践　绘制如图2.159a所示的图形,利用"标注样式(Dimension Style)"命令定义尺寸标注样式Dimstyle1,并给它标注尺寸。步骤如下:

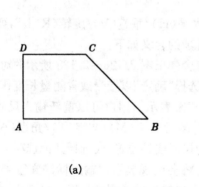

(a)

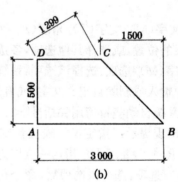

(b)

图2.159

　　(1) 单击【绘图】工具栏上的【直线】按钮,启动Line命令,绘制图2.159a所示的图形:

　　指定第一点:　(在该提示下,用鼠标在绘图区拾取一点A)

　　指定下一点或[放弃(U)]:@100,0　(在该提示下输入点B)

　　指定下一点或[放弃(U)]:@-50,50　(在该提示下输入点C)

　　指定下一点或[放弃(U)]:@-50,0　(在该提示下输入点D)

　　指定下一点或[放弃(U)]:c　(在该提示下输入字母"c",闭合多边形命令结束后,得到如图2.159a所示的图形)

140

（2）打开【格式】下拉菜单，选择【文字样式…】选项，打开"文字样式"对话框。在该对话框中建立字体样式 Dimtext，选择字体为 Times New Roman，字高为"0"。之后单击【应用】按钮，再单击【关闭】按钮，结束字体样式设置。

（3）打开【格式】下拉菜单，选择【标注样式…】选项，打开"标注样式管理器"对话框。

（4）单击【新建】按钮，打开"创建新标注样式"对话框，在"新样式名"文本框中输入 Dimstyle1 作为新建的标注样式名称，点击【继续】按钮，打开"新建标注样式"对话框。

（5）在"新建标注样式"对话框中的【符号和箭头】选项卡中"箭头"区内选择"建筑标记"作为尺寸的第一、第二箭头，尺寸箭头大小设置为"1.5"；在"线"选项卡中"尺寸线"区内设置"基线间距"为"5"，"超出标记"为"1"；在"延伸线"区中设置"超出尺寸线"为"1"，"起点偏移量"为"2"。在【调整】选项卡中的"使用全局比例"文本框中输入"2"，那么以上设置的所有数值的实际值分别为上述各值的两倍。

（6）在【文字】选项卡的"文字外观"区"文字样式"框中选中"Dimtext"作为标注文字的字体样式，字高设置为"2.5"[因为在上述第（5）步中在"标注特征比例"区内设置"使用全局比例"为"2"，所以字高实际值为"5"]。在【文字】选项卡的"文字位置"区"垂直"文本框中选中"上方"，在"水平"框中选中"置中"。

（7）在【调整】选项卡的"调整选项"区选中"文字或箭头，取最佳效果"，在"调整"区，选中"始终在延伸线之间绘制尺寸线"。

（8）在【主单位】选项卡的"线性标注"区"单位格式"框中选择"小数"格式，在该区的"精度"框中选择"0"。在该区的"后缀"框中输入"mm"。在"测量单位比例"区中的"比例因子"框中输入"30"。点击【确定】按钮，结束尺寸标注样式的制定。

（9）单击【标注】工具栏中的【线性标注】按钮，系统会相继出现如下提示：

指定第一条延伸线原点或<选择对象>： *（在该提示下捕捉点 A）*

指定第二条延伸线原点： *（在该提示下捕捉点 B）*

指定尺寸线位置或[多行文字(M)/文字(T)/角度(A)/水平(H)/垂直(V)/旋转(R)]： *（在该提示下在 AB 线段的下方点取一适当的点以确定尺寸线的位置，绘图区将出现图 2.159b 中尺寸文本为 3 000 mm 的尺寸标注）*

注：AB 线段的实际尺寸为 100，因为前面在第（8）步中将"比例因子"设置为"30"，那么该尺寸标注的尺寸文本为 100×30=3 000。

（10）在"命令："提示下直接回车，再次启动 Dimlinear 命令：

指定第一条延伸线原点或<选择对象>： *（在该提示下直接回车）*

选择标注对象： *（在该提示下选取线段 AD）*

指定尺寸线位置或[多行文字(M)/文字(T)/角度(A)/水平(H)/垂直(V)/旋转(R)]： *（在该提示下在 AD 线段的左边点取一点作为尺寸线位置，绘图区内将出现尺寸文本为 1 500 mm 的垂直尺寸标注）*

（11）在"命令："提示下直接回车，再次启动 Dimlinear 命令：

指定第一条延伸线原点或<选择对象>： *（在该提示下捕捉点 C）*

指定第二条延伸线原点： *（捕捉点 B）*

指定尺寸线位置或[多行文字(M)/文字(T)/角度(A)/水平(H)/垂直(V)/旋转(R)]： *（在该提示下在 BC 线段的上方点取一点作为尺寸线位置，绘图区内将出现尺寸文本为 1 500 mm 的水平尺寸标注）*

（12）在"命令："提示下直接回车，再次启动 Dimlinear 命令：

指定第一条延伸线原点或<选择对象>： *（在该提示下捕捉点 C）*

选择标注对象：（在该提示下捕捉点 D）

指定尺寸线位置或[多行文字(M)/文字(T)/角度(A)/水平(H)/垂直(V)/旋转(R)]：（在该提示下输入"r"）

指定尺寸线的角度<0>：（在该提示下输入"30"，确定尺寸线的旋转角度为30°）

指定尺寸线位置或[多行文字(M)/文字(T)/角度(A)/水平(H)/垂直(V)/旋转(R)]：（在该提示下在 CD 线段的上方点取一点作为尺寸线位置，绘图区内将出现尺寸文本为1299mm的旋转尺寸标注）

至此，所有操作步骤结束，绘图区出现图 2.159b 所示的图形。请读者将此图保存为：Dimlinear. dwg，以备后用。

2）标注平齐尺寸(Dimaligned)

命 令 功 能 区：【注释】选项卡 →【标注】→【标注】下拉式菜单 →【对齐】

下拉菜单：【标注】→【对齐】

工 具 栏：【标注】→【对齐标注】

命 令 行：dimaligned(或者简化命令 dal 或 dimali)

在工程制图中，经常要遇到斜线、斜面的尺寸标注，Dimaligned 命令使我们可以方便地对斜线、斜面进行尺寸标注，这种尺寸标注称为对齐标注（或平齐标注），因为它所标注出来的尺寸线跟所标注对象相平行。

命令提示及选项说明

命令发出后，系统会出现如下提示：

指定第一条延伸线原点或<选择对象>：

在该提示下指定一点手动确定延伸线，或按回车键自动确定延伸线。下面对这两种情况分别进行介绍：

（1）指定一点作为延伸线的起始点。

在上面的提示下，若用户指定了一点作为延伸线的起始点，系统会出现下面的提示：

◆ "指定第二条延伸线原点："，在该提示下输入标注的第二条延伸线的起点。选择第二点之后，会出现下面的提示。

◆ "指定尺寸线位置或[多行文字(M)/文字(T)/角度(A)]："，指定点作为尺寸线位置或选择选项"多行文字(M)/文字(T)/角度(A)"。

如果指定一点，AutoCAD 就使用该点来定位尺寸线并确定绘制延伸线的方向。指定位置之后，系统会出现提示："标注文字＝测量值"，AutoCAD 自动标注对象的测量距离并在命令行作为缺省值显示它，此时，AutoCAD 完成尺寸标注。

若选择"多行文字(M)"选项，用户可以自定义文字。AutoCAD 将测量距离并在 Mtext 命令下的对话框中作为缺省标注文字显示为尖括号(< >)。可输入或删除自定义文字，或者选择【确定】以接受缺省测量长度。

"文字(T)"和"角度(A)"选项跟 Dimlinear 命令相同，这里不再赘述。

（2）直接回车以自动确定两延伸线的起始点。

如果用户在"指定第一条延伸线原点或<选择对象>："提示下直接按回车键。系统将会出现提示："选择标注对象："，要求用户选择要标注尺寸的对象。指定对象之后，AutoCAD 重新显示："指定尺寸线位置或[多行文字(M)/文字(T)/角度(A)]："，要求用户指定一点作为尺寸线的位置，或选择其他选项。

上机实践 将图 2.159a 所示的图形,利用 Dimaligned 命令给 *BC* 线段标注尺寸,步骤如下:

(1) 打开前面保存的图 2.159。

(2) 单击【标注】下拉菜单选择【对齐】选项,启动 Dimaligned 命令。

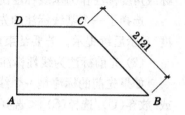

(3) 在"指定第一条延伸线原点或<选择对象>:"提示下,直接回车。

(4) 在"选择标注对象:"提示下,选择线段 *BC*。

图 2.160

(5) 在"指定尺寸线位置或[多行文字(M)/文字(T)/角度(A)]:"提示下,在 *BC* 线段的右上方点取一点作为尺寸线位置,绘图区内将出现如图 2.160 所示的图形。

3) 标注基线尺寸(Dimbaseline)

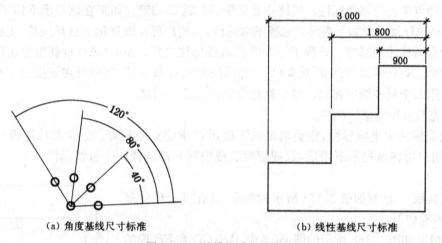

(a) 角度基线尺寸标准   (b) 线性基线尺寸标准

图 2.161 基线尺寸标注类型

命令 功 能 区:【注释】选项卡 →【标注】→【连续】下拉式菜单 →【基线】

下拉菜单:【标注】→【基线标注】

工 具 栏:【标注】→【基线标注】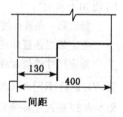

命 令 行:dimbaseline(或者简化命令 dba 或 dimbase)

Dimbaseline 绘制基于同一条延伸线的一系列相关标注(图 2.161)。AutoCAD 让每个新的尺寸线偏离一段距离,以避免与前一条尺寸线重合。尺寸线之间的偏移值由"标注样式"对话框中的【直线和箭头】选项卡中的"基线间距"项指定(图 2.162)。基线尺寸标注也叫做平行尺寸标注。

图 2.162 基线间距

命令提示及选项说明

Dimbaseline 命令发出后,系统接下来的提示取决于 AutoCAD 当前操作中有没有先前标注以及最后一次创建的尺寸标注的类型,具体来说分以下几种情况。

(1) 没有先前标注。

如果在当前操作中没有先前标注,系统会以以下提示提醒用户选择一个线性、坐标或角度标注来作为基线标注的基准,提示如下:"选择基准标注:",用户可以在该提示下选择线性、坐标或角度标注作为基线标注的先前标注。

选择了一个基线标注的先前标注之后，AutoCAD 根据选择的标注类型（线性、坐标或角度）显示后续提示。若要结束此命令，则按回车键或【Esc】键。

（2）先前标注为线性标注或角度标注。

如果先前的标注是一个线性标注或角度标注，则出现如下提示："指定第二条延伸线原点或[放弃(U)/选择(S)]＜选择＞："，该提示提醒用户指定一点作为第二个延伸线的起始点，或按回车键来选择一个线性、坐标或角度标注作为基线标注。

如果选择了一点，那么在缺省情况下，AutoCAD 将使用先前标注的第一条延伸线作为基线标注的基准延伸线。用户可以通过按回车键选择基线标注来改变这种缺省情况，这时作为基准的延伸线是离选择拾取点最近的延伸线。

选择了第二点后，AutoCAD 绘制出基线标注并且重复显示以上提示。用户可在该提示下重复选择点来进行基线标注。要终止此命令，可按【Esc】键。如果在该提示下按了回车键，那么 AutoCAD 就出现如下提示："选择基准标注："，用户可在该提示下选择线性、坐标或角度标注作为基线标注的基准。选择了一个线性基线标注之后，AutoCAD 重新重复出现如下提示："指定第二条延伸线原点或[放弃(U)/选择(S)]＜选择＞："，用户可在该提示下重复选择一点作为第二个延伸线的起点。要结束此命令，可按【Esc】键。

（3）先前标注为坐标标注。

若先前标注为坐标标注，则会出现如下提示："指定点坐标或[放弃(U)/选择(S)]＜选择＞："，用户可在该提示下指定点、捕捉对象或按回车键选择一个基线标注。

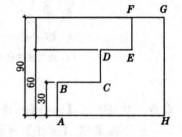

图 2.163　基线尺寸标注

上机实践　绘制如图 2.163 所示的图形，并在其上建立基线标注，步骤如下：

（1）绘制如图 2.163 所示的图形（其中，AB、CD 和 EF 段的长度均为 30）。

（2）单击【标注】工具栏中的【线性标注】按钮，系统会相继出现如下提示：

指定第一条延伸线原点或＜选择对象＞：（在该提示下捕捉点 A）

指定第二条延伸线原点：（在该提示下捕捉点 B）

指定尺寸线位置或[多行文字(M)/文字(T)/角度(A)/水平(H)/垂直(V)/旋转(R)]：（在该提示下在 AB 线段的左边点取一点以确定尺寸线的位置，将出现图 2.166 中尺寸文本为 30 的尺寸标注）

（3）单击【标注】工具栏中的【基线标注】按钮，系统会相继出现如下提示：

指定第二条延伸线原点或[放弃(U)/选择(S)]＜选择＞：（在该提示下捕捉点 D）

指定第二条延伸线原点或[放弃(U)/选择(S)]＜选择＞：（在该提示下捕捉点 F）

绘图区将出现图 2.163 中的基线标注。

注意

标注基线尺寸要求用户事先要进行一个线性、坐标或角度尺寸来作为基线标注的基准。

4）标注连续尺寸（Dimcontinue）

该命令可以使用户方便迅速地标注同一列（行）上的尺寸。这些尺寸的尺寸线首尾相连，前一个尺寸的第二个延伸线即为后一个尺寸的第一个延伸线(见图 2.164)。

命令 功 能 区:【注释】选项卡 →【标注】→【连续】下拉式菜单 →【连续】

下拉菜单:【标注】→【连续】

工 具 栏:【标注】→【连续标注】▦

命 令 行:dimcontinue(或者简化命令 dco 或 dimcont)

命令提示及选项说明

该命令的命令提示及其含义与 Dimbaseline(基线标注)命令是相同的。

注意

(1) 标注连续尺寸要求用户事先要进行一个线性、坐标或角度尺寸来作为连续标注的基准。

(2) 在连续尺寸标注过程中,用户只能往同一个方向标注下一个连续尺寸,不能往相反方向标注下一个连续尺寸,若往相反方向标注,系统可能把原来已经标注的尺寸给覆盖了。

上机实践 绘制如图 2.164 所示的连续尺寸标注,步骤如下:

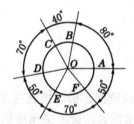

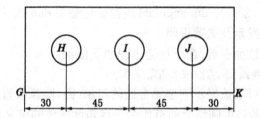

(a) 角度型连续尺寸标注　　　　　　(b) 线性连续尺寸标注

图 2.164

(1) 绘制如图 2.164(a)、(b)所示的图形。

(2) 打开【标注】菜单,单击【角度】选项,系统将会出现如下命令序列:

选择圆弧、圆、直线或<指定顶点>: *(在该提示下选择直线 OA)*

选择第二条直线: *(在该提示下选择直线 OB)*

指定标注弧线位置或[多行文字(M)/文字(T)/角度(A)]: *(在 AB 弧右上侧点取一点作为尺寸线的位置。至此,AB 弧线的角度标注完成了)*

(3) 选择【标注】工具栏上的【连续标注】选项,启动连续标注命令,系统将会出现如下命令序列:

指定第二条延伸线原点或[放弃(U)/选择(S)]<选择>: *(在该提示下拾取点 C)*

指定第二条延伸线原点或[放弃(U)/选择(S)]<选择>: *(在该提示下拾取点 D)*

指定第二条延伸线原点或[放弃(U)/选择(S)]<选择>: *(在该提示下拾取点 E)*

指定第二条延伸线原点或[放弃(U)/选择(S)]<选择>: *(在该提示下拾取点 F)*

指定第二条延伸线原点或[放弃(U)/选择(S)]<选择>: *(在该提示下拾取点 A)*

指定第二条延伸线原点或[放弃(U)/选择(S)]<选择>: *(按【Esc】键结束该命令)*

这时,图 2.164a 的连续角度型尺寸标注就完成了。

(4) 选择【标注】工具栏上的【线性标注】选项,启动 Dimlinear 命令,标注 GH 段的尺寸。

(5) 选择【标注】工具栏上的【连续标注】选项，启动 Dimcontinue 命令，系统将会出现如下命令序列：

指定第二条延伸线原点或[放弃(U)/选择(S)]＜选择＞： （在该提示下拾取圆心 I）

指定第二条延伸线原点或[放弃(U)/选择(S)]＜选择＞： （在该提示下拾取圆心 J）

指定第二条延伸线原点或[放弃(U)/选择(S)]＜选择＞： （在该提示下拾取点 K）

指定第二条延伸线原点或[放弃(U)/选择(S)]＜选择＞： （按【Esc】键结束该命令）

这时，图 2.164b 的线性连续尺寸标注就完成了。

2.9.6　标注角度型尺寸(Dimangular)

该命令用于标注测量对象之间的夹角，包括圆或圆弧的一部分的圆心角、直线之间的夹角、或任何不共线的三点的夹角。

命　令　功 能 区：【注释】选项卡 →【标注】面板→【标注】下拉式菜单→【角度】

下拉菜单：【标注】→【角度】

工 具 栏：【标注】→【角度标注】 ◢

命 令 行：dimangular(或者简化命令 dan 或 dimang)

命令提示及选项说明

启动该命令后，命令行会出现如下提示：

选择圆弧、圆、直线或＜指定顶点＞：

用户可在该提示下选择合适的对象(圆、圆弧或直线)或按回车键以指定三点。

(1) 若选中圆弧上的点作为三点角度标注的定义点，则圆弧的圆心是角度的顶点，圆弧端点成为延伸线的起点，AutoCAD 在延伸线之间绘制一段圆弧作为尺寸线。延伸线从边端点绘制到与尺寸线的交点。见图 2.165a。

(2) 若选中圆，则圆的圆心是角度的顶点。选择点 1 用作第一条延伸线的起点。之后会出现如下提示："指定角的第二个端点："，在该提示下用户可以指定点 2(不一定在圆上)，该点是第二条延伸线的起点。见图 2.165b。

(3) 如果选择了一条直线，那么必须在"选择第二条直线："提示下选择另一条(不与第一条直线平行的)直线以确定它们之间的角度。AutoCAD 通过用两条直线分别作为角度的边，直线的交点作为角度顶点来确定角度；尺寸线跨越这两条直线之间的角度。如果尺寸线不与被标注的直线相交，那么 AutoCAD 就根据需要通过延长一或两条直线来添加延伸线。该尺寸线(弧线)圆心角通常小于 180°。见图 2.165c。

(4) 若在该提示下按回车键，则使用指定的三点创建角度标注。系统会出现如下提示：

指定角的顶点： （指定点 1 作为角度的顶点）

指定角的第一个端点： （指定点 2 作为第一条边端点）

指定角的第二个端点： （指定点 3 作为第二条边端点）

标注结果见图 2.165d。角度顶点是两条边的交点。

注意

角度尺寸文本的输入方法与前面的 Dimlinear 相同。

上机实践　标注如图 2.165d 所示的三点之间的夹角，步骤如下：

命令：dimangular （该提示下输入 dimangular，激活该命令）

选择圆弧、圆、直线或＜指定顶点＞： （在该提示下直接回车选择三点方式标注角度）

146

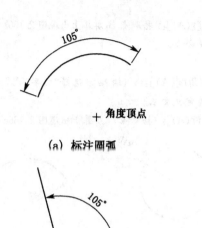

+ 角度顶点

(a) 标注圆弧   (b) 标注圆

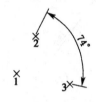

(c) 标注两条直线   (d) 标注三点

图 2.165

指定角的顶点：（在该提示下拾取点 1 作为角度顶点）

指定角的第一个端点：（在该提示下拾取点 2 作为第一条边端点）

指定角的第二个端点：（在该提示下拾取点 3 作为第二条边端点）

指定标注弧线位置或[多行文字(M)/文字(T)/角度(A)]：（在该提示下确定尺寸线位置）

标注文字＝74　（在该提示下回车结束命令，尺寸文本取缺省值）

这时屏幕上会出现如图 2.165d 所示的图形。

2.9.7　标注直径/半径(Dimdiameter/Dimradius)

命令　功能区：【注释】选项卡 →【标注】面板→【标注】下拉式菜单→【直径】/【半径】

　　　下拉菜单：【标注】→【直径】/【半径】

　　　工 具 栏：【标注】→【直径标注】/【半径标注】

　　　命 令 行：dimdiameter/dimradius(或者简化命令 dra 或 dimrad)

命令提示及选项说明

启动该命令后，系统会出现如下提示：

选择圆弧或圆：（选择要标注半径的圆或圆弧）

指定尺寸线位置或[多行文字(M)/文字(T)/角度(A)]：（指定尺寸线的位置或选择"多行文字(M)"、

"文字(T)"或"角度(A)"选项用来重新输入尺寸文本或尺寸文本的倾斜角度)

　　上机实践　绘制如图 2.166 所示的图形的直径和半径标注。步骤如下：

命令：_dimdiameter　（激活 Dimdiameter 命令）

选择圆弧或圆：[选择图(a)中的弧]

指定尺寸线位置或[多行文字(M)/文字(T)/角度(A)]：t　（输入"t"选择"文字(T)"选项）

输入标注文字＝＜252.28＞：21 mm　（输入 21 mm 作为尺寸文本内容）

指定尺寸线位置或[多行文字(M)/文字(T)/角度(A)]：(拾取点 A,屏幕上出现图 2.166a 中的半径尺寸标注)

命令：_dimradius　（激活 Dimradius 命令）

选择圆弧或圆：[选择图(b)中的圆]

147

指定尺寸线位置或[多行文字(M)/文字(T)/角度(A)]:(拾取点 B,屏幕上出现图 2.166b 中的半径尺寸标注)

命令:_dimdiameter （再次激活 Dimdiameter 命令）

选择圆弧或圆：［选择图(b)中的圆弧］

指定尺寸线位置或[多行文字(M)/文字(T)/角度(A)]:t （输入"t"选择"文字(T)"选项）

输入标注文字<20>:%%c26 （输入用户自定义文本）

指定尺寸线位置或[多行文字(M)/文字(T)/角度(A)]:(拾取点 C,屏幕上出现图 2.166c 中的直径尺寸标注)

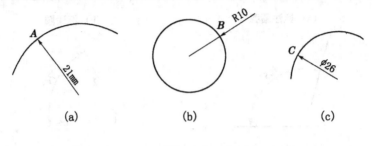

图 2.166

2.9.8　中心标注(Dimcenter)

命令　功能区:【注释】选项卡 →【标注】面板→【圆心标记】

　　　　下拉菜单:【标注】→【圆心标记】

　　　　工 具 栏:【标注】→【圆心标记】◉

　　　　命 令 行:dimcenter(或者简化命令 dce)

该命令用于创建圆和圆弧的圆心标记或中心线。

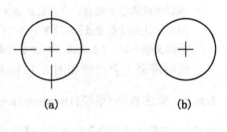

可以选择圆心标记或中心线,并在图 2.151 中所示的 Ddim 命令的【符号和箭头】选项卡中的对话框中指定它们的大小。要在命令行做以上工作,可使用 Dimcen 系统变量,如果 Dimcen<0,则 AutoCAD 将在圆或圆弧中标注出中心线(图 2.167a),如果 Dimcen>0,则 AutoCAD 将在圆或圆弧中标注出中心符号(图 2.167b)。

图 2.167

2.9.9　引线标注和多重引线(Leader 和 Mleader)命令

引线标注可建立一条引出线将注释与一个几何图形相连。其中,引线是一个由样条曲线或直线段和与它们相连的箭头组成的对象;文字注释(又叫引线注释)由一条短水平线(又叫做钩线、折线)将其连接到引线上。

引线和引线注释是相关联的。引线随着注释移动,但是注释并不随着引线移动,而只是在注释和引线端点之间创建一个新的偏移距离。

Leader 命令操作过程大部分为根据命令行的提示,请读者自行练习,而 mleader 命令则方便、可视性好,故这里介绍 Mleader 命令

命令　功 能 区:【注释】选项卡 →【引线】面板→【多重引线】

　　　　下拉菜单:【标注】→【多重引线】

　　　　命 令 行:mleader

148

命令提示与选项说明：

发出该命令后，系统将会出现如下提示：

指定引线箭头的位置或[引线基线优先(L)/内容优先(C)/选项(O)]＜选项＞：在此提示下用户可以指定引线箭头的位置，或直接按回车键选择"选项"进行引线设置。

若用户指定引线箭头的位置，则系统出现如下的提示要求指定基线的位置。

指定引线基线的位置：用户在该提示下指定基线位置后，系统自动弹出类似输入"多行文字"的界面，用户可以在该界面万便地输入引线的注释文字（图2.168即注释文字为"扭剪型高强螺栓"的一个引线标注）。

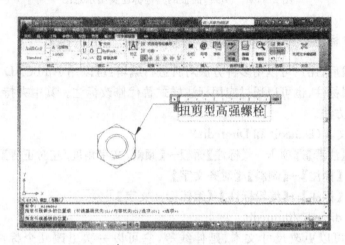

图2.168 引线标注举例

若让指定引线箭头的位置时，或直接按回车键选择"选项"，命令行出现如下提示：

输入选项[引线类型(L)/引线基线(A)/内容类型(C)/最大节点数(M)/第一个角度(F)/第二个角度(S)/退出选项(X)]＜退出选项＞：

用户可以在上述提示下设置引线标注的格式，具体操作和内容请作者根据AutoCAD自带帮助文件自行练习。

引线可以是直线段或平滑的样条曲线（图2.169）。

"引线"面板（图2.170）还包含几个按钮分别为添加引线、删除引线、对齐、合并。

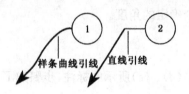

图2.169 引线标注的类型图

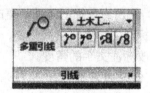

图2.170 "引线"面板

其中"添加引线"命令可以使用户将引线添加至选定的已有多重引线对象。根据光标的位置，新引线将添加到选定多重引线的左侧或右侧（图2.171a）。

"对齐"命令可以允许用户选定某以多重引线后，指定所有其他多重引线要与之对齐（图2.171b）。

149

"合并"命令可以将包含块的选定多重引线以行或列的形式合并,并通过单引线显示结果(图 2.171c)。

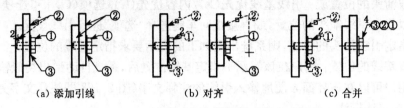

(a) 添加引线　　　　　　(b) 对齐　　　　　　(c) 合并

图 2.171 "引线"面板的其他标注类型示意图

2.9.10 编辑尺寸标注

尺寸标注完成后,用户可以用多种方法对其进行编辑:可以用 AutoCAD 的编辑命令和夹持点编辑命令编辑标注,也可以通过应用标注样式替代修改标注。其中夹持点编辑是修改标注最快、最简单的方法。

1) 编辑尺寸文本(Dimedit 和 Dimtedit)

命令 功 能 区:【注释】选项卡 →【标注】面板→【倾斜/文字角度/左对正等】

下拉菜单:【标注】→【倾斜】/【对齐文字】

工 具 栏:【标注】→【编辑标注】/【编辑标注文字】

命 令 行:dimedit/dimtedit

Dimedit 命令可以更改尺寸文本、延伸线等,它可以一次更改几个标注对象上的相同元素。

命令提示

启动该命令后,系统会出现如下提示:

输入标注编辑类型[默认(H)/新建(N)/旋转(R)/倾斜(O)]<默认>:

选项说明

◆ 默认(H):把所选标注文本重新定位到其默认位置(即定义该尺寸标注时尺寸文本的位置)。

◆ 新建(N):一次替换几个相同标注对象上的标注文本。选择该选项后,将允许用户使用"多行文字编辑器"修改标注文字。

◆ 旋转(R):把所有选择的标注文本旋转到一个确定的角度。

◆ 倾斜(O):把所有选择的延伸线更改一个确定的角度。

◆ 默认:将标注文字移回默认位置。

◆ 角度:修改标注文字的角度。

上机实践 修改如图 2.172(a)、(b)、(c)、(d)、(e)所示的标注,步骤如下:

命令:dimedit （激活 Dimedit 命令）

输入标注编辑类型[默认(H)/新建(N)/旋转(R)/倾斜(O)]<默认>:r （在该提示下输入"r"以选择"旋转(R)"选项）

指定标注文字的角度:30 （输入文本的倾斜角度30°,按回车键表示无）

选择对象:找到1个 （选择 2.172a 图中的尺寸标注）

此时屏幕上出现图 2.172b。

命令:dimedit （再次激活 Dimedit 命令）

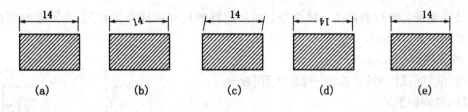

图 2.172

输入标注编辑类型[默认(H)/新建(N)/旋转(R)/倾斜(O)]<默认>:o [在该提示下选择"倾斜(O)"选项]

选择对象:找到 1 个 (选择 2.172a 图中的尺寸标注)

选择对象: (在该提示下直接回车)

输入倾斜角度(按回车表示无):80 (输入延伸线的倾斜角度 80°)

此时屏幕上出现图 2.172c。

命令:dimtedit (激活 Dimtedit 命令)

选择标注: (选择 2.172a 图中的尺寸标注)

为标注文字指定新位置或[左对齐(L)/右对齐(R)/居中(C)/默认(H)/角度(A)]a [在该提示下选择"角度(A)"选项]

指定标注文字的角度:180 (输入文本的旋转角度为 180°)

此时屏幕上出现图 2.172d。

命令:dimtedit (再次激活 Dimtedit 命令)

选择标注: (选择 2.172a 图中的尺寸标注)

为标注文字指定新位置或[左对齐(L)/右对齐(R)/居中(C)/默认(H)/角度(A)]:r [在该提示下输入"r"选择"右(R)"选项]

此时屏幕上出现图 2.172e。

2) 尺寸格式替代(Update)

命令 功 能 区:【注释】选项卡 →【标注】面板→【更新】⌐

　　　下拉菜单:【标注】→【更新】

　　　工 具 栏:【标注】→【标注更新】

　　　命 令 行:在"命令:"提示下输入 Dim 回车,再在"标注":提示下输入 Update 并回车。
该命令可用于把某个已经标注的尺寸按照当前尺寸标注样式所定义的格式进行更新。

命令提示与选项说明

　　该命令发出后,系统将会反复出现如下提示:"选择对象:",用户可在该提示下反复选择需要更新的尺寸标注或按回车键结束。

　　如果是在 Dim 命令后发出该命令,则结束后,回到"标注:"提示下,在"标注:"提示下输入"e"并回车,可回到"命令:"提示。

3) 用 Dimoverride 命令来覆盖系统变量

命令 功 能 区:【注释】选项卡 →【标注】面板→【替代】⋈

　　　下拉菜单:【标注】→【替代】

　　　命 令 行:dimoverride(或者简化命令 dov)

　　AutoCAD 提供给用户 Dimoverride 命令来重新设置(覆盖)所选择的尺寸标注的系统变量。启动该命令后,用户在"输入要替代的标注变量名或[清除替代(C)]:"提示下可以输入要

151

修改的尺寸变量名或取消修改。该命令只对所选择的尺寸标注产生作用,并不影响当前尺寸标注样式的设置(Ddim)。

4) 调整间距(dimspace)

命令 功 能 区:【注释】选项卡 →【标注】面板→

【调整间距】

下拉菜单:【标注】→【标注间距】

命 令 行:dimspace

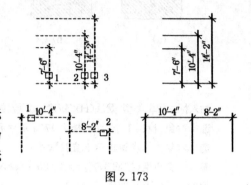

图 2.173

该命令可以自动调整图形中现有的平行线性标注和角度标注,以使其平行尺寸线之间的间距将设为相等。也可以通过将间距值设为 0 使一系列线性标注或角度标注的尺寸线齐平(图 2.173)。

2.10 三维绘图初步

2.10.1 三维绘图辅助

1) 建立用户坐标系(UCS)

在绘制二维图形时,在 XOY 平面内即可解决问题,使用世界坐标系(WCS)是足够的。但在绘制三维图形时,使用世界坐标系(WCS)就不能满足我们的要求,需要定义用户自己的坐标系。

定义用户坐标系(UCS)是为了改变原点(0,0,0)的位置以及 XY 平面和 Z 轴的方向。在三维空间,可在任何位置定位和定向 UCS,也可随时定义、保存和复制多个用户坐标系。坐标的输入和显示也对应当前的 UCS。建立用户坐标系的命令如下:

命令 功 能 区:【视图】标签→【坐标】面板→【世界/已命名等】

下拉菜单:【工具】→【命名 UCS…】/【正交 UCS】/【移动 UCS…】/【新建 UCS】

工 具 栏:【UCS】→【UCS】

命 令 行:UCS

(1) 以命令行方式建立和选择 UCS

命令提示和选项说明

在命令行中输入 UCS 并回车,会出现如下的命令提示:

"指定 UCS 的原点或 [面(F)/命名(NA)/对象(OB)/上一个(P)/视图(V)/世界(W)/X/Y/Z/Z 轴(ZA)] <世界>:",用户可在该提示下输入选项或按回车键确认世界坐标系。各个选项的含义如下:

◆ 若指定原点,则定义一个坐标系使其移动当前 UCS 的原点,保持其 X、Y 和 Z 轴方向不变。用户可以指定相对当前 UCS 的新原点,如果不给原点指定 Z 坐标值,该选项将使用当前标高。

◆ 若选择"面(F)",则通过单击面的边界内部或面的边来选择面。UCS X 轴与选定原始面上最靠近的边对齐。

◆ 命名(NA) 选项：恢复调入已命名的 UCS、保存、删除某 UCS。

◆ 对象(OB)：根据选定对象定义新的坐标系。新 UCS 的 Z 轴正方向与选定对象的相同。

下面是各种选中对象的对应的 X 轴正方向的取法：

圆弧：圆弧的圆心成为新 UCS 的原点，X 轴通过距离选择点最近的圆弧端点。

圆：圆的圆心成为新 UCS 的原点，X 轴通过选择点。

标注：标注文字的中点成为新 UCS 的原点，新 X 轴的方向平行于绘制标注时有效 UCS 的 X 轴。

直线：距离选择点最近的端点成为新 UCS 的原点，AutoCAD 选择新 X 轴，所以直线位于新 UCS 的 XZ 平面上。直线第二个端点在新系统中的 Y 坐标为零。

点：成为新 UCS 的原点。

二维多段线：多段线的起点为新 UCS 的原点，X 轴沿从起点到下一顶点的线段延伸。

二维填充：二维填充的第一点确定新 UCS 的原点，新 X 轴为两起始点之间的直线。

宽线：宽线的"起点"成为 UCS 的原点，X 轴沿中心线方向。

三维面：第一点取为新 UCS 的原点，X 轴沿开始两点，Y 的正方向取自第一点和第四点，Z 轴由右手定则确定。

形、文字、块引用、属性定义：对象的插入点成为新 UCS 的原点，新 X 轴由对象绕其拉伸方向旋转定义，用于建立新 UCS 的对象在新 UCS 中的旋转角为零度。

◆ 上一个(P) 选项：恢复上一个 UCS。

◆ 视图(V)：以垂直于视图方向（平行于屏幕）的平面为 XY 平面，来建立新的坐标系。UCS 原点保持不变。

◆ 世界(W)：把当前用户坐标系 (UCS) 设置为世界坐标系。

◆ X/Y/Z：绕指定轴（X、Y 或 Z 轴）旋转当前 UCS。

◆ Z 轴(ZA)：指定原点和 Z 轴正半轴上的点。该选项不会改变 X、Y、Z 轴方向。后续提示为：

三点(3) 指定新 UCS 原点及其 X 和 Y 轴的正方向。后续提示为：

指定新原点 <0,0,0>：指定原点

在正 X 轴范围上指定点 <1.0000,0.0000,0.0000>：指定 X 轴正半方向上的点。

在 UCS XY 平面的正 Y 轴范围上指定点 <0.0000,1.0000,0.0000>：指定 UCS 的 XY 平面上 Y 值为正的点。

(2) 以下拉菜单方法建立和选择 UCS

点击下拉菜单"工具"中的"新建 UCS"选项，会出现如图 2.174 所示的"原点、对象"等子选项，也给用户提供了与命令行相同的各种 UCS 命令。

点击功能区"视图"选项卡"坐标"面板中的"世界"图标会出现如图 2.175 所示的 6 个正交 UCS 子选项。用户可以选择"俯视"、"仰视"、"左侧"等系统预设的正交 UCS。

点击下拉菜单"工具"中的"命名 UCS"选项，会出现如图 2.176 所示的"UCS"对话框，允许用户选择事先已经命名的坐标系。另外还可以点击"世界"和"上一个"两个选项以选择世界坐标系和上一个坐标系。

其中，点击"UCS"对话框中的"正交 UCS"选项，将允许用户选择 6 个正交坐标系，同时还允许用户选择按照"相对于某一个已经命名的坐标系"和"相对于世界坐标系"选项。

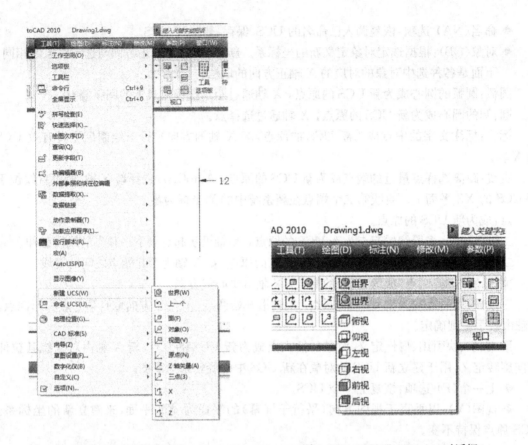

图 2.174　UCS 子命令

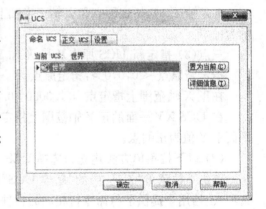

图 2.175　UCS Orientation 对话框

2）控制坐标系图标显示方式

Ucsicon 命令用于控制 UCS 图标的可见性和位置。UCS 图标表示 UCS 坐标的方向和当前 UCS 原点的位置，也表示相对于 UCS XY 平面的当前视图方向。当图标放置在当前 UCS 原点上时，将在图标的底部出现一个方框（⊥）。如果视图方向与当前 UCS 的 XY 平面平行，则 UCS 图标被断口画笔图标代替。发出该命令的方式为：

命令　下拉菜单：【视图】→【显示】→【UCS 图标】

命　令　行：ucsicon

命令提示和选项说明

在命令行中输入 ucsicon 并回车，会出现如下的命令提示：

图 2.176　UCS 对话框

输入选项[开(ON)/关(OFF)/全部(A)/非原点(N)/原点(OR)/特性(P)]<开>：

各个选项含义如下：

◆ 开(ON)：该选择表示显示 UCS 图标。

◆ 关(OFF)：表示关闭 UCS 图标显示（即不显示 UCS 图标）。

154

◆ 全部(A)：在所有活动视图中反映图标的变动,否则 Ucsicon 只影响当前视口。

◆ 非原点(N)：该选项表示不管 UCS 原点在何处,图标总是在当前视窗的左下角显示。

◆ 原点(OR)：该选项用于强制图标显示于当前坐标系的原点(0,0,0)处。这时,原点在哪里,坐标系图标就在哪里。如果原点不在屏幕上,或者如果把图标显示在原点处会导致图标与绘图边界相交时,图标将出现在绘图区左下角。

在图 2.176 中的"设置"选项卡中也可以方便地对上述各种情况进行控制和选择。如图 2.177 所示,通过对话框或者通过功能区方式都可以控制坐标系图标的显示方式。

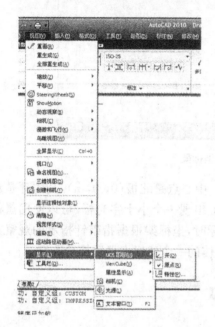

图 2.177

3) 三维视点的选择

为了便于用户绘制和观察三维图形,AutoCAD 为用户提供了灵活地选择视点的功能：Vpoint 命令和 Ddvpoint 命令。该命令将观察者置于一个位置上观察图形,就好像从空间中的一个指定点向原点(0,0,0)方向观察。

(1) Vpoint 命令

命令 命令行：vpoint

命令提示和选项说明

在命令行中输入 vpoint 并回车,会出现如下的命令提示：

指定视点或[旋转(R)]<显示坐标球和三轴架>：

各个选项的含义如下：

◆ 指定视点：使用输入的 X, Y, Z 坐标定义一个矢量,该矢量定义了观察视图的方向。视图被定义为观察者从空间向原点(0,0,0)方向观察。

◆ 旋转(R)：该选项使用两个角度指定新的方向。第一个角是在 XY 平面中与 X 轴的夹角。第二个角是与 XY 平面的夹角,可以位于 XY 平面的上方或下方。

◆ 显示坐标球和三轴架：在上述提示下直接按回车键将显示一个指南针和坐标架

（图 2.178），可以使用它们来定义当前视图中的观察方向。

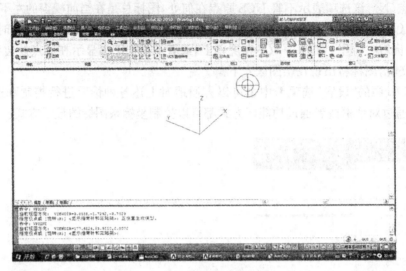

图 2.178　指南针和坐标架

在屏幕右上角的指南针是一个二维显示的球体。中心点是北极$(0，0，n)$，其内环是赤道$(n，n，0)$，整个的外环是南极$(0，0，-n)$。指南针上出现一个小十字光标，可以使用鼠标将这个十字光标移动到球体的任意位置上。当移动光标时，坐标架根据指南针指示的观察方向旋转。如果要选择一个观察方向，请将鼠标移动到球体的一个位置上然后按拾取键。

（2）Ddvpoint 命令

命令　下拉菜单：【视图】→【三维视图】→【视点预设】

命 令 行：ddvpoint

发出该命令后将会出现如图 2.179 所示的"视点预设"对话框，允许用户用对话框的形式来设置视点。在该对话框中，"自 X 轴"文本框可以指定与 X 轴的角度，即观察方位角。"自 XY 平面"文本框可以指定与 XY 平面的角度。用户也可以使用对话框中的图标来指定观察角度，该图标中，深的黑针指示新角度，浅的指针指示当前角度。用户可以选择圆或半圆中的区域来指定角度，如果选择了边界外面的区域，那么就四舍五入到在该区域显示的角度。用户也可以设置相对于 WCS 还是当前的 UCS。【设置为平面视图】按钮用于设置观察角度为选中坐标系的平面视图（即视点为选中坐标系的 Z 轴正方向）。

（3）View 命令

命令　功 能 区：【视图】标签→【视图】面板→【命名视图】

下拉菜单：【视图】→【命名视图】

工 具 栏：【视图】→【命名视图】

命 令 行：view

该命令发出后，出现图 2.180 所示的视图管理器对

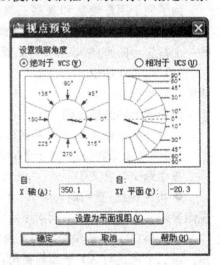

图 2.179　"视点预设"对话框

话框,在该对话框中可以创建、设置、重命名、修改和删除命名视图(包括模型命名视图)、相机视图、布局视图和预设视图。

图 2.180

2.10.2 绘制三维图形

AutoCAD 支持三种类型的三维建模:线框模型、表面模型和实体模型。每种类型都有自己的创建特点和编辑技术。

线框模型描绘的是三维对象的骨架。在线框模型中没有平面,它只是一些描绘了对象边界的点、直线和曲线。用 AutoCAD 可通过在三维空间的任何位置放置二维(平面)对象来创建线框模型。AutoCAD 也提供了一些三维的线框对象,如三维多段线和样条曲线。由于构成线框模型的每个对象都必须单独绘制和放置,因此,这种建模是最耗时的。

表面建模比线框建模更复杂,它不仅要定义三维对象的边沿,还要定义三维对象的面。AutoCAD 的表面模型使用多边形网格定义镶嵌面。由于网格面是平面,所以网格只能近似于曲面。

实体建模是最容易使用的一种三维建模。利用 AutoCAD 的实体建模,可通过创建诸如长方体、圆锥体、圆柱体、球体、楔体和圆环体(圆环)这样的基本三维形状,构造三维对象。然后对这些形状进行合并、差集或找出它们的交集(重叠)部分,把它们结合起来生成更为复杂的实体。也可以将二维对象沿路径延伸或绕轴旋转来创建实体。

由于三维建模采用不同的方法来构造三维模型,并且每种编辑方法对不同的建模也产生不同的效果,因此建议不要混合使用建模方法。可有限制地进行模型类型转换,即从实体到表面或从表面到线框。但不能从线框转换到表面,或从表面转换到实体。

1)绘制三维线框

在三维空间任何位置放置二维实体即可创建线框模型。用户可用以下不同方法在三维空间放置二维实体:

(1)通过输入点的 X、Y 和 Z 坐标创建实体。

(2)通常,鼠标的拾取点定义在当前坐标系的 XY 平面内,用户可以通过定义 UCS 设置绘制实体的缺省定位平面。

(3)绘制实体后,按特定方向在三维空间中移动对象(旋转、镜像、修剪和延伸等)。

2)绘制三维面

（1）用 3Dface 命令绘制三维面

命令 下拉菜单：【绘图】→【曲面】→【三维面】✎

命 令 行：3dface

命令提示和选项说明

发出该命令后会出现如下的命令提示：

指定第一点或[不可见(I)]：（输入第一点）

指定第二点或[不可见(I)]：（输入第二点）

指定第三点或[不可见(I)]：（输入第三点）

指定第四点或[不可见(I)]：（输入第四点或按回车键结束命令）

若输入第四点系统会反复交替出现两个提示："指定第三点或[不可见(I)]："、"指定第四点或[不可见(I)]："，直到按回车键为止。

上机实践 用 3Dface 创建一个三维面，步骤如下：

命令：3dface （发出 3Dface 命令）

指定第一点或[不可见(I)]：3，3，0 ［输入第一点坐标(3，3，0)]

指定第二点或[不可见(I)]：9，3，0 ［输入第二点坐标(9，3，0)]

指定第三点或[不可见(I)]<退出>：9，9，0 ［输入第三点坐标(9，9，0)]

指定第四点或[不可见(I)]<创建三侧面>：3，9，0 ［输入第四点坐标(3，9，0)]

指定第三点或[不可见(I)]<退出>：3，9，6 ［输入第三点坐标(3，9，6)]

指定第四点或[不可见(I)]<创建三侧面>：9，9，6 ［输入第四点坐标(9，9，6)]

指定第三点或[不可见(I)]<退出>：9，3，6 ［输入第三点坐标(9，3，6)]

指定第四点或[不可见(I)]<创建三侧面>：3，3，6 ［输入第四点坐标(3，3，6)]

指定第三点或[不可见(I)]<退出>：3，3，0 ［输入第三点坐标(3，3，0)]

指定第四点或[不可见(I)]<创建三侧面>：9，3，0 ［输入第四点坐标(9，3，0)]

指定第三点或[不可见(I)]<退出>：（直接回车结束命令）

上述操作完成后，就已经创建了一个正方体外壳，但由于视角的关系，屏幕上将会出现如图 2.181a 所示的情况。点击下拉菜单【视图】的【三维视图】中的"视点预置"选项，在出现的对话框中在"自 X 轴"框中输入"30"，在"自 XY 平面"框中输入"30"，屏幕上将会出现图 2.184b 所示的立体图形的情况。

（2）绘制三维网格

命令 下拉菜单:【绘图】→【建模】→【网格】→【图元】

工 具 栏:【平滑网格图元】→各类网格图形

命 令 行:mesh

点击"绘图"—"建模"—"网格"，会出现如图 2.182 所示的子选项，这里有各种绘制三维面的命令（包括前面的 3Dface）。其中"旋转曲面"、"平移曲面"、"直纹曲面"和"边界曲面"等可以用来绘制创建旋转曲面网格、拉伸曲面网格、直纹曲面网格和边界定义曲面网格。这一系列绘图命令还可以创建三维网格图元对象，例如长方体、圆锥体、圆柱体、棱锥体、球体、楔体或圆环体。

上机实践 1 绘制直纹曲面，步骤如下：

命令:c （发出画圆命令）

指定圆的圆心或[三点(3P)/两点(2P)/相切、相切、半径(T)]：（定义圆心位置）

158

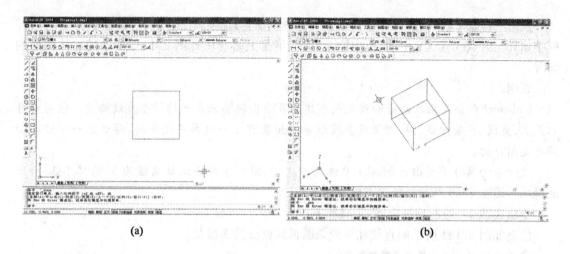

(a)　　　　　　　　　(b)

图 2.181　正方体外壳在不同视角下的情况

指定圆的半径或[直径(D)]：（给出圆的半径）

命令：offset　（发出偏移命令）

指定偏移距离或[通过(T)]<1.0000>：（给出偏移距离）

选择要偏移的对象或<退出>：（选择已经绘制的大圆）

指定点以确定偏移所在一侧：（选择圆的内侧）

选择要偏移的对象或<退出>：（直接回车结束偏移命令）

此时屏幕上出现图 2.183a 所示的图形。

命令：m　（发出 move 命令）

选择对象：（选择小圆）

选择对象：（直接回车）

指定基点或位移：（任意拾取一点作为基点）

图 2.182

指定位移的第二点或<用第一点作位移>：@0,0,50　（用相对坐标的方式给出第二点，此时小圆已经被移到标高为 50 的平面上，但屏幕上并看不到什么变化）

命令：rulesurf　（发出绘制直纹曲面的命令）

当前线框密度：SURFTAB1=6　（提醒用户当前的线框密度为 6）

选择第一条定义曲线：（选择大圆）

选择第二条定义曲线：（选择小圆，此时直纹曲面已经绘出）

此时屏幕上出现图 2.183b。

 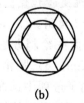 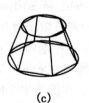 

(a)　　　　　(b)　　　　　(c)　　　　　(d)

图 2.183

点击下拉菜单【视图】的【三维视图】中的【视点预置】选项，在出现的对话框中在"自 X 轴"框中输入"30"，在"自 XY 平面"框中输入"30"，屏幕上将会出现图 2.183c 所示的立体图形的情况。

说明

Rulesurf 命令是用在两条曲线之间创建的多边形网格来表示的一个直纹曲面。该对象可以是点、直线、样条曲线、圆、圆弧或多段线等。如果有一个边界是闭合的，那么另一个边界必须也是闭合的。

该命令的网格密度由 Surftab1 系统变量决定，该变量的系统缺省值为 6（图 2.183c 所示的情况），图 2.183d 所示的情况是该变量为 20。

上机实践 2 绘制旋转曲面，步骤如下：

绘制如图 2.184 所示的直线和由两条圆弧段组成的多段线。

命令：revsurf （发出绘制旋转曲面命令）

当前线框密度：SURFTAB1＝6　SURFTAB2＝6 （告诉用户当前的线框密度）

选择要旋转的对象： （选择路径曲线为多段线）

选择定义旋转轴的对象： （选择旋转轴为直线）

指定起点角度＜0＞： （回车确认旋转开始角为 0°）

指定包含角（＋＝逆时针，－＝顺时针）＜360＞： ［回车确认旋转包含角为整个圆（360°）］

选择视点为 45°和 45°，此时，屏幕上将会出现如图 2.184b 所示的旋转曲面。

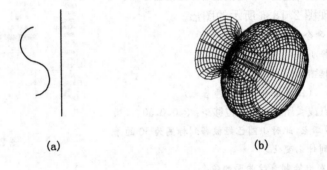

(a)　　　　　　　　　　　　　　　(b)

图 2.184

说明

Revsurf 命令通过将路径曲线或剖面绕选定的轴旋转构造一个近似于旋转曲面的多边形网格。

生成的网格的密度由 Surftab1 和 Surftab2 系统变量控制。在旋转的方向上网格密度由 Surftab1 控制，在轴线方向上的网格密度由 Surftab2 控制。

AutoCAD 也给我们提供了一些基本形体网格面的绘制方法，例如长方体（Box）、棱锥体（Pyramid）、楔形体（Wedge）、圆顶（Dome）、球面（Sphere）、圆锥（Cone）、圆环（Torus）、圆盘（Dish）、四边形网格（Mesh）等。在图 2.182 所示的子选项中选取图元，会出现各种形体的图例，用户可在该对话框中选取一种，即代表了发出绘制该种形体的命令。下面以圆环为例来说明绘制过程。

上机实践 3 绘制圆环体表面如图 2.185，步骤如下：

命令：ai_torus　（发出绘制圆环体表面命令）

指定圆环面的中心点：（指定圆环体的中心）

指定圆环面的半径或[直径(D)]：（输入圆环体中心线的直径或半径）

指定圆管的半径或[直径(D)]：（输入圆环体管体的直径或半径）

输入环绕圆管圆周的线段数目<16>：（输入圆环在圆周方向的网格数或按回车键取默认值）

输入环绕圆环面圆周的线段数目<16>：（输入绕圆环横截面中心线方向的网格数或回车取默认值）

3）绘制三维实体

三维实体是三维绘图中最重要的部分。在实际的三维绘图应用中，相对于三维线框和三维网格，三维实体是最常见的。

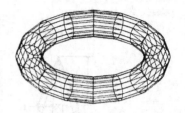

图 2.185　圆环体表面

绘制三维实体方法有：绘制基本实体形（长方体、圆锥体、圆柱体、球体、圆环体和楔体）；沿路径拉伸二维对象，或者绕轴旋转二维对象。

如上创建实体后，通过组合这些实体可以创建更为复杂的实体。可对这些实体进行合并、差集或找出它们的交集（重叠）部分，即组合三维实体。

三维实体可编辑。对实体可以进行填充和倒角，也可将实体剖切为两部分。

（1）绘制基本实体

点击【绘图】下拉菜单下的"建模"选项，会出现如图 2.186 所示的子选项，这里有各种绘制三维实体的命令。

图 2.186　绘制实体

其中，有一些基本形状实体的绘制方法，例如长方体（Box）、棱锥体（Pyramid）、楔形体（Wedge）、柱体（Cylinder）、球体（Sphere）、圆锥体（Cone）、圆环体（Torus）等。

其中，长方体（Box）命令用于绘制底面与当前 UCS 的 XY 平面相平行的长方体图。需要输入的参数为图 2.187a：底面第一个角点的位置（1）、底面的相对角点位置（2）和高度（3）。

球体（Sphere）命令根据中心点①和半径②或直径创建实体球（图 2.187b）。实体球的纬线平行于 XY 平面，中心轴与当前 UCS 的 Z 轴方向一致。

柱体（Cylinder）命令绘制以圆或椭圆作底面的圆柱实体。圆柱的底面位于当前 UCS 的 XY 平面上。需要输入的参数为图 2.187c：底面的中心点（1）、底面的半径（2）和柱高（3）。

圆锥体（Cone）命令绘制以圆或椭圆作底面的圆锥实体，其底面位于当前 UCS 的 XY 平面，高平行于 Z 轴。需要输入的参数与 Cylinder 相同（图 2.187d）。

楔形体（Wedge）用于绘制楔形实体，其底面平行于当前 UCS 的 XY 平面，高与 Z 轴平行。需要输入的参数图 2.187e 为：底面第一个角点的位置（1）、底面的相对角点的位置（2）和楔形高度（3）。

圆环体（Torus）命令用于创建环形实体，圆环体与当前 UCS 的 XY 平面平行且被该平面平分。需要输入的参数（图 2.187f）为：圆环的中心（1）、圆环的半径（2）或直径和管道的半径（3）或直径。

以上命令创建实体的方法相对比较简单,读者可以自行训练。

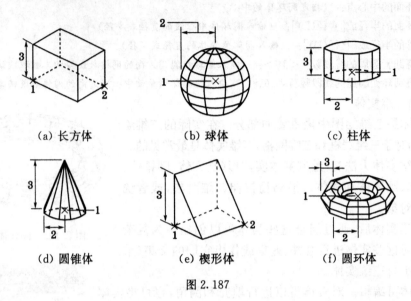

(a) 长方体　　　　　(b) 球体　　　　　(c) 柱体

(d) 圆锥体　　　　　(e) 楔形体　　　　　(f) 圆环体

图 2.187

(2) 绘制拉伸和旋转实体

在下拉菜单【绘图】→【建模】→【拉伸】/【旋转】中有"拉伸"和"旋转"子选项,用于绘制拉伸和旋转实体。

其中,"拉伸"命令可拉伸闭合对象,如多段线、多边形、矩形、圆、椭圆、闭合的样条曲线、圆环和面域等。用户可以指定拉伸高度值和斜角拉伸对象(图 2.188a),也可以沿路径拉伸对象,沿路径拉伸需要选择要拉伸的对象(1)(图 2.188a)和作为路径的对象(2)(图 2.188c),拉伸结果见图 2.188d。

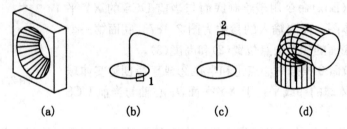

(a)　　　　(b)　　　　(c)　　　　(d)

图 2.188　Extrude 命令绘制拉伸实体

"旋转"命令可以将指定对象(1)(图 2.189a)绕一个轴线(2)(图 2.189b)旋转而形成旋转实体(图 2.189c)。旋转轴可以是直线、多段线或两个指定的点。图 2.189(c)即为(a)、(b)图的旋转结果。

(3) 三维实体的布尔运算

① 两个实体相加

命令　下拉菜单:【修改】→【实体编辑】→【并集】

　　工 具 栏:【实体编辑】→【并集】⬛

　　命 令 行:union

162

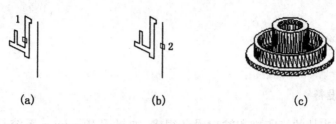

(a)   (b)   (c)

图 2.189

利用 Union 命令,能够合并两个或多个实体(或面域),构成一个组合实体。

图 2.190b 为图 2.190a 所示的两个三维实体经过 Union 命令合并之后的结果。

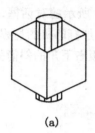 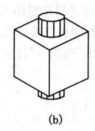 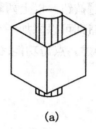 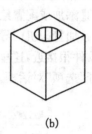

(a)   (b)   (a)   (b)

图 2.190　利用 Union 命令合并两实体　　图 2.191　利用 Subtract 实现两个实体相减

② 两个实体相减

命令　下拉菜单:【修改】→【实体编辑】→【差集】

　　　　工 具 栏:【实体编辑】→【差集】◐

　　　　命 令 行:subtract

利用 Subtract 命令,可删除两实体间的公共部分,实现一个实体对另一个实体的相减运算。

图 2.191b 为图 2.191a 所示的立方体减去圆柱实体后的结果。

③ 两个实体相交

命令　下拉菜单:【修改】→【实体编辑】→【交集】

　　　　工 具 栏:【实体编辑】→【交集】◐

　　　　命 令 行:intersect

用 Intersect 命令,可以用两个或多个重叠实体的公共部分创建组合实体。该命令可以删除非重叠部分并用公共部分创建实体。

图 2.192b 为图 2.192a 所示的立方体和圆柱实体相交后的结果。

以上介绍的是绘制三维基本实体的方法,简单实用,读者可以自己多加练习。

同时,用户也可以编辑三维实体,对实体进行倒角(Chamfer)、倒圆(Fillet)、剖切(Slice)以及获得实体的相交截面(Section)等操作。这里就不详细介绍,请读者自行练习或参考 AutoCAD 用户手册。

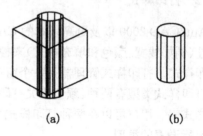

(a)   (b)

图 2.192　利用 Intersect 实现两个实体相交

2.11 图形的输出

2.11.1 配置输出设备

AutoCAD 可以支持的打印机和输出设备很多,如果用 Windows 系统打印机,可以通过 Windows 操作系统的控制面板来配置打印机。在 AutoCAD R14 以上版本中可以使用缺省打印机(Default System Printer)。

如果用户想重新选择输出设备,可以点取下拉菜单【工具】中的【选项】的【打印和发布】选项卡中的【添加或配置绘图仪】按钮。以上两种操作均可以出现图 2.193 所示的对话框,在其中点取【添加打印机向导】按钮即可以添加一个新的打印机或绘图仪。添加打印机的过程与其他应用软件很接近,这里不详述。点击功能区的"输出"选项卡"打印"面板右下角的斜箭头,也可以打开"选项"对话框。

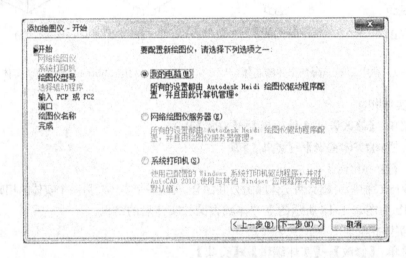

图 2.193 添加打印机

2.11.2 打印样式

AutoCAD 2000 以及更高版本的 CAD 增加了打印样式的概念。打印样式是通过确定打印特性(例如线宽、颜色和填充样式)来控制对象或布局的打印方式。打印样式表中收集了多组打印样式。打印样式管理器是一个窗口,其中显示了 AutoCAD 中可用的所有打印样式表。

打印样式类型有两种:颜色相关打印样式表和命名打印样式表。一个图形只能使用一种打印样式表。用户可以在两种打印样式表之间转换。也可以在设置图形的打印样式表类型之后更改所设置的类型。

所谓颜色相关打印样式表,指的是对象的颜色决定打印方式。这些打印样式表文件的扩展名为 .ctb。要控制对象的打印颜色,必须修改对象的颜色。例如,图形中所有被指定为红色的对象均以相同打印方式打印。

命名打印样式表使用直接指定给对象和图层的打印样式。这些打印样式表文件的扩展名为 .stb。使用这些打印样式表可以使图形中的每个对象以不同颜色打印,与对象本身的颜色无关。

打印样式表既影响模型空间的对象又影响图纸空间的对象。用户可以为图形中的每个布局指定不同的打印样式表,可以控制布局中对象的打印方式。若要打印图形而不应用某个打印样式,可从打印样式表列表中选择"无"。如果使用命名打印样式表,请直接为图形中的每个对象直接指定打印样式,否则它们将从其图层继承打印样式。要在布局中显示打印样式表的效果,请在"页面设置"对话框的【打印设备】选项卡上选择"显示打印样式"。

1) 新建打印样式

可以通过如下步骤建立打印样式。

(1) 从【工具】菜单中选择【向导】,然后选择【添加打印样式表】。在弹出的对话框中选择【下一步】,出现如图 2.194 所示的对话框。

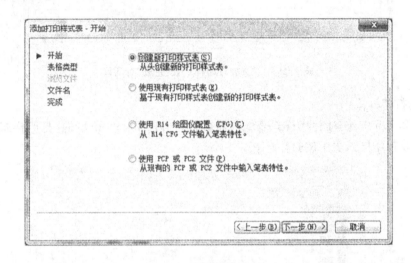

图 2.194 "添加打印样式表-开始"对话框

(2) 在如图 2.194 所示"开始"对话框中,可以选择使用 AutoCAD 配置文件(CFG)或打印机配置文件(PCP 或 PC2)来输入笔设置、基于现有打印样式表创建新的打印样式表或从头开始创建。如果使用现有打印样式表,新的打印样式表的类型将与原来的打印样式表的类型相同。在图 2.194 中选择【下一步】,则可出现"选择打印样式表"对话框。

(3) 在"选择打印样式表"对话框中,选择"颜色相关打印样式表"或"命名打印样式表"。注意:对于 AutoCAD 2000 以前版本的图形,只能指定颜色相关打印样式表。

(4) 如果从 PCP、PC2 或 CFG 文件中输入笔设置,或基于现有打印样式表创建新打印样式表,请在"浏览文件名"对话框中指定文件。如果使用 CFG 文件,可能需要选择要输入的打印机配置。选择【下一步】。

(5) 在"文件名"对话框中输入新打印样式表的名称。选择【下一步】。

(6) 在随后出现的"完成"(图 2.195)对话框中,可以选择【打印样式表编辑器】来编辑新打印样式表。可以指定新打印样式表,以便在所有图形中使用。

(7) 选择【完成】。

对于所有使用颜色相关打印样式表的图形,新打印样式表在"打印"和"页面设置"对话框中都可用。

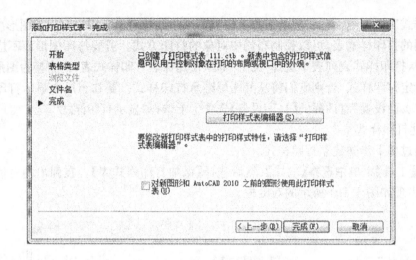

图 2.195 "添加打印样式表-完成"对话框

2) 编辑打印样式

若在图 2.195 中选择【打印样式表编辑器】,将打开图 2.196 所示的"打印样式表编辑器"对话框来修改打印样式表中的打印样式。

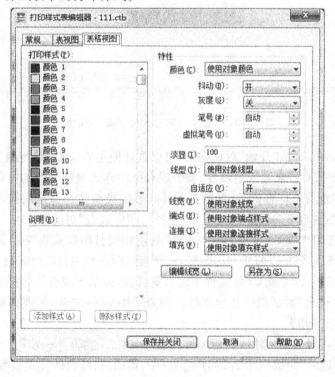

图 2.196 "打印样式表编辑器"对话框

在该对话框中的【格式视图】选项卡中可以方便地对以下选项进行设置。

颜色:指定对象的打印颜色。打印样式颜色的默认设置为"使用对象颜色"。如果指定了打印样式颜色,在打印时该颜色将替代对象的颜色。

启用"抖动"：打印机采用抖动来靠近点图案的颜色，使打印颜色看起来似乎比 AutoCAD 颜色索引（ACI）中的颜色要多。如果打印机不支持抖动，则抖动设置被忽略。为避免由细矢量抖动所带来的线条打印错误，抖动通常是关闭的。关闭抖动还可以使较暗的颜色看起来更清晰。关闭抖动时，AutoCAD 将颜色映射到最接近的颜色，从而导致打印时颜色范围较小。无论使用对象颜色还是指定打印样式颜色，都可以使用抖动。

灰度：如果选择"开"，且打印机支持灰度，则 AutoCAD 将对象的颜色转换为灰度。黄色等浅颜色将以低灰度值打印，深颜色以高灰度值打印。如果选择"关"，AutoCAD 将使用对象颜色的 RGB 值。

淡显：指定颜色强度设置，该设置确定在打印时 AutoCAD 在纸上使用的墨的多少。有效范围为 0 到 100。选择 0 将把颜色减少为白色，选择 100 将以最大的浓度显示颜色。要启用淡显，则必须选择启用"抖动"选项。

线型：默认设置为"使用对象线型"，可以选择其他线型。如果指定一种打印样式线型，打印时该线型将替代对象的线型。

自适应：调整线型比例以完成线型图案。如果该项选择为"关"，直线将有可能在图案的中间结束。如果线型比例很重要，请关闭该项。如果完成线型图案比正确的线型比例更重要，则请打开该项。

线宽：显示线宽及其数字值的样例。打印样式线宽的默认设置为"使用对象线宽"。如果指定一种打印样式线宽，打印时该线宽将替代对象的线宽。

端点：提供下列线条端点样式：柄形、方形、圆形和菱形。线条端点样式的默认设置为"使用对象端点样式"。如果指定一种直线端点样式，打印时该直线端点样式将替代对象的直线端点样式。

连接：提供下列线条连接样式：斜接、倒角、圆形和菱形。线条连接样式的默认设置为"使用对象连接样式"。如果指定一种直线连接样式，打印时该直线连接样式将替代对象的直线连接样式。

填充：提供下列填充样式：实心、棋盘形、交叉线、菱形、水平线、左斜线、右斜线、方形点和垂直线。填充样式的默认设置为"使用对象填充样式"。如果指定一种填充样式，打印时该填充样式将替代对象的填充样式。

在该对话框中还可以进行添加样式、删除样式和编辑线宽等操作。

2.11.3 打印图形

配置好打印机后，就可以发出命令进行图形的打印了。

1) 打印图形命令（Plot 或 Print）

命令 功 能 区：【输出】→【打印】面板→【打印】

      下拉菜单：【文件】→【打印】

      命 令 行：print 或者 plot

      快 捷 键：Ctrl＋P

发出打印命令后，会弹出如图 2.197 所示的"打印"对话框，利用该对话框可以将图形打印到绘图仪、打印机或文件。下面对各个选项进行说明：

◆"页面设置"区：用于选择和添加页面设置，页面设置是打印设备和其他影响最终输出的外观和格式的设置的集合，进行页面设置可以指定图纸尺寸和方向、打印区域、打印比例、打印偏移及其他选项。其内容和操作过程后面将详细介绍。

◆ 打印机/绘图仪区:点击该区名称下拉列表框可以选择打印机。

图 2.197 "打印"对话框

◆ "图纸尺寸"区:"图纸尺寸"框用于列表显示并允许用户选择打印的图纸尺寸。如果没有选定打印机,将显示全部标准图纸尺寸的列表,可以随意选用。"可打印区域"用于显示基于当前配置的图纸尺寸显示图纸上能打印的实际区域,单位可以为英寸或毫米。图纸尺寸旁边的图标指明了图纸的打印方向。

◆ "打印区域"区:指定图形要打印的部分。各选项含义如下:"图形界限"选项,若打印时,图形处于【布局】选项卡,将打印指定图纸尺寸的页边距内的所有内容,其原点从布局中的"0,0"点计算得出。若处于【模型】选项卡时,将打印图形界限定义的整个图形区域。如果当前视口不显示平面视图,该选项与"范围"选项效果相同。"范围"选项,打印当前空间内的所有几何图形。打印之前 AutoCAD 可能重生成图形以便重新计算图形范围。"显示"选项,打印选定的"模型"选项卡当前视口中的视图或布局中的当前图纸空间视图。"视图"下拉列表框用于选择打印以前用 View 命令保存的视图,可以从提供的列表中选择命名视图。如果图形中没有已保存的视图,该选项不可用。点击【窗口】按钮,将关闭该对话框用户可以使用鼠标指定要打印区域的两个角点或输入坐标值。

◆ "打印比例"区:该区控制图形单位对于打印单位的相对尺寸。打印布局时,默认缩放比例设置为 1:1。打印"模型"选项卡时默认的比例设置为"按图纸空间缩放"。如果选择标准比例,比例值将显示在"自定义"中。注意,如果在"打印区域"指定"布局"选项,AutoCAD 将按布局的实际尺寸打印而忽略在"比例"中指定的设置。"自定义"选项用于创建用户定义比例,输入英寸或毫米数及其等价的图形单位数。"缩放线宽"选项用于设定打印时与打印比例成正比缩放线宽。通常,线宽用于指定打印对象的线的宽度并按线宽尺寸进行打印,而与打印比例无关。

◆ 打印偏移区:指定打印区域相对于图纸左下角的偏移量。

2) 页面设置(pagesetup)

用户可以通过页面设置指定图形最终输出的格式和外观。可以为当前布局或图纸指定页面设置,也可以创建命名页面设置、修改现有页面设置,或从其他图纸中输入页面设置。

命令 功 能 区:【输出】→【打印】面板→【页面设置管理器】🐚

下拉菜单:【文件】→【页面设置管理器】

快捷菜单:在"模型"选项卡或某个布局选项卡上单击鼠标右键,然后单击"页面设置管理器"。

命 令 行:pagesetup

上述命令发出后,将出现如图2.198所示的"页面设置管理器"对话框。该对话框显示出当前布局和当前页面设置等信息。在页面设置列表中选中一个页面设置(例如图中"设置1"被选中且亮显),则对话框的下部将显示该选中页面设置的详细信息。对话框的右侧有四个按钮,分别允许用户新建、修改、从其他图形输入页面设置以及将某选中的页面设置置为当前等。

点击【新建】按钮,输入新建页面设置名称之后,或点击【修改】按钮之后,将会出现图2.199所示的"页面设置管理器"对话框。该对话框中很多内容与"打印"对话框的相同,这里不再详述,下面将介绍与"打印"对话框中不同的部分。

图 2.198 "页面设置管理器"对话框

"打印样式表"区,在该区可以选择或新建打印样式。

◆ "图形方向"区:指定打印机图纸上的图形方向,包括横向(使图纸的长边作为图形页面的顶部)和纵向(使图纸的短边作为图形页面的顶部)。通过选择"纵向"、"横向"或"反向打印"

图 2.199 "页面设置"对话框

可以更改图形方向以获得 0°、90°、180°或 270°旋转的打印图形。图纸图标代表选定图纸的介质方向。字母图标代表页面上的图形方向。

◆ "着色视口选项"区:指定视图的打印方式。其中:

"着色打印"选项:在"模型"空间中,可以从下列选项中选择:①按显示,按对象在屏幕上的显示打印。②线框,不论其在屏幕上的显示方式如何,只打印线框。③消隐,打印时消除隐藏线,不考虑其在屏幕上的显示方式。渲染:按渲染的方式打印对象,不考虑其在屏幕上的显示方式。这些选项均为三维绘图与着色、渲染等方面的内容。

"质量"选项:指定着色和渲染视口的打印分辨率。可从下列选项中选择:①草图,将渲染和着色模型空间视图设置为线框打印。②预览,将渲染和着色模型空间视图的打印分辨率设置为当前设备分辨率的四分之一,DPI 最大值为 150。③普通,将渲染和着色模型空间视图的打印分辨率设置为当前设备分辨率的二分之一,DPI 最大值为 300。④演示,将渲染和着色模型空间视图的打印分辨率设置为当前设备的分辨率,DPI 最大值为 600。⑤最大值:将渲染和着色模型空间视图的打印分辨率设置为当前设备的分辨率,无最大值。⑥自定义:将渲染和着色模型空间视图的打印分辨率设置为"DPI"框中用户指定的分辨率设置,最大可为当前设备的分辨率。

"DPI"选项:指定渲染和着色视图每英寸的点数,最大可为当前打印设备分辨率的最大值。只有在"质量"框中选择了"自定义"后,此选项才可用。

◆ 打印选项区:指定线宽、打印样式、着色打印和对象打印次序等选项。

上机实践 练习打印图形,步骤如下:

(1) 打开 AutoCAD 2010 文件夹中 Sample 文件夹中的 designcenter 文件夹中的 kitchens.dwg 图形文件。

(2) 发出页面设置管理器命令,点击【新建】按钮,输入页面设置名或者承认其默认页面设置名称"设置1"。并点击【确定】。

（3）在出现的"页面设置"对话框中，选择打印样式为 acad. ctd，图纸方向为"横向"。点击【确定】关闭"页面设置"对话框。

（4）在"文件"菜单中选择"打印"。弹出"打印"对话框。

（5）在"打印"对话框中，在页面设置区选择刚刚配置的"设置1"，如果配置了多个绘图仪或打印机，请在"打印机/绘图仪"区中选择一台打印机。

（6）在"图纸尺寸"区中，选择图纸尺寸为 A4。

（7）在打印区域选择打印范围为"图形界限"。

（8）在"打印比例"区选择"布满图纸"。

（9）点击【预览】按钮，出现如图 2.200 所示的"打印预览"效果。

（10）屏幕上将会显示出打印效果（图 2.200）。再点击【退出】按钮退出预览。

（11）当准备好打印时，选择【OK】按钮。

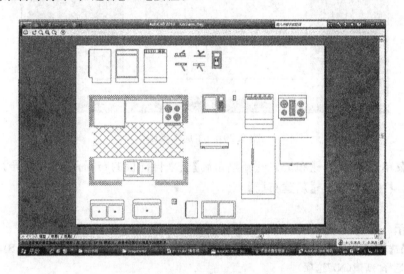

图 2.200　打印预览以观看打印效果

2.11.4　布局与视口

1）布局

高版本的 AutoCAD 窗口提供了两个并行的工作环境，即"模型"空间和"图纸"空间。我们平时绘制图形是在"模型"空间中工作的，在模型空间中，可以按 1∶1 的比例绘制，用户还可以决定绘图采用的单位。在 AutoCAD 绘图区的下部选中【模型】选项卡时，我们即处于模型空间中。我们可以通过【布局】选项卡访问图纸空间，在【布局】选项卡上，可以布置模型空间的多个"布局"。一个布局代表一张可以使用各种比例显示一个或多个模型视图的图纸。也就是说，使用布局可以较方便地实现对同一模型的对象按不同比例、不同单位、不同尺寸和不同视图的图纸等的分别打印。

默认情况下，新图形最开始有两个布局选项卡，即图形区下面的左下角显示有布局1和布局2。如果使用样板图形，图形中的默认布局配置可能会有所不同。

布局用于构造或布置图形以便进行打印。它可以由一个标题栏、一个或多个视口和注释组成(图 2.201 绘图区中的界面为 kitchens. dwg 的选中布局 1 时的界面,其有一个视口)。在布局中可以创建并放置视口,还可以添加标注、标题栏或其他几何图形。视口显示图形的模型空间对象,即在【模型】选项卡上绘制的对象。每个视口都能以指定比例显示模型空间对象。

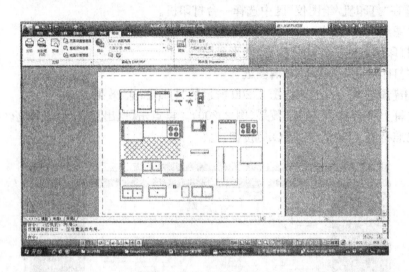

图 2.201 布局 1 界面

命令 下拉菜单:【插入】→【布局】→【新建布局】/【来自样板的布局】/【布局向导】

工 具 栏:【布局】→【新建布局】

命 令 行:layout

命令提示

输入布局选项[复制(C)/删除(D)/新建(N)/样板(T)/重命名(R)/另存为(SA)/设置(S)/?]<设置>:
n (输入"n",选择"新建(N)"选项)

输入新布局名<布局 3>:

在该提示下用户可以对布局进行复制、删除、新建等操作。通过在【布局】选项卡名称上单击右键,出现图 2.202 所示菜单,也可以进行很多这些操作。

用户可以对某个布局进行页面设置。在任务栏中选中一个布局,用鼠标右键点击该新布局,在图 2.202 中的对话框中选择"页面设置管理器"选项,可以打开如图 2.203 所示的"页面设置-布局"对话框进行设置,从图中可知设置内容与图 2.199中的相同。

2) 视口

(1) 视口的定义和特点

视口是 AutoCAD 对象,因此其边界具有对象特性,例如颜色、图层、线型、线型比例、线宽和打印样式,因此可以使用"特

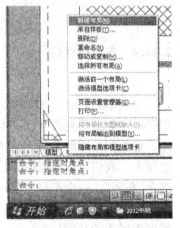

图 2.202

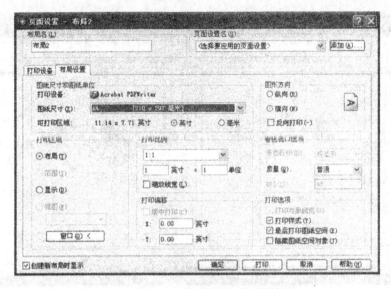

图 2.203　"页面设置-布局"对话框

性"选项板修改视口的特性。同时,视口还具有比例特性。

通常,我们将视口放置于其自身的图层上,以便控制其边界的可见性。可以冻结或设置其所在图层的"打印"特性,以便不打印视口。如果视口边界的可见性与视口内容位于不同图层,则它们不相关联。

命令　功 能 区:【视图】选项卡→【视口】面板 →【设置视口】/【已命名】/【新建】

　　　　下拉菜单:【视图】→【视口】

　　　　工 具 栏:【视口】→【显示视口】对话框 🖳

　　　　命 令 行:vports

(2) 在模型空间中使用视口

在模型空间中可以使用视口,视口是显示用户模型的不同视图的区域。选中"模型"选项卡时,可以将图形区域拆分成一个或多个相邻的矩形视图,称为模型视口(图 2.204)。在大型或复杂的图形中,显示不同的视口可以缩短在单一视口中缩放或平移的时间。而且,在一个视口中所犯的错误可能会在其他视口中表现出来。

当图形处于模型空间时,在功能区的"视图"选项卡"视口"面板上点击"设置窗口"下拉菜单 (图 2.204)中选中"两个:垂直"。则屏幕上出现如图 2.204 所示的两个视口的模型空间。用户可以较方便地在各个视口中切换,用户从每个视口中都是访问模型空间,所以各个视口中的图形对象是完全相同的,在一个视口中对图形的修改也会对其他视口产生效果。模型空间中在不同视口中可以对图形设置不同的显示比例和视图方向,以方便观看、绘制和修改图形。

(3) 在图纸空间(布局)中使用视口

当图形处于图纸空间时(即某布局打开时),在功能区的"视图"选项卡"视口"面板上点击【新建】按钮或者【已命名】按钮。则屏幕上出现如图 2.205 所示的"视口"对话框。

在"视口"对话框中有两个选项卡,在"新建视口"选项卡中,用户可以选择视口的个数以及分布情况(如图 2.205 所示的"三个:左"的视口布置形式在该对话框的右半部分预览框中得以

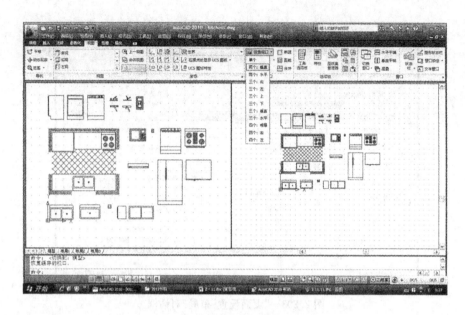

图 2.204　模型空间的不同视口

预览)。在"命名视口"选项卡中,可以将各种标准的或已命名的视口配置插入到布局中。在"模型"选项卡中保存和命名的模型视口配置也可以放置在布局中。

在布局中使用视口将会使得布局的功能更强大,使用布局视口的好处之一是:可以在每个视口中有选择地冻结图层。可以创建布满整个布局的单一视口(图 2.206),也可以在布局中放置多个视口(图 2.207)。

在布局选项卡有单个或多个视口时,有两种状态,一种状态为图纸空间,另一种状态为模型空间。

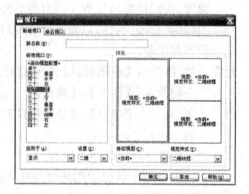

图 2.205　"视口"对话框

当新建一个或者多个视口时,图形即处于图纸空间中,在图纸空间中绘制的对象不会影响模型空间或其他的布局。

双击布局中的某个视口,则将这个视口置为当前(当前视口的边界会变成粗线,见图2.207左边的视口),将该布局视口置为当前后,即进入模型空间,可以绘制、修改图形内容,或改变该视口内对象的显示比例。

对模型的修改会体现在所有图纸空间视口中。在图纸空间中绘制的对象不会影响模型空间或其他的布局。

若想从模型空间中切换到图纸空间可以双击布局中不属于任何视口的图纸边缘的空白处,则原来处于活跃的视口(即图 2.207 中的边框为粗线的视口)处于"不活跃"状态,每个视口边缘均为细线,此时图形便处于停滞空间中。

在图形处于图纸空间中,若选中某个视口的边界,则该边界的四个角会出现四个夹持点,通过使用夹点可以更改模型空间几何图形在视口中的显示比例,也可以调整视口的大小。同

174

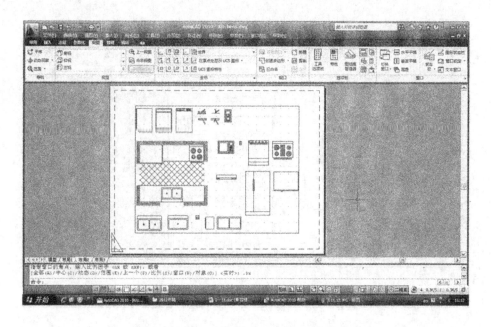

图 2.206　在"布局"空间中设为单一视口的情况

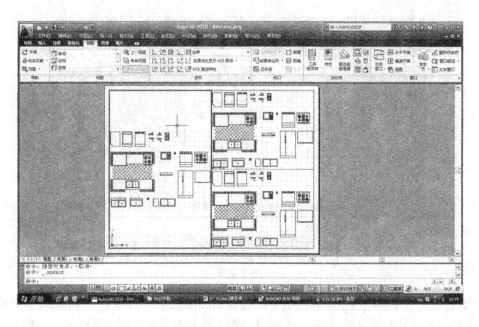

图 2.207　左视口为当前,进入左视口访问模型空间

时使用 Scale 命令缩放视口,可以改变视口的尺寸,但此时并不影响视图的比例。要调整视口内的视图比例,可以更改缩放比例。通过选择"特性"窗口中"标准比例"文本框中输入"自定义比例",还可以修改视口对象的打印比例。将所有视口的边界置于一个关闭或冻结的图层之后,布局选项卡会出现如图 2.209 所示的情况,此时视口的边界将不会被打印。

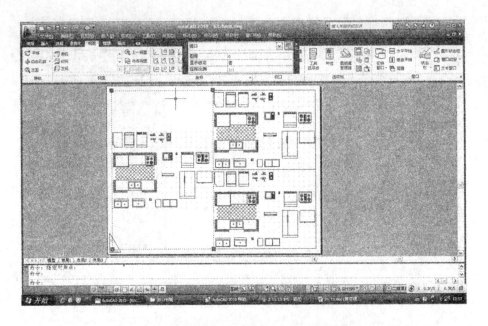

图 2.208　任一视口均不为当前，图形处于图纸空间中

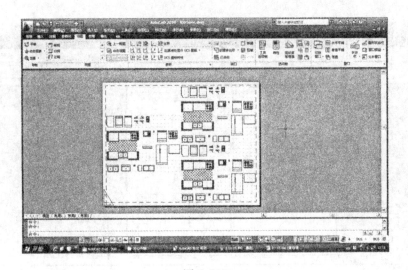

图 2.209

　　初学者经常不了解模型空间和图纸空间的区别和图纸空间的作用。如前所述，新建一个图形，用户进入的是模型空间，用户的大部分绘图工作是在模型空间中进行的。一般人们在两种情况下可以利用图纸空间。

　　① 对三维立体图形，可以将在模型空间中绘制的三维图形不同方向的视图（例如前视、俯视、侧视）显示在图形空间的不同视口中，然后打印图形。

　　② 对在同一张图纸上按不同比例绘制的图形，若要对它们进行尺寸标注，有两种处理方式。

　　一种处理方式为：按不同比例绘制图形（例如一张图纸中的建筑平面图为 1∶100，其中含有个别的大样图比例为 1：25,则可以将量大面广的建筑平面图部分按 1：1 的比例绘制,而大样图按 1：4 绘制,则打印时按 1：100 的比例打印)。按不同比例绘制图形后,采用不同的尺寸标注样式标注不同比例的样式,对于上述的大样图须将其尺寸标注样式中的"主单位"的"测量单位比例"设置为 4。才可以保证在同一张图中按照不同比例绘制的图形尺寸标注文字的数字不会出错。这种方式还可以将尺寸标注的注释性打开,设置不同的注释比例。

　　另一种处理方式是:按同样的比例绘制图形,然后把不同比例的图形置于图纸空间的不同视口中。调整不同视口的视图比例,例如对上例,一个视口中放置建筑平面图,另一个视口中放置大样图并将其视图比例设为建筑平面图的 4 倍。在图纸空间中标注尺寸,此时可以采用统一标注样式标注不同比例的图形而不致产生尺寸数字不符的情况。

2.12　AutoCAD 高级应用

2.12.1　AutoCAD 设计中心

　　通过 DesignCenter 用户可以组织对块、填充、外部参照和其他图形内容的访问。可以将源图形中的任何内容拖动到当前图形中。源图形可以位于用户的计算机上、网络位置或网站上。另外,如果打开了多个图形,则可以通过设计中心在图形之间复制和粘贴其他内容(如图层定义、布局和文字样式)来简化绘图过程。启动设计中心采用如下方式:

命令　功 能 区:【插入】选项卡→【内容】面板→【设计中心】

　　　　下拉菜单:【工具】→【设计中心】

　　　　工 具 栏:【标准】→【设计中心】█

　　　　命 令 行:adcenter

　　发出该命令后,将弹出如图 2.210 所示的"设计中心"窗口。"设计中心"窗口有三个设计中心选项卡,缺省情况下将打开【文件夹】选项卡。【文件夹】选项卡窗口分为两部分,左边为树状文件夹列表,右边为内容区域。【文件夹】选项卡可以访问以下部分:

　　◆ 网络和计算机;

　　◆ Web 地址(URL);

　　◆ 计算机驱动器;

　　◆ 文件夹;

　　◆ 图形和相关的支持文件;

　　◆ 外部参照、布局、填充样式和命名对象(包括图形中的块、图层、线型、文字样式、标注样式和打印样式)。

　　可以在左侧树状图中浏览内容的源文件,而在右侧内容区域显示内容。通过该"设计中心"窗口可以方便地访问其他文件的标准样式、布局、块图层等(见图 2.210 所示的内容区域),可以在内容区域中将项目添加到图形或工具选项板中。

　　例如,可以在图 2.210 所示的左边的列表区域中选中 Electrical Power. dwg 文件,双击图 2.210 所示的内容区域(右边)的"块",则 Electrical Power 文件中的图块名将会出现在内容区

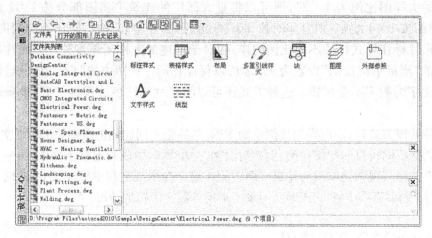

图 2.210 "设计中心"对话框

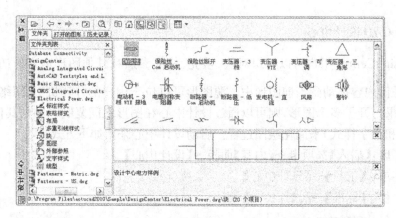

图 2.211

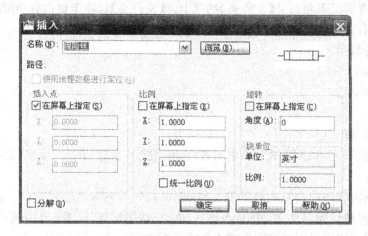

图 2.212 "插入"对话框

域中(图 2.211)。双击某个图块名则会出现如图 2.212 所示的"插入"对话框以允许我们将 Electrical Power 文件中的该图块插入到当前文件中。

【历史记录】、【打开的图形】和【联机设计中心】选项卡为查找内容提供了其他替代方法：

【打开的图形】选项卡显示当前已打开图形的列表。单击某个图形文件,然后单击列表中的一个定义表可以将图形文件的内容加载到内容区域中。

【历史记录】选项卡显示设计中心中以前打开的文件列表。双击列表中的某个图形文件,可以在"文件夹"选项卡中的树状视图中定位此图形文件并将其内容加载到内容区域中。

【联机设计中心】选项卡提供设计中心 Web 页中的内容,包括块、符号库、制造商内容和联机目录。注意：默认情况下,联机设计中心("联机设计中心"选项卡)处于禁用状态。可以通过"CAD 管理员控制实用程序"启用。

2.12.2 图形格式的转换

1) 输出文件的格式

AutoCAD 图形文件的文件扩展名是 . dwg,除非更改保存图形使用的默认文件格式,否则图形将以 AutoCAD 2010 图形文件格式保存。

如果需要在另一个应用程序中使用 AutoCAD 图形,可以将其输出并转换为指定的格式。还可以使用 Windows 中的剪贴板。输出图形的命令为：

命令 功 能 区：【输出】选项卡→【输出为 dwf/pdf】/【输出至 Impression】面板

下拉菜单：【文件】→【输出】

发出该命令后,将会弹出如图 2.213 所示的"输出数据"对话框,点击该对话框中的"文件类型"下拉列表,则可以让用户选择所要输出的文件格式。可以输出的文件格式如下：

图 2.213 "输出数据"对话框

DXF 文件：DXF 文件是包含图形信息的文本文件，其他的 CAD 系统可以读取文件中的信息。

WMF 文件：Windows 应用程序中使用的图元格式。

光栅文件：与设备无关的光栅图像。

PostScript 文件：一种许多桌面发布应用程序通用的格式。

ACIS 文件：ASCII(SAT)格式的 ACIS 文件。

3D Studio 文件：3D Studio（3DS）格式的文件。

Stereolithograph 文件：可以用平板印刷设备(SLA)兼容的文件格式。

DWF 文件：Web 图形格式(DWF)文件，它是一种二维矢量文件，用户可以使用这种格式在 Web 或 Internet 网络上发布图形。

点击应用菜单的输出选项，可以出现如图 2.214 所示的输出格式。例如可以输出 DWF、DWFx、三位 DWF、PDF 格式的文件等。若用户绘制图形后，保存为 PDF 格式的文件，再将 PDF 文件到另外的电脑上（例如打印店的电脑）执行打印命令，则会避免出现由于字体不符合、线型显示不对等诸多烦恼。

2）使用其他格式的文件

AutoCAD 还可以支持打开并使用其他应用程序生成的图形或图像。可以使用与每个文件类型相关的命令来转换格式，也可以通过打开或输入文件来转换它。

命令　功　能　区：【插入】选项卡→【输入】/【数据】面板

下拉菜单：【插入】

点击"插入"下拉菜单，会出现如图 2.215 所示的菜单命令，允许用户插入光栅图像、3D Studio 文件、ACIS 文件、WMF 文件(Windows 图元格式)、DXB 文件(二进制图形)和圈阅标记文件等。

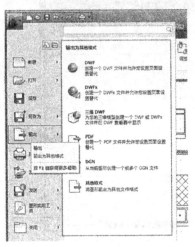

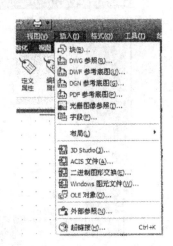

图 2.214　　　　　　　　　　　　　　　　图 2.215　"插入"菜单命令

若选中 OLE 对象，会出现如图 2.216 所示的"插入对象"对话框，允许用户在 AutoCAD 中插入很多 Microsoft Windows 程序格式(例如 Word，Excel 等)的对象。

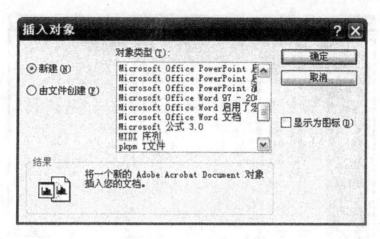

图 2.216 "插入对象"对话框

2.12.3 外部参照的使用

AutoCAD 将外部参照作为一种类似于块的类型,但外部参照与块有区别:将图形作为块参照插入时,块的定义也存储在图形中,因此插入后的块定义与原来的图形文件不再有联系,故插入后的内容并不随原始图形的改变而更新;而将图形作为外部参照附着时,会将该参照图形链接至当前图形,打开外部参照时,对参照图形所做的任何修改都会显示在当前图形中。可以看出当多个人员进行协同工作时,利用外部参照的形式引用其他人员的工作成果比较方便。由于外部参照只是链接到图形而未插入其中,因此附着外部参照不会显著增加图形文件的大小。

一个图形可以作为外部参照同时附着到多个图形中。同样,也可以将多个图形作为外部参照附着到单个图形中。

外部参照可以嵌套在其他外部参照中,即,如果附着一个图形,而此图形中包含附着的外部参照,则附着的外部参照也将出现在当前图形中,即附着的外部参照与块一样是可以嵌套的。可以根据需要附着任意多个具有不同位置、缩放比例和旋转角度的外部参照副本。如果当前另一个用户正在编辑此外部参照,则附着的图形将由最新保存的图形决定。

1) 插入(附着)外部参照

命令 功 能 区:【插入】选项卡→【参照】面板→【附着】

下拉菜单:【插入】→【外部参照】

命 令 行:xattach

发出插入外部参照命令之后,会出现"选择参照文件"对话框(图 2.217),在该对话框中选择需要插入(附着)的外部参照文件(∗.dwg 图形文件),之后会出现如图 2.218 所示的"附着外部参照"对话框。

在该对话框中将重点介绍"参照类型"区域。该区域有两个选项:"附加型"和"覆盖型",这两种类型的区别主要体现在外部参照的嵌套上。当将外部参照作为"附加型"插入到当前图形文件中,若当前图形再作为外部参照附加到其他的图形文件时,新图形文件中也将会出现当前图形中的"附加型"的外部参照;当将外部参照作为"覆盖型"插入到当前图形文件中,若当前图形再作为外部参照附加到其他的图形文件时,新图形文件中不会包括当前图形中的"覆盖型"

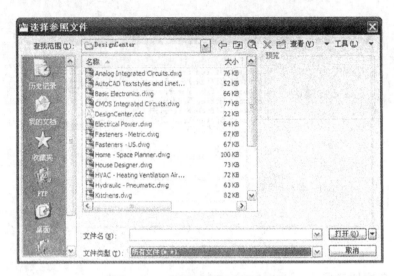

图 2.217　"选择参照文件"对话框

的外部参照。

图 2.218　"附着外部参照"对话框

对话框中的"插入点"等其他选项与图块的插入概念相同。

外部参照附着到图形时,应用程序窗口的右下角(状态栏托盘)将显示一个管理外部参照图标(图2.219)。如果未找到一个或多个外部参照或需要重载任何外部参照,外部参照图标中将出现一个叹号。如果单击【外部参照】图标,将显示外部参照管理器。

当把一个外部参照附着于图形中时,外部参照中

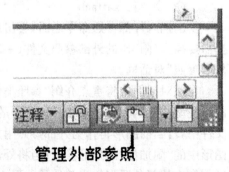

图 2.219　"管理外部参照"图标

全部的命名对象(例如图层、标准样式、文字样式、线型以及块等)将加载到当前图形文件中,并以外部参照名和竖杠"│"作为前缀。例如,附着的外部参照名为"平面图.dwg",其中有一个图层名为"轴线",则将该文件作为外部参照附着到当前图形文件中时,当前文件就会添加一个名称为"平面图│轴线"图层。

2) 外部参照的管理

对于图形中附着的各个外部参照,可以使用外部参照管理器进行管理。

命 令 功 能 区:【插入】选项卡→【参照】面板→右侧的斜向箭头

下拉菜单:【插入】→【外部参照管理器】

命 令 行:xref

发出该命令后会出现如图2.220所示的对话框,在其中选中某外部参照,点击鼠标右键,可以对外部参照进行附着、拆离、绑定等操作,介绍如下。

附着:将图形作为外部参照附着时,会将该参照图形链接到当前图形;打开外部参照时,对参照图形所做的任何修改都会显示在当前图形中。

拆离:要从图形中完全删除外部参照,需要拆离它们。若删除某个外部参照不会删除与其关联的图层定义。使用【拆离】选项将删除外部参照和所有关联信息。值得注意的是:只能拆离直接附着或覆盖到当前图形中的外部参照,而不能拆离嵌套的外部参照。Auto-CAD不能拆离由另一个外部参照或块所参照的外部参照。

卸载:从当前图形中卸载外部参照后,图形的打开速度将大大加快,内存占用量也会减少。外部参照定义将从图形文件中卸载,但指向参照文件的指针仍然保留。这时,不显示外部参照,非图形对象信息也不显示在图形中。但当重载该外部参照时,所有信息都可以恢复。如果当前绘图任务中不需要参照图形,但可能会用于最终打印,应该卸载此参照文件。

图2.220 "外部参照"对话框

可以在图形文件中保持已卸载的外部参照的工作列表,在需要时加载。

重载:该选项有两个功能:①将卸载掉的外部参照重新加载;②可以随时使用该选项更新外部参照,以确保使用最新版本。使用AutoCAD打开图形时会更新每个外部参照。默认情况下,AutoCAD每隔五分钟检查是否有更改的外部参照。可以使用Setenv设置XNOTIFY-TIME系统注册表变量,更改检查间隔的分钟数。

绑定:该选项使选定的外部参照及相关的命名对象(例如块、文字样式、标注样式、图层和线型)成为当前图形的一部分。此时命名对象中的"｜"将会变成"＄0＄"，例如前面所述的图层名"平面图｜轴线"，若其所属的外部参照被绑定到当前图形文件中，则会变成"平面图＄0＄轴线"。如果当前图形中已经存在同名图层，"＄n＄"中的数字将自动增加。

3）外部参照的编辑

（1）外部参照的绑定

命令 下拉菜单：【修改】→【对象】→【外部参照】→【绑定】

工 具 栏：【参照】→【外部参照绑定】

命 令 行：xbind

该命令发出后将会使用户利用对话框的方式指定外部参照中用于绑定的命名对象。

（2）外部参照的裁减

将图形作为外部参照进行附着或插入块后，可以定义剪裁边界，以便仅显示外部参照或块的一部分。

命令 功 能 区：【插入】选项卡→【参照】面板→【剪裁】

下拉菜单：【修改】→【剪裁】→【外部参照】

工 具 栏：【参照】→【外部参照剪裁】

命 令 行：xclip

将图形作为外部参照进行附着或插入块后，可以使用该命令定义剪裁边界。剪裁边界可以定义块或外部参照的一部分，而不显示边界外的几何图形。剪裁只适用于外部参照的单个实例，而不是外部参照定义本身。外部参照或块在剪裁边界内的部分仍然可见，而剩余部分则变为不可见。注意，裁减后的外部参照几何图形本身并没有改变，只是编辑了其显示。

3 施工图绘制

3.1 施工图绘制的一般步骤

由于 AutoCAD 的功能强大、使用灵活，绘制施工图的方法不是千篇一律的，采用不同的技巧绘制同样的图形，可能速度相差不大。这里介绍的是施工图绘制的一般步骤。

1）总体布局

绘图之前需对将要绘制的施工图进行总体布局的分析，主要考虑以下内容：

（1）根据有关制图标准的规定确定图纸的绘图比例和图幅大小。

（2）确定屏幕绘图的比例。通常有两种做法，一种是按图纸的绘图比例进行屏幕绘图（如1：100、1：50 等等）；另一种是先按 1：1 的比例进行屏幕绘图，图形完成后再按图纸绘图比例缩放或按比例输出打印。对于结构施工图一般采用第一种方法。

（3）根据有关制图标准的规定确定需要设定的长度的单位类型和精度以及角度的单位类型和精度。

（4）根据图形表达的内容和图中的线宽、线型的种类，确定设置图层的数量及每层的线宽、线型和颜色。

（5）分析图形中尺寸的类型，确定需要设置的尺寸类型的数量。

（6）分析图形中文字的特点，确定需要设置的文字样式的数量。

（7）分析图形的特点，了解哪些要用基本绘图命令绘制，哪些可用复制、镜像、阵列、插入块等命令完成。

2）设置绘图环境

绘图环境的设置主要包括设置图层、设置字体样式和设置尺寸样式。合理地建立图层对提高图形绘制、编辑的工作效率十分有效，可以根据图形中不同的线型、不同的对象分别建立图层，如轴线一层、轮廓线一层、钢筋一层、标注一层等等。

3）绘制、编辑图形

灵活应用 AutoCAD 的各种功能绘制、编辑图形，特别要注意养成良好的习惯，目的是用最快的速度完成规范的、美观的施工图的绘制、编辑。

4）尺寸、文字标注

一张施工图上各个部分的图样的绘图比例可能是不同的，如平面图的比例用 1：100、配筋图的比例用 1：50、剖面图的比例用 1：20，而文字、尺寸标注的大小是一定的。因此，在确定图形不再缩放之后再标注尺寸、文字，否则要考虑这些因素设置尺寸、文字的参数，保证整个图面上文字大小的统一、谐调。

5）配图框、标题栏

各个设计单位通常根据有关标准的规定设计、制作好各种规格的图框以及标题栏，设计人员在现成的图框中绘制、编辑图形。

3.2 基本规定

为了统一制图规则,保证制图质量,提高制图效率,做到图面清晰、简明,符合设计、施工、存档的要求,适应工程建设的需要,应制订制图标准。由于各个专业有各自不同的特点,因此,土木工程专业工程图绘制时涉及多种制图标准。本节内容如果没有特别注明,均为《房屋建筑制图统一标准》(GB 50001—2010)的有关规定。

1) 图纸幅面

常用的图纸幅面有 A0、A1、A2、A3、A4 五种,图纸幅面及图框尺寸应满足表 3.1 的要求。

表 3.1　幅面及图框尺寸(mm)

幅面代号 尺寸代号	A0	A1	A2	A3	A4
$b \times l$	841×1 189	594×841	420×594	297×420	210×297
c		10			5
a			25		

图纸的短边尺寸不应加长,A0～A3 幅面长边可加长,但应符合表 3.2 的规定。

表 3.2

幅面代号	长边尺寸	长边加长后的尺寸
A0	1 189	1 486(A0+1/4 l)　1 635(A0+3/8 l)　1 783(A0+1/2 l)　1 932(A0+5/8 l) 2 080(A0+3/4 l)　2 230(A0+7/8 l)　2 378(A0+1 l)
A1	841	1 051(A1+1/4 l)　1 261(A1+1/2 l)　1 471(A1+3/4 l)　1 682(A1+1 l) 1 892(A1+5/4 l)　2 102(A1+3/2 l)
A2	594	743(A2+1/4 l)　891(A2+1/2 l)　1 041(A2+3/4 l)　1 189(A2+1 l) 1 338(A2+5/4 l)　1 486(A2+2/2 l)　1 635(A2+7/4 l) 1 783(A2+2 l)　1 932(A2+9/4 l)　2 080(A2+5/2 l)
A3	420	630(A3+1/2 l)　841(A3+1 l)　1 051(A3+3/2 l)　1 261(A3+2 l) 1 471(A3+5/2 l)　1 682(A3+3 l)　1 892(A3+7/2 l)

注:有特殊需要的图纸,可采用 $b \times l$ 为 841 mm×891 mm 与 1 191 mm×1 261 mm 的幅面。

图纸的标题栏、会签栏及装订边的位置应符合图 3.1～图 3.3 的规定。

2) 图线

图线的宽度分为粗、中粗、中、细四种,线宽比为:粗:中粗:中:细=4:2.8:2:1。图线的宽度 b 宜按下列线宽系列选取:1.4、1.0、0.7、0.5、0.35、0.25、0.18、0.13 mm。图线宽度不应小于 0.1 mm。根据复杂程度与比例大小,先选定基本线宽 b,再选用表 3.3 中相应的线宽组。

表 3.3 线宽组(mm)

线宽比	线 宽 组			
b	1.4	1.0	0.7	0.5
$0.7b$	1.0	0.7	0.5	0.35
$0.5b$	0.7	0.5	0.35	0.25
$0.25b$	0.35	0.25	0.18	0.13

注:1. 需要缩微的图纸,不宜采用 0.18 mm 及更细的线宽。
   2. 同一张图纸内,各不同线宽中的细线,可统一采用较细的线宽组的细线。

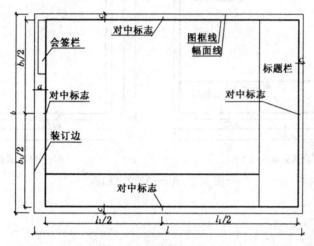

A0～A3 横式幅面(一)

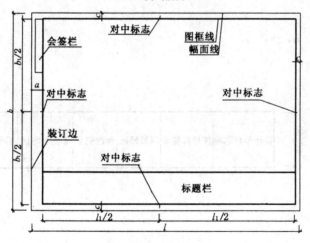

A0～A3 横式幅面(二)

图 3.1 A0～A3 横式幅面

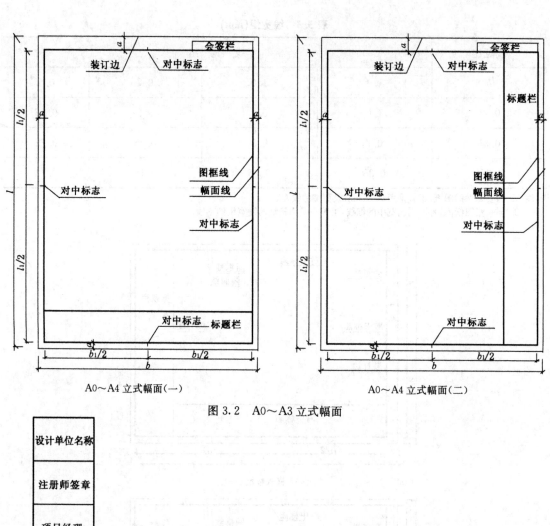

A0～A4 立式幅面(一)　　　　　　　　A0～A4 立式幅面(二)

图 3.2　A0～A3 立式幅面

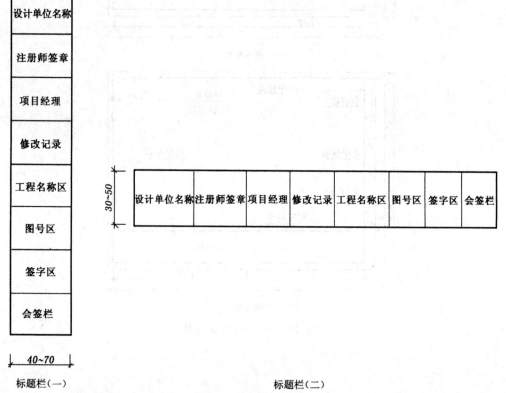

标题栏(一)　　　　　　　　　　　标题栏(二)

图 3.3　A4 立式幅面

施工图中的图线按表 3.4 选用。

表 3.4　图线

名　称		线　型	线　宽	一　般　用　途
实线	粗	————————	b	主要可见轮廓线
	中粗	————————	$0.7b$	可见轮廓线
	中	————————	$0.5b$	可见轮廓线、尺寸线、变更云线
	细	————————	$0.25b$	图例填充线、家具线
虚线	粗	--------	b	见各有关专业制图标准
	中粗	--------	$0.7b$	不可见轮廓线
	中	--------	$0.5b$	不可见轮廓线、图例线
	细	--------	$0.25b$	图例填充线、家具线
单点长画线	粗	—·—·—·—	b	见各有关专业制图标准
	中	—·—·—·—	$0.5b$	见各有关专业制图标准
	细	—·—·—·—	$0.25b$	中心线、对称线、轴线等
双点长画线	粗	—··—··—	b	见各有关专业制图标准
	中	—··—··—	$0.5b$	见各有关专业制图标准
	细	—··—··—	$0.25b$	假想轮廓线、成型前原始轮廓线
折断线	细	——〜——	$0.25b$	断开界线
波浪线	细	∿∿∿	$0.25b$	断开界线

3）字体

中文矢量字体的字高从下列系列中选用：3.5 mm、5 mm、7 mm、10 mm、14 mm、20 mm。字高大于 10 mm 的文字宜采用 TURETYPE 字体，TURETYPE 字体及非中文矢量字体的字高从下列系列中选用：3 mm、4 mm、6 mm、8 mm、10 mm、14 mm、20 mm，如需更大的字，其高度按 $\sqrt{2}$ 的比值递增。

图样及说明中的汉字宜采用长仿宋体（矢量字体）或黑体，同一图纸字体种类不应超过两种，宽度与高度的关系应符合表 3.5 的规定，黑体字的宽度与高度应相同。大标题、图册封面、地形图等的汉字，也可用其他字体，但应易于辨认。

表 3.5　长仿宋体字高宽关系（mm）

字 高	20	14	10	7	5	3.5
字 宽	14	10	7	5	3.5	2.5

拉丁字母、阿拉伯数字与罗马数字的书写与排列，应符合表 3.6 的规定。

表 3.6 拉丁字母、阿拉伯数字与罗马数字书写规则

书写格式	一般字体	窄字体
大写字母高度	h	h
小写字母高度(上下均无延伸)	$7/10h$	$10/14h$
小写字母伸出的头部或尾部	$3/10h$	$4/14h$
笔画宽度	$1/10h$	$1/14h$
字母间距	$2/10h$	$2/14h$
上下行基准线最小间距	$15/10h$	$21/14h$
词间距	$6/10h$	$6/14h$

拉丁字母、阿拉伯数字与罗马数字,如需写成斜体字,其斜度是从字的底线逆时针向上倾斜 75°。斜体字的高度与宽度应与相应的直体字相等。

4) 比例

绘图时根据图样的用途及被绘物体的复杂程度,应选用一定的比例,比例有常用比例和可用比例(特殊情况下用),优先选用常用比例。采用这些比例可以清楚地表达内容,同时图面也比较美观。表 3.7 所示为建筑结构制图的比例。

表 3.7 比例(建筑结构制图)

图 名	常用比例	可用比例
结构平面图 基础平面图	1∶50、1∶100 1∶150	1∶60、1∶200
圈梁平面图、总图 中管沟、地下设施等	1∶200、1∶500	1∶300
详图	1∶10、1∶20、1∶50	1∶5、1∶30、1∶25

一般情况下,一个图样应选用一种比例。根据专业制图的需要,同一图样可选用两种比例。如在建筑结构图中,当构件的纵、横向断面尺寸相差悬殊时,可在同一详图中的纵、横向选用不同的比例绘制。轴线尺寸与构件尺寸也可选用不同的比例绘制。

5) 尺寸标注

完整的尺寸标注包括尺寸界线、尺寸线、尺寸起止符号和尺寸数字,如图 3.4 所示。

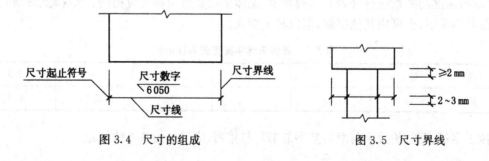

图 3.4 尺寸的组成   图 3.5 尺寸界线

190

尺寸界线应用细实线绘制，一般应与被注长度垂直，其一端应离开图样轮廓线不小于2 mm，另一端宜超出尺寸线2~3 mm。图样轮廓线可用作尺寸界线（如图3.5所示）。

尺寸线应用细实线绘制，应与被注长度平行。图样本身的任何图线均不得用作尺寸线。

尺寸起止符号一般用中粗斜短线绘制，其倾斜方向应与尺寸界线成顺时针45°角，长度宜为2~3 mm。半径、直径、角度与弧长的尺寸起止符号宜用箭头表示（图3.6）。

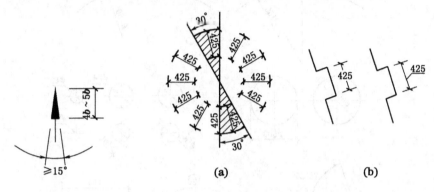

图3.6　箭头尺寸起止符号　　　　　图3.7　尺寸数字的注写方向

图样上的尺寸应以尺寸数字为准，不得从图上直接量取。图样上的尺寸单位除标高及总平面以米为单位外，其他均以毫米为单位。尺寸数字的方向应按图3.7(a)的规定注写，如果尺寸数字在30°斜线区内，宜按图3.7(b)的形式注写。尺寸数字一般应依据其方向注写在靠近尺寸线的上方中部，如果没有足够的注写位置，最外边的尺寸数字可注写在尺寸界线的外侧，中间相邻的尺寸数字可错开注写（图3.8）。

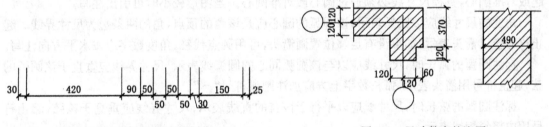

图3.8　尺寸数字的注写位置　　　　　图3.9　尺寸数字的注写

尺寸宜标注在图样轮廓以外，不宜与图线、文字及符号等相交（图3.9）。互相平行的尺寸线，应从被注写的图样轮廓线由近向远整齐排列，较小尺寸应离轮廓线较近，较大尺寸应离轮廓线较远（图3.10）。

图样轮廓线以外的尺寸界线距图样最外轮廓之间的距离不宜小于10 mm。平行排列的尺寸线的间距宜为7~10 mm，并保持一致（图3.9）。总尺寸的尺寸界线应靠近所指部位，中间的分尺寸的尺寸界线可稍短，但其长度应相等（图3.10）。

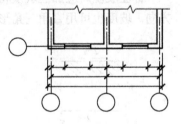

图3.10　尺寸的排列

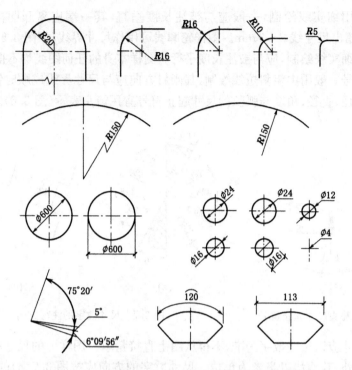

图 3.11　半径、直径、球、角度、弧度、弧长的标注

半径、直径、球、角度、弧长、弦长的标注如图 3.11 所示。

半径数字前应加注半径符号"R"，直径数字前应加注直径符号"φ"。半径尺寸线必须从圆心画起或对准圆心，直径尺寸线必须通过圆心或对准圆心。当图形较小时可引出注写。

角度的尺寸线应以圆弧表示，该圆弧的圆心应是该角的顶点，角的两条边为尺寸界线。起止符号应以箭头表示，如果没有足够位置画箭头，可用圆点代替，角度数字应按水平方向注写。

标注圆弧的弧长时，尺寸线应以与该圆弧同心的圆弧线表示，尺寸界线应垂直于该圆弧的弦，起止符号用箭头表示，弧长数字上方应加注圆弧符号"⌒"。

标注圆弧的弦长时，尺寸线应以平行于该弦的直线表示，尺寸界线应垂直于该弦，起止符号用中粗斜短线表示。

标注坡度时应加注坡度符号"←"[图 3.12(a)、(b)]，该符号为单面箭头，箭头应指向下坡方向。坡度也可用直角三角形形式标注[图 3.12(c)]。

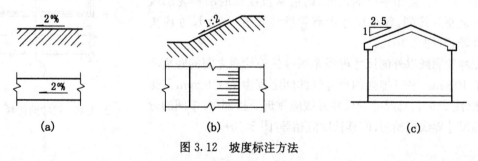

图 3.12　坡度标注方法

当构件的外形为非圆曲线时，可用坐标形式标注尺寸(图 3.13)。复杂的图形可用网格形

式标注(图 3.14)。

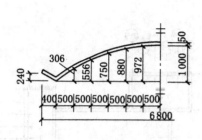

图 3.13　坐标法标注曲线尺寸

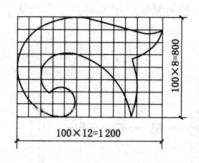

图 3.14　网格法标注曲线尺寸

有些情况下可采用尺寸的简化标注。杆件或管线的长度,在单线图(桁架简图、钢筋简图、管线简图)上,可直接将尺寸数字沿杆件或管线的一侧注写(图 3.15)。连续排列的等长尺寸,可用"等长尺寸×个数＝总长"的形式标注(图 3.16)。构配件内的构造因素(如孔、槽等)如相同,可仅标注其中一个要素的尺寸(图 3.17)。对称构配件采用对称省略画法时,该对称构配件的尺寸线应略超过对称符号,仅在尺寸线一端画尺寸起止符号,尺寸数字应按整体全尺寸注写,其注写位置宜与对称符号对齐(图 3.18)。两个构配件,如个别尺寸数字不同,可在同一图样中将其中一个构配件的不同尺寸数字注写在括号内,该构配件的名称也应注写在相应的括号内(图 3.19)。数个构配件如仅某些尺寸不同,这些有变化的尺寸数字可用拉丁字母注写在同一图样中,另列表格写明其具体尺寸。

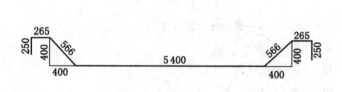

图 3.15　单线图尺寸标注方法

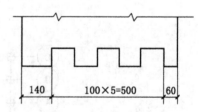

图 3.16　等长尺寸简化标注方法

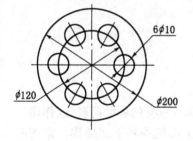

图 3.17　相同要素尺寸标注方法

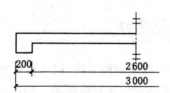

图 3.18　对称构件尺寸标注方法

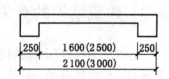

图 3.19　相似构件尺寸标注方法

6)定位轴线

定位轴线用细点画线绘制。定位轴线一般应编号,编号应注写在轴线端部的圆内,圆用细实线绘制,直径为 8～10 mm。定位轴线圆的圆心应在定位轴线的延长线上或延长线的折线上。平面图上定位轴线的编号宜标注在图样的下方与左侧。横向编号用阿拉伯数字从左至右顺序编写,竖向编号应用大写拉丁字母从下至上顺序编写(图 3.20)。

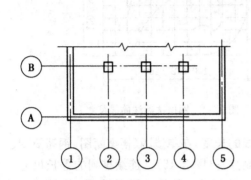

图 3.20 定位轴线的编号顺序

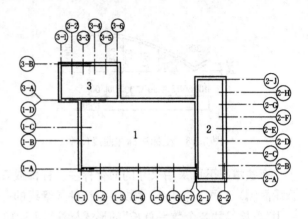

图 3.21 定位轴线的分区编号

拉丁字母的 I、O、Z 不得用做轴线编号,如字母数量不够使用,可增用双字母或单字母加数字注脚,如 A_A、B_A…Y_A 或 A_1、B_1…Y_1。组合比较复杂的平面图中定位轴线也可采用分区编号(图 3.21),编号的注写形式应为"分区号-该分区编号"。分区号采用阿拉伯数字或大写拉丁字母表示。折线形平面图中定位轴线的编号可按图 3.22 的形式编写。

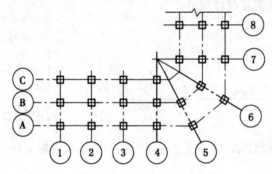

图 3.22 折线形平面定位轴线的编号

3.3 建筑结构的有关表示方法

各种受力构件(亦称结构构件)组成结构系统,以承受自重和其承受的各种荷载(或作用)。常见的结构构件有梁、板、柱、支撑、桁架、剪力墙等等。结构分上部结构和下部结构。常用的建筑材料有混凝土、钢、木、砖、石等等。

结构施工图主要包括:结构设计说明、结构平面图(基础平面图,楼层结构布置平面图,屋面结构平面图)、构件详图(楼梯结构详图,梁、板、柱及基础结构详图,其他详图)。

3.3.1 混凝土结构

1) 钢筋的一般表示方法（表 3.8）

表 3.8　一般钢筋的表示方法

序　号	名　　称	图　例	说　明
1	钢筋横断面	●	
2	无弯钩的钢筋端部		下图表示长、短钢筋投影重叠时，短钢筋的端部用 45°斜划线表示
3	带半圆形弯钩的钢筋端部		
4	带直钩的钢筋端部		
5	带丝扣的钢筋端部		
6	无弯钩的钢筋搭接		
7	带半圆弯钩的钢筋搭接		
8	带直钩的钢筋搭接		
9	花篮螺丝钢筋接头		
10	机械连接的钢筋接头		用文字说明机械连接的方式（如冷挤压或直螺纹等）

预应力钢筋、钢筋网片、钢筋的焊接接头等的表示方法见有关标准。

2) 钢筋的画法（表 3.9）

表 3.9　钢筋的画法

序　号	说　　明	图　例
1	在结构平面图中配置双层钢筋时，底层钢筋的弯钩应向上或向左，顶层钢筋的弯钩则向下或向右	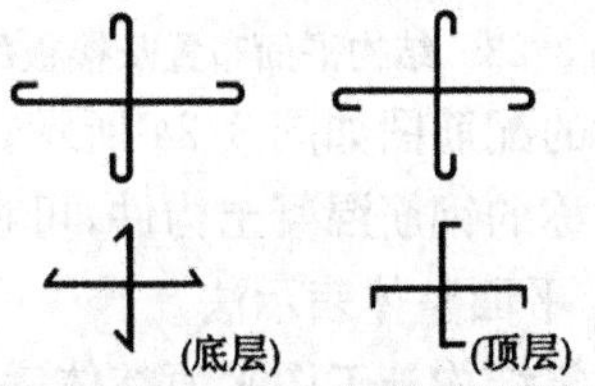 （底层）　　（顶层）
2	钢筋混凝土墙体配双层钢筋时，在配筋立面图中，远面钢筋的弯钩应向上或向左，而近面钢筋的弯钩向下或向右（JM 近面；YM 远面）	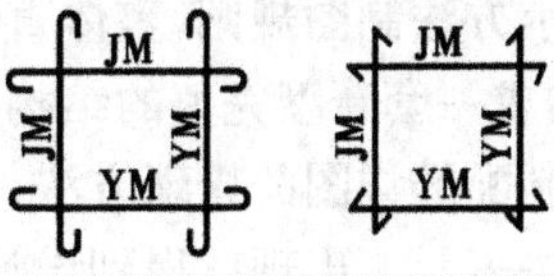 JM　YM
3	若在断面图中不能表达清楚的钢筋布置，应在断面图外增加钢筋大样图（如：钢筋混凝土墙、楼梯等）	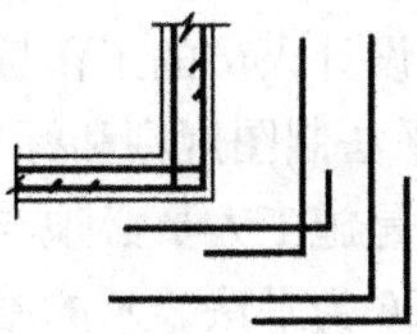

续表 3.9

序号	说　　明	图　　例
4	图中所表示的箍筋、环筋等若布置复杂时,可加画钢筋大样及说明	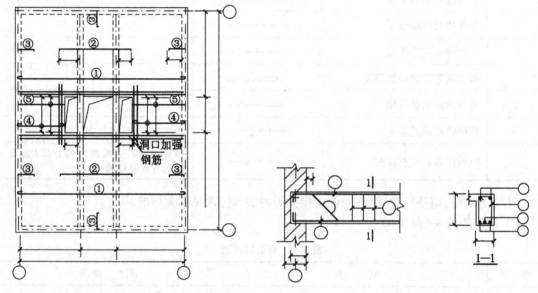
5	每组相同的钢筋、箍筋或环筋,可用一根粗实线表示,同时用一两端带斜短划线的横穿细线,表示其余钢筋及起止范围	

　　3) 梁、板配筋图示例

　　板配筋平面图一般与结构平面布置图合并绘制(图 3.23)。

图 3.23　结构平面布置及楼板配筋图　　　　图 3.24　梁配筋图

梁的配筋图如图 3.24 所示。

对称的钢筋混凝土构件,可在同一图样中一半表示模板,另一半表示配筋(图 3.25)。

　　4) 平面整体表示法

　　建筑结构施工图平面整体表示方法(简称平法)是把结构构件的尺寸和配筋等,按照平面整体表示方法制图规则,整体直接表达在各类构件的结构平面布置图上,再与标准构造详图相配合,构成一套新型完整的结构设计,改变了传统的将构件从结构平面布置图中索引出来,再逐个绘制配筋详图的繁琐方法。

　　平法表示一出现就得到设计人员的普遍欢迎,与传统的施工图绘制方法相比,图纸的数量大大减少,设计人员的工作量大大减轻。但采用平面表示对施工单位的要求提高了,施工人员必须熟悉平法制图规则和标准构造详图,标准构造详图编入了国内目前常用的且较为成熟的构造作法,是施工人员必须与平法施工图配套使用的正式设计文件。

　　图 3.26 为平法表示的施工图示例。

196

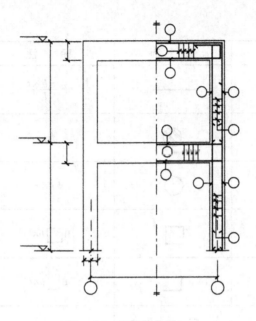

图 3.25　配筋简化图

3.3.2　钢结构

1）常用型钢的标注方法（表 3.10）

表 3.10　常用型钢的标注方法

序　号	名　　称	截　　面	标　　注	说　　明
1	等边角钢	└	└ $b \times t$	b 为肢宽 t 为肢厚
2	不等边角钢	B └	└ $B \times b \times t$	B 为长肢宽 b 为短肢宽 t 为肢厚
3	工字钢	I	I N　　Q I N	轻型工字钢加注 Q 字
4	槽钢	[	[N　　Q [N	轻型槽钢加注 Q 字
5	方钢	▨ b	□ b	
6	扁钢	b	— $b \times t$	

序 号	名 称	截 面	标 注	说 明
7	钢板	▬	$\dfrac{-b \times t}{L}$	宽×厚 板长
8	圆钢	⊘	ϕd	
9	钢管	○	$\phi d \times t$	d 为外径 t 为壁厚
10	薄壁方钢管	□	B□$b \times t$	
11	薄壁等肢角钢	└	B└$b \times t$	
12	薄壁等肢卷边角钢		B$b \times a \times t$	
13	薄壁槽钢		B$h \times b \times t$	薄壁型钢加注 B 字 t 为壁厚
14	薄壁卷边槽钢		B$h \times b \times a \times t$	
15	薄壁卷边 Z 型钢		B$h \times b \times a \times t$	
16	T 型钢	T	TW×× TM×× TN××	TW 为宽翼缘 T 型钢 TM 为中翼缘 T 型钢 TN 为窄翼缘 T 型钢
17	H 型钢	H	HW×× HM×× HN××	HW 为宽翼缘 H 型钢 HM 为中翼缘 H 型钢 HN 为窄翼缘 H 型钢
18	起重机钢轨		⊥ QU××	详细说明产品规格型号
19	轻轨及钢轨		⊥ ××kg/m钢轨	

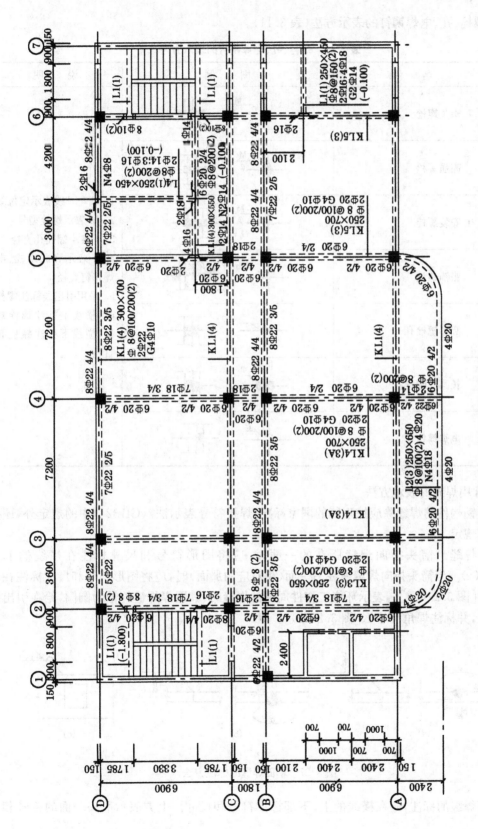

图3.26 平法表示的梁配筋示例

2）螺栓、孔、电焊铆钉的表示方法（表3.11）。

表3.11　螺栓、孔、电焊铆钉的表示方法

序　号	名　　称	图　　例	说　　明
1	永久螺栓		
2	高强螺栓		1. 细"＋"线表示定位线
3	安装螺栓		2. M表示螺栓型号 3. φ表示螺栓孔直径
4	胀锚螺栓		4. d表示膨胀螺栓、电焊铆钉直径
5	圆形螺栓孔		5. 采用引出线标注螺栓时，横线上标注螺栓规格，横线下标注螺栓孔直径
6	长圆形螺栓孔		
7	电焊铆钉		

3）常用焊缝的表示方法

焊接钢构件的焊缝除应按现行的国家标准《焊接符号表示法》（GB 324）中的规定外，还要符合下列规定。

单面焊缝当箭头指向焊缝所在的一面时，应将图形符号和尺寸标注在横线的上方[图3.27（a）]；当箭头指向焊缝所在另一面（相对应的那面）时，应将图形符号和尺寸标注在横线的下方[图3.27（b）]。表示环绕工作件周围的焊缝时，其围焊焊缝符号为圆圈，绘在引出线的转折处，并标注焊角尺寸K[图3.27（c）]。

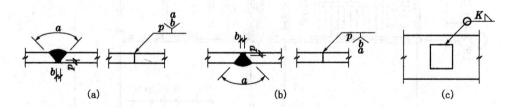

图3.27　单面焊缝的标注方法

双面焊缝的标注，应在横线的上、下都标注符号和尺寸。上方表示箭头一面的符号和尺

寸,下方表示另一面的符号和尺寸[图 3.28(a)];当两面的焊缝尺寸相同时,只需在横线上方标注焊缝的符号和尺寸[图 3.28(b)、(c)、(d)]。

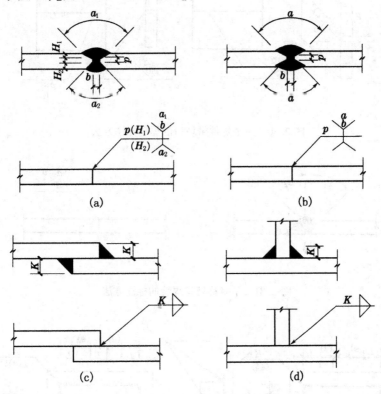

图 3.28　双面焊缝的标注方法

　　三个和三个以上的焊件相互焊接的焊缝,不得作为双面焊缝标注。其焊缝符号和尺寸应分别标注(图 3.29)。

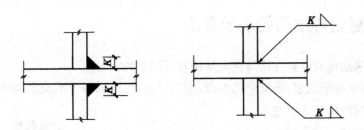

图 3.29　三个以上焊件的焊缝标注方法

　　相互焊接的两个焊件中,当只有一个焊件带坡口时(如单面 V 形),引出线箭头必须指向带坡口的焊件(图 3.30)。

　　相互焊接的两个焊件,当为单面带双边不对称坡口焊缝时,引出线箭头必须指向较大坡口的焊件(图 3.31)。

　　当焊缝分布不规则时,在标注焊缝符号的同时,宜在焊缝处加中实线(表示可见焊缝),或加细栅线(表示不可见焊缝)(图 3.32)。

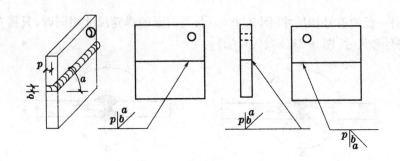

图 3.30 一个焊件带坡口的焊缝标注方法

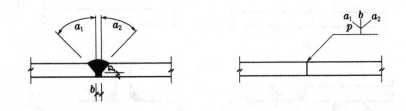

图 3.31 不对称坡口焊缝的标注方法

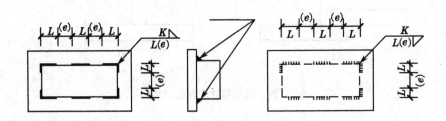

图 3.32 不规则焊缝的标注方法

3.4 桥涵、隧道等结构的表示方法

桥涵、隧道等结构的表示方法与建筑结构有不同之处。

道路工程制图标准规定,图纸中的单位,标高以米计,里程以千米或公里计,百米桩以百米计,钢筋直径及钢结构尺寸以毫米计,其余均以厘米计。当不按上述规定标注时应在图纸中予以说明。

1）砖石、混凝土结构

砖石、混凝土结构图中的材料标注,可在图形中适当位置用图例表示(图 3.33)。当材料图例不便绘制时可采用引出线标注材料名称及配合比。边坡和锥坡的长短

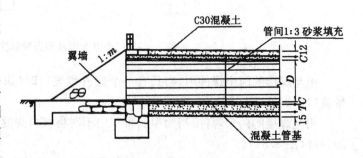

图 3.33 砖石、混凝土结构的材料标注

202

线引出端应为边坡和锥坡的高端。坡度用比例标注,其标注应符合有关规定(图3.34)。当绘制构造物的曲面时,可采用疏密不等的影线表示(图3.35)。

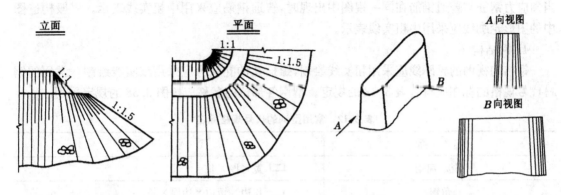

图3.34　边坡和锥坡的标注　　　　　图3.35　曲面的影线表示法

2) 钢筋混凝土结构

钢筋构造图应置于一般构造之后,当结构外形简单时,二者可绘于同一视图中。在钢筋构造图中,各种钢筋应标注数量、直径、长度、间距、编号,其编号应采用阿拉伯数字表示,当钢筋编号时,宜先编主、次部位的主筋,后编主、次部位的构造筋,编号格式:①编号宜标注在引出线右侧的圆圈内,圆圈的直径为4～8 mm[图3.36(a)];②编号可标注在与钢筋断面图对应的方格内[图3.36(b)];③可将冠以N字的编号标注在钢筋的侧面,根数应标注在N字之前[图3.36(c)]。钢筋大样应布置在钢筋构造图的同一张图纸上,钢筋大样的编号宜按图3.36标注,当钢筋加工形状简单时也可将钢筋大样绘制在钢筋明细表内。在钢筋构造图中,当有指向阅图者弯折的钢筋时,应采用黑圆点表示;当有背向阅图者弯折的钢筋时,应采用"×"表示(图3.37)。

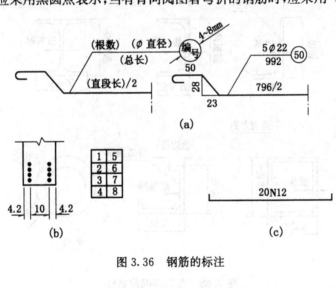

图3.36　钢筋的标注

图3.37　钢筋弯折的绘制

3）预应力混凝土结构

预应力钢筋应采用粗实线或 2mm 直径以上的黑圆点表示，图形轮廓线采用细实线表示，当预应力钢筋与普通钢筋在同一视图中出现时，普通钢筋应采用中粗实线表示。一般构造图中的图形轮廓线应采用中粗实线表示。

4）钢结构

钢结构视图的轮廓线应采用粗实线绘制，螺栓孔的孔线等应采用细实线绘制。常用的钢材代号规格的标注应符合表 3.12 的规定。型钢各部位的名称应按图 3.38 的规定采用。

表 3.12　常用型钢的代号规格标注

名　　称	代　号　规　格
钢板、扁钢	▭ 宽×厚×长
角钢	∟ 长边×短边×边厚×长
槽钢	〔 高×翼缘宽×腹板厚×长
工字钢	Ⅰ 高×翼缘宽×腹板厚×长
方钢	▢ 边宽×长
圆钢	φ 直径×长
钢管	φ 外径×壁厚×长
卷边角钢	⌐ 边长×边长×卷边长×边厚×长

注：当采用薄壁型钢时，应在代号前标注"B"。

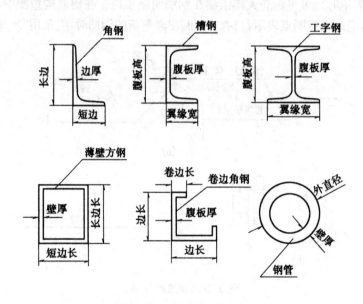

图 3.38　型钢各部位名称

4 数学计算软件

4.1 概 述

4.1.1 主要数学计算软件简介

目前在科技和工程界比较著名且流行的数学计算软件主要有 4 个,分别是 Maple、Math-CAD、Mathematica 和 MATLAB。它们具有不同的特性。

1) Maple

Maple 是由加拿大 Waterloo 大学开发的数学系统软件,它具有精确的数值处理功能,更重要的特点是具有无与伦比的符号计算功能,它的符号计算能力还是 MathCAD 和 MATLAB 等软件的符号处理的核心。它还提供了一套内置的编程语言,用户可以开发自己的应用程序。Maple 采用字符行输入方式,输入时需要按照规定的格式输入,虽然与一般常见的数学格式不同,但灵活方便,也很容易理解。输出则可以选择字符方式和图形方式,产生的图形结果可以很方便地剪贴到 Windows 应用程序内。

2) Mathematica

Mathematica 是由美国物理学家 Stephen Wolfram 领导的 Wolfram Research 开发的数学系统软件。它拥有强大的数值计算和符号计算能力,在这一方面与 Maple 类似,但它的符号计算不是基于 Maple 上的,而是自己用 C 语言开发的。Mathematica 是一个交互式的计算系统,计算是在用户和 Mathematica 互相交换、传递信息数据的过程中完成的。Mathematica 对于输入形式有比较严格的规定,用户必须按照系统规定的数学格式输入,系统才能正确地处理,输出时可以用各种格式保存文件和剪贴内容,包括 RTF、HTML、BMP 等格式。

3) MathCAD

MathCAD 是美国 Mathsoft 公司推出的一个交互式的数学系统软件。现已被美国 PTC 公司收购。MathCAD 是集文本编辑、数学计算、程序编辑和仿真于一体的软件。MathCAD Prime 2.0 运行在 NT/XP/Win7 下,它的主要特点是输入格式与人们习惯的数学书写格式很近似,采用所见所得界面,特别适合一般无须进行复杂编程或要求比较特殊的计算。Math-CAD 可以看作是一个功能强大的计算器,没有很复杂的规则;同时它也可以和 Word、Lotus、WPS Writer 等文字处理软件很好地配合使用,可以把它当作一个出色的全屏幕数学公式编辑器。

4) MATLAB

MATLAB 原是矩阵实验室(Matrix Laboratory)在 20 世纪 70 年代用来提供 Linpack 和 Eispack 软件包的接口程序,采用 C 语言编写。现在,MATLAB 可以运行在十几个操作平台上,比较常见的有基于 Windows、OS/2、Macintosh、Sun、Unix、Linux 等平台的系统。

MATLAB 程序主要由主程序和各种工具包组成,其中主程序包含数百个内部核心函数,工具包则包括复杂系统仿真、信号处理工具包、系统识别工具包、优化工具包、神经网络工具包、控制系统工具包、μ 分析和综合工具包、样条工具包、符号数学工具包、图像处理工具包、统计工具包等。

MATLAB 是数值计算的先锋，它以矩阵作为基本数据单位，在应用线性代数、数理统计、自动控制、数字信号处理、动态系统仿真方面已经成为首选工具，同时也是科研工作人员和大学生、研究生进行科学研究的得力工具。MATLAB 在输入方面也很方便，可以使用内部的 Editor 或者其他任何字符处理器，同时它还可以与 Word 结合在一起，在 Word 的页面里直接调用 MATLAB 的大部分功能，使 Word 具有特殊的计算能力。

4.1.2　数学计算软件的选用

选用何种数学软件？对于要求一般的计算或者是普通用户日常使用，首选的是 Math-CAD，它在高等数学方面所具有的能力，足够一般客户的要求，而且它的输入界面也特别友好；如果对计算精度、符号计算和编程方面有要求的话，最好同时使用 Maple 和 Mathematica，它们在符号处理方面各具特色，有些 Maple 不能处理的，Mathematica 却能处理，诸如某些积分、求极限等问题，这些都是比较特殊的；如果要求进行矩阵方面或图形方面的处理，则选择 MATLAB，矩阵计算和图形处理是它的强项，同时利用 MATLAB 的 NoteBook 功能，结合 Word 的编辑功能，可以很方便地处理科技文章。

4.1.3　本章目的

本章将简述数学分析软件"MATLAB"的基本功能（以 R2010b 版为例），力求使读者了解 MATLAB 的主要特点，初步掌握利用 MATLAB 进行土木工程方面数学计算、程序开发的知识。

4.2　MATLAB 的基础知识

4.2.1　安装

MATLAB 的主要安装步骤与普通 Windows 应用程序类同。但要注意，MATLAB 软件光盘包含许多工具包，其中有的专业性很强，用户可根据需要选择安装。

4.2.2　操作桌面

安装完成后，点击 Windows 操作系统"程序"菜单中的快捷方式后，就可以打开操作桌面（Desktop），其缺省情况如图 4.1 所示。

MATLAB 有大量的交互工作界面，包括：通用操作界面、工具包专用界面、帮助界面、演示界面等，而所有这些交互工作界面按一定的次序和关系被链接在一个称为"MATLAB 操作桌面（MATLAB Desktop）"的高度集成的工作界面中。

图 4.1 是 Desktop 操作桌面的缺省外貌。该桌面的上层铺放着 3 个最常用的界面：指令窗、历史指令窗、工作空间浏览器，还有一个只能看到窗名（铺放在桌面下层）的当前目录窗。在窗桌面的左下角新增加了"【开始】"按钮。其他常用交互界面还有：工作空间浏览器、内存数

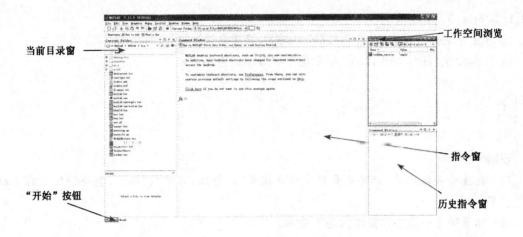

图 4.1 Desktop 操作桌面的缺省外貌

组编辑器、交互界面分类目录窗、M 文件编辑/调试器、帮助导航/浏览器。

下面将简要介绍上述各界面的使用方法。

4.2.3 指令窗(Command Window)

MATLAB 有许多使用方法,但最基本的,是通过指令窗(Command Window)这种界面。

缺省情况下,指令窗位于 MATLAB 桌面的右方,如图 4.1 所示。用户可以点击指令窗右上角的 ，就可获得浮出的几何独立的指令窗。若用户希望让独立指令窗嵌放回桌面,则只要选中指令窗的【View】下拉菜单中的【Dock Command Window】选项即可。其他界面类似。

下面结合算例,归纳一些 MATLAB 最基本的规则和语法结构。

例 4-1 求 $[3\times(6-4)]\div 2^3$ 的算术运算结果。

解 ① 用键盘在 MATLAB 指令窗中输入以下内容:

>>(3 * (6—4))/2^3

② 在上述表达式输入完成后,按【Enter】键,该指令就被执行。

③ 在指令执行后,MATLAB 指令窗中将显示以下结果:

ans=

0.7500

说明

(1) 指令行的"头首"的">>"是系统自动显示的"指令输入提示符",其后的黑体字表示用键盘敲入的内容。

(2) 在全部键入一个指令行后,必须按下【Enter】键,该命令才会被执行。

(3) 本例计算结果中的"ans"是英文"answer"的缩写,其含义是"运算答案"。它是 MATLAB 的一个默认变量。

例 4-2 简单矩阵 $A=\begin{bmatrix} 1 & 2 & 3 \\ 4 & 5 & 6 \\ 7 & 8 & 9 \end{bmatrix}$ 的输入步骤。

① 在键盘上输入下列内容:

$A=[1, 2, 3; 4, 5, 6; 7, 8, 9]$

② 在上述表达式输入完成后,按【Enter】键,该指令就被执行。

③ 在指令执行后,MATLAB 指令窗中将显示以下结果:

$A=$

  1 2 3

  4 5 6

  7 8 9

说明

(1) 直接输入矩阵时,矩阵元素用空格或逗号","分隔,行用";"隔离,整个矩阵放在方括号"[ ]"里。

(2) 标点符号一定要在英文状态下输入。

(3) 在 MATLAB 中,不必事先对矩阵维数做任何说明,存储将自动配置。

(4) 指令执行后,矩阵 A 被保存在 MATLAB 的工作空间(Workspace)中,以备后用。如果用户不用"clear"指令清除它,或对它重新赋值,那么该矩阵会一直保存在工作空间中,直到本 MATLAB 指令窗被关闭。

(5) MATLAB 对字母大小写是敏感的。如本例中的矩阵赋给了变量 A,而不是小写的变量 a。

1) 数值、变量和表达式

(1) 数值——MATLAB 的数值采用习惯的十进制表示,可以用小数点或负号。

(2) 变量命名规则——变量名、函数名对字母大小写敏感;变量名首字母必须是英文字母,最多可包含 63 个字符(英文、数字和下划线)。

(3) MATLAB 默认的预定义变量——在 MATLAB 中有一些所谓的预定义变量(Predefined Variable)。用户应尽可能不对它们重新赋值,以免产生混淆。

表 4.1　MATLAB 的预定义变量

预定义变量	含　义	预定义变量	含　义
ans	计算结果的缺省变量名	NaN 或 nan	不是一个数,如 0/0
eps	机器零阈值	nargin	函数输入变量数目
Inf 或 inf	无穷大,如 1/0	nargout	函数输出变量数目
i 或 j	虚单元 $i=j=\sqrt{-1}$	realmax	最大正实数
pi	圆周率	realmin	最小正实数

(4) 运算符和表达式

① 算术运算符加、减、乘、除、幂在 MATLAB 中依次为"+"、"-"、"*"、"/"(或"\")、"^";

② MATLAB 书写表达式的规则与"手写算式"几乎完全相同。

说明

MATLAB 用左斜杠或右斜杠分别表示"左除"或"右除"运算。对标量,这两种运算符的左右没有区别,但对矩阵来说,"左除"或"右除"将产生不同的影响。

2) 指令窗显示方式的操作

MATLAB 对窗内的字符、数码采用不同的颜色分类,使得显示十分醒目。如对 if、for 等关键词采用蓝色字体,对输入的指令以及计算结果采用黑色字体,对字符串采用赭红色字体等。此外,MATLAB 仅仅为了显示简洁才采用较少数位显示数值(实际存储和运算时都以双精度进行)。

用户根据需要,可对指令窗的上述显示方式进行设置:选中桌面或指令窗的【File】下的【Preferences】下拉菜单项,引出一个参数设置对话框;在此弹出的对话框的左栏选中"Command Window"项或其展开项"Fonts"、"Colors",然后选择对话框的相应内容进行设置即可。

3) 指令窗的常用控制指令

MATLAB 提供的通用操作指令见表 4.2。

表 4.2 常见的通用操作指令

指　　令	含　　义	指　　令	含　　义
cd	设置当前工作目录	exit	关闭/退出 MATLAB
clf	清除当前图形窗	quit	关闭/退出 MATLAB
clc	清除指令窗中显示的内容	md	创建目录
clear	清除 MATLAB 工作空间中保存的变量	more	使其后的显示内容分页进行
dir	列出指令窗口目录下的文件和子目录	type	显示指定的 M 文件的内容
edit	打开 M 文件编辑器	which	指出其后的文件所在的目录

4) 指令窗中指令行的编辑

为了操作方便,MATLAB 允许用户对过去已经输入的指令行进行回调、编辑、重运行。具体的操作方式见表 4.3。

表 4.3 指令窗中实施指令行编辑的常用操作键

指　　令	含　　义	指　　令	含　　义
↑	前寻式调入已输入过的指令行	Home	使光标移到当前行的首端
↓	后寻式调入已输入过的指令行	End	使光标移到当前行的尾端
←	在当前行中左移光标	Delete	删去光标右边的字符
→	在当前行中右移光标	Backspace	删去光标左边的字符
PageUp	前寻式翻阅当前窗中的内容	Esc	清除当前行的全部内容
PageDown	后寻式翻阅当前窗中的内容		

4.2.4 历史指令窗(Command History)、实录指令(Diary)

用户可在 MATLAB 环境中,边想边做,包括把以前的做法拿过来稍加修改后再验证。为此, MATLAB 向用户提供了两个应用工具:历史指令窗(Command History)、指令窗实录指令 diary。

1) Command History 历史指令窗

历史指令窗记录着用户在 MATLAB 指令窗中输入过的所有指令行。而所有这些被记录的指令行都能被复制,或送到指令窗中再运行:单行或多行指令的复制和运行、生成 M 文件、历史命令的内容打印、使用查找对话框搜索历史命令窗口中的内容、设置历史命令的自动保存等,其主要用法见表 4.4。

表 4.4 历史指令窗主要应用功能的操作方法

应 用 功 能	操 作 方 法	简捷操作方法
单行指令的复制	用鼠标左键点亮单行指令;按鼠标右键引出现场菜单,选中【Copy】菜单项;再用复合键【Ctrl＋V】把它粘贴到指定位置	
多行指令的复制	用【Ctrl＋鼠标左键】分别点亮多行指令,其他同上	
单行指令的运行	用鼠标左键点亮单行指令;按鼠标右键引出现场菜单,选中【Evaluate Selection】菜单项,即可在指令窗中运行,并见到结果	鼠标左键双击该单行指令
多行指令的运行	用【Ctrl＋鼠标左键】分别点亮多行指令,其他同上	
将多行指令写成 M 文件	分别点亮多行指令;按鼠标右键引出现场菜单,选中【Create Script】菜单项,就引出书写着这些指令的 M 文件调试编辑器	

2) 指令窗实录指令 diary

在 MATLAB 开启运行的情况下,用户若想把此后指令窗中的全部内容记录为"日志"文件(ASCII 文件),可以进行如下操作:

(1) 把将来存放"日志"文件的目录(例如 e:\mydir)设置成当前目录。设置既可以通过桌面上的【Current Folder】进行,也可以通过在指令窗中运行"cd e:\mydir"实现。

(2) 在 MATLAB 指令窗中运行指令"diary my_diary"(自己命名的日志名)。此后,指令窗中显示内容(包括指令、计算结果、提示信息等)将全部记录在内存中。

(3) 当用户运行关闭记录指令"diary off"后,那些内存中保存的操作内容就全部记录在名为"my_diary"的"日志"文件中(无扩展名),文件"my_diary"则登陆在当前目录"e:\mydir"中。该文件可用 MATLAB 的 M 文件编辑器或其他文本读写软件打开阅读和编辑。

4.2.5 当前目录窗(Current Directory)

在指令窗中运行一条指令时, MATLAB 怎样从庞大的函数和数据库中,找到需要的函数和数据? 本节将要介绍这方面的内容。

1）用户目录和当前目录设置

（1）建立用户目录——在 Windows 环境下，创建目录是十分简单的规范操作，本书不再赘述。

（2）把用户目录设置为当前目录——方法1：在 MATLAB 操作桌面右上方，或当前目录浏览器左上方，都有一个当前目录设置区。它包括"目录设置栏"和"浏览键"。用户可在"设置栏"中直接填写待设置的目录名，或借助"浏览键"和鼠标选择待设置目录。方法2：通过指令设置，例如"cd：e：\mydir"。

说明

（1）以上方法设置的当前目录，只是在当前开启的 MATLAB 环境中有效。

（2）在 MATLAB 环境中，如果不特别指明存放数据和文件的目录，那么 MATLAB 总默认将它们存放在当前目录中。

2）MATLAB 的搜索路径

MATLAB 的所有（M、MAT、MEX）文件都被存放在一组结构严整的目录（即文件夹）上。MATLAB 把这些目录按优先次序设计为"搜索路径"上的各个节点。以后，MATLAB 就沿着此搜索路径，从各个目录上寻找所需调用的文件、函数、数据。

例如，当用户从指令窗中送入一个名为"cow"的指令后，MATLAB 的搜索次序大致如下：①在内存中进行检查，看"cow"是不是变量，假如不是，往下执行；②检查"cow"是不是内建函数（Built-in Function），假如不是，往下执行；③在当前目录上，检查是否有名为"cow"的 M 文件存在，假如不是，往下执行；④在 MATLAB 搜索路径的其他目录中，检查是否有名为"cow"的 M 文件存在。

假如用户有多个目录需要同时与 MATLAB 交换信息，或经常需要与 MATLAB 交换信息，那么就应该把这些目录放置在 MATLAB 的搜索路径上。又假如其中某个目录需要用来存放运行中产生的文件和数据，那么还应该把这个目录设置为当前目录（方法见前）。

设置搜索路径的方法有两种：

（1）采用路径对话框——在指令窗中运行指令"pathtool"，或在 MATLAB 桌面、指令窗等的菜单条中，选择【File】中的【Set Path】下拉菜单项，都可以引出如图4.2的路径对话框。

说明

（1）假如在路径设置过程中，仅使用了对话框的左侧按键，则修改仅在当前有效。

（2）假如在设置后，使用了对话框下方的【Save】选项，则修改永久有效，即所进行的修改不因 MATLAB 的关闭而消失。

（2）采用指令"path"设置路径——该方法对任何版本的 MATLAB 都适用。假设待纳入搜索路径的目录为"e：\my_dir"，那么以下任何一条指令均能实现：

path(path，'e：\my_dir')　　把 e：\my_dir 设置在搜索路径的尾端
path('e：\my_dir'，path)　　把 e：\my_dir 设置在搜索路径的首端

说明

用 path 指令扩展的搜索路径仅在当前 MATLAB 环境下有效。

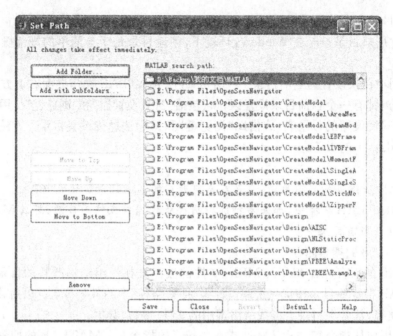

图 4.2　路径设置对话框

4.2.6　工作空间浏览器(Workspace Browser)

工作空间浏览器有多种功能,内存变量的查阅、保存、编辑、重命名、删除等,见表 4.5。

除下表中描述的工作空间浏览器的现场菜单操作以外,还可以在指令窗中使用指令来查阅、删除变量:

(1) 用 who、whos 指令查阅变量

表 4.5　工作空间浏览器主要应用功能的操作方法

应 用 功 能	操 作 方 法	简捷操作方法
变量的字符显示	点亮变量;鼠标右键引出现场菜单中选择【Open Selection】菜单项,则数值类、字符类变量显示在"Variable Editor"变量编辑器中	用鼠标左键双击变量
变量的图形显示	点亮变量;鼠标右键引出现场菜单中选择【Plot Catalog...】菜单项,则可以选择适当的绘图指令使变量可视化显示	
全部内存变量保存为 MAT 文件	点击 Workspace 窗口中 ,则可以把当前内存中全部变量保存为数据文件	
部分内存变量保存为 MAT 文件	用【Ctrl】+鼠标左键点亮若干变量;鼠标右键引出现场菜单中选择【Save Selection as】菜单项,则可把所选变量保存为数据文件	
重命名变量	点亮欲重命名变量,鼠标右键引出现场菜单中选择【Rename】菜单项,对所选择变量进行重命名	
复制变量	点亮若干欲复制的变量,鼠标右键引出现场菜单中选择【Copy】菜单项,可将这些变量名复制	点亮变量之后,按【Ctrl】+【C】

应 用 功 能	操 作 方 法	简捷操作方法
删除变量	点亮欲删除变量,鼠标右键引出现场菜单中选择【Delete Selection】菜单项,对所选择变量进行删除	
删除全部变量	选中现场菜单或"工作空间浏览器"中的"Clear Workspace"选项	输入 clear 指令
数据输入	把其他应用窗口中的数据先复制到剪贴板中,然后在工作空间浏览器中按【Ctrl】+【V】,将会打开"输入向导",可将数据输入到 MATLAB 中;也可用 MATLAB 窗口的【File】下的【Import Data】选项打开"输入向导"	

说明

who、whos 指令操作对 MATLAB 的所有版本都适用;两个指令的差别仅在于获取内存变量信息的详细程度不同。

(2) 用 clear 指令删除变量

clear　删除内存中的所有变量。

clear a1 a2　删除内存中的变量 a1,a2。注意被删变量之间须用"空格"分隔。

4.2.7　帮助系统

1) 纯文本帮助

MATLAB 的所有执行指令、函数的 M 文件都有一个注释区,用纯文本的形式简要地叙述该函数的调用格式和输入输出变量含义。该帮助内容最原始,但最真切可靠。对这些纯文本帮助的使用有以下几种方法:

(1) 敲入"help",引出包含一系列主题(Topics)的分类列表;

(2) 敲入"help topic",则得到该"topic"下的函数名(FunName)列表;

(3) 敲入"help FunName",则得到该具体函数的纯文本形式的具体用法说明;

(4) 敲入"lookfor keyword",例如"lookfor fourier"将搜寻 H1 行(M 函数文件的第一注释行)包含关键词"fourier"的所有 M 函数文件名。

2) "导航、浏览器交互界面"帮助

点击工具条的 ❓ 图标,或选中下拉菜单项【Desktop:Help】都可以引出导航、浏览器交互(Help Navigator/Browser)界面。该界面由帮助导航器和帮助浏览器两部分组成。构成这个子系统的文件全部存放在 help 子目录下。该帮助子系统对 MATLAB 功能的叙述最系统、丰富、详尽,而且界面十分友善。

3) PDF 文件帮助

MATLAB 把"帮助浏览器"中的部分内容制作成了 PDF 文件,分类存放在 MATLAB\R2010b\help\pdf-doc 中。阅读时需要 Adobe Acrobat Reader 软件支持。

4) 演示帮助

MATLAB 主包和各工具包都有设计很好的演示程序,由交互界面引导,操作非常方便。

运行指令"demo",可引出这组演示程序。运行这组程序,对照屏幕上的显示仔细研究实现演示的有关 M 文件,对新老用户都是十分有益的。

5）Web 帮助

Math Works 公司的技术支持网点提供相关书籍介绍、使用建议、常见问题解答等。

4.2.8 其他窗口

其他常用交互界面还有：工作空间浏览器、变量编辑器、M 文件编辑/调试器、帮助导航/浏览器。

(1) 变量编辑器 Variable Editor——使用窗口界面,对一维或二维的数值数组、一维字符数组进行编辑,如修改数组大小、改变数组元素的值等。

(2) M 文件编辑/调试器——编辑、调试 M 文件。

4.3　MATLAB 的数值计算

数学计算分为数值计算和符号计算。这两种计算的区别是：数值计算的表达式、变量中不得包含未定义的自由变量,而符号计算中则允许。

MATLAB 之所以成为最优秀的数学软件之一,其卓越的数值计算能力是一个决定性的因素。数值数组（Numeric Array）和数组运算（Array Operations）始终是 MATLAB 数值计算的核心内容,数组是 MATLAB 的基本计算单元。

MATLAB 精心设计数组和数组运算的目的在于：①使计算程序简单、易读,接近于数学计算公式；②提高程序的向量化程度,提高计算效率,节省计算机开销。

4.3.1　一维数组

(1) 创建一维数组的常用方法：

① 逐个元素输入法,例如：

x=[2 3 3+5i]　　　　　　**%采用逐个元素输入法构造数组**

x=

　2.0000　3.0000　3.0000+5.0000i

② 冒号生成法,是通过"步长"设定,生成一维数组的方法,通用格式为：

x=a:inc:b

　说明

　a 是数组的第一个元素；inc 是采样点之间的间隔,即步长,省略时,其值为 1。

(2) 一维数组子数组的寻访：

设 x 为一维数组, $x=1:2:9$,则：

x(3)　　　　　　　　　**%寻访数组 x 的第三个元素**

x=([1 2 5])　　　　　　**%寻访数组 x 的第一、二、五这 3 个元素组成的子数组**

ans=

```
    1.0000    3.0000    9.0000
```
x(2:4)   %寻访数组 x 的第二到第四这 3 个元素组成的子数组
x(4:-1:2)   %寻访数组 x 的第二到第四这 3 个元素倒排组成的子数组
x(find(x>4))   %寻访由大于 4 的元素组成的子数组

(3) 一维数组子数组的赋值:

x(3)=0   %把 x 数组中第三个元素重新赋值为 0
x=([2 5])=[1 2]   %把 x 数组中第二、第五个元素重新赋值为 1、2

4.3.2 二维数组的创建

二维数组是由实数或复数排列成矩形而构成的。从数据结构上看,矩阵和二维数组没有区别。当二维数组带有线性变换含义时,该二维数组就是矩阵。

创建二维数组的常用方法有:

(1) 对于较小数组,从键盘上直接输入最简便,此时必须:①整个输入数组必须以方括号"[]"为其首尾;②数组的行与行之间必须用分号";"或回车键分隔;③数组元素必须用逗号或空格分隔。具体例子见例 4-2。

(2) 对于较大数组,利用 M 文件创建和保存数组。

例 4-3 创建和保存数组 A 的 MyMatrix. m 文件。

① 打开文件编辑调试器,并在空白填写框中输入以下内容:

% MyMatrix. m   **Creation and preservation of matrix A**
A=[101,102,103,104,105,106,107,108,109;…
   201,202,203,204,205,206,207,208,209];

② 保存此文件,并命名为 MyMatrix. m。

③ 以后只要在 MATLAB 指令窗中,运行 MyMatrix. m 文件,数组 A 就会自动生成到 MATLAB 内存中。

4.3.3 二维数组元素的标识

(1) "全下标"标识——对于二维数组来说,"全下标"标识由两个下标组成:行下标、列下标。如 A(3,5)就表示在二维数组 A 中的"第 3 行第 5 列"的元素。

(2) "单下标"标识——只用一个下标来指明元素在数组中的位置,即要对二维数组中的所有元素进行"一维编号":先设想把二维数组的所有列,按先左后右的次序,首尾相连排成"一维长列";然后,自上往下对元素位置进行编号。

4.3.4 二维数组的子数组寻访和赋值

理解了 4.3.1 节中一维数组子数组的寻访,掌握了前一节中二维数组的元素标识,就容易理解和掌握二维数组的子数组寻访和赋值,具体内容可参看有关资料或联机帮助。

4.3.5 复杂数组的构建

1) 标准数组生成函数

215

表 4.6 标准数组生成函数

指　令	含　义	指　令	含　义
diag	生成对角形数组(对高维不适用)	rand	产生均布随机数组
eye	产生单位数组(对高维不适用)	randn	产生正态分布随机数组
ones	产生全 1 数组	zeros	产生全 0 数组

2）数组操作函数

表 4.7　常用数组操作函数

指　令	含　义	指　令	含　义
cat	把"大小"相同的若干数组,沿"指定维"方向,串接成高维数组	fliplr	以数组"垂直中线"为对称轴,交换左右对称位置上的数组元素
reshape	总元素数目不变,改变各维的大小(适用于任何维数组)	flipud	以数组"水平中线"为对称轴,交换上下对称位置上的数组元素
diag	提取对角元素,或生成对角阵	rot90	逆时针旋转二维数组 90°
tril	提取数组下三角部分,生成下三角阵	triu	提取数组上三角部分,生成上三角阵

例 4 - 4　diag 与 reshape 的使用演示。

```
a＝－4:4                    %产生一维数组 a
A＝reshape(a, 3, 3)        %把一维数组 a 重排成(3×3)的二维数组 A
a＝
   Columns 1 through 8
   －4  －3  －2  －1  0  1  2  3
   Column 9
    4
A＝
   －4    －1    2
   －3     0    3
   －2     1    4
a1＝diag(A)                 %提取二维数组 A 的"对角线"元素构成一维数组 a1
a1＝
   －4
    0
    4
```

3）数组构建技法

为了生成比较复杂的数组,MATLAB针对数组提供了诸如反转、插入、提取、收缩、重组等操作,也可以对已生成的数组进行修改、扩展。

例 4 - 5　数组的赋值扩展法。

```
A＝reshape(1:9, 3, 3)       %创建(3×3)数组 A
A＝
    1    4    7
```

```
2    5    8
3    6    9
```

A(5, 5)=999   %扩展为(5×5)数组。扩展部分除(5,5)元素为 999 外,其余均为 0

A=

```
1    4    7    0    0
2    5    8    0    0
3    6    9    0    0
0    0    0    0    0
0    0    0    0    999
```

A(:, 6)=999

A=

```
1    4    7    0    0    999
2    5    8    0    0    999
3    6    9    0    0    999
0    0    0    0    0    999
0    0    0    0    999  999
```

　　限于篇幅,其他技法不再举例。实际上,借助于此类技法,复杂数组的构建是相当灵活的,这对以后灵活使用 MATLAB 是有重要帮助的,读者应参看相关资料或联机帮助。

4.3.6 数组运算和矩阵运算

　　从外观形状和数据结构上看,二维数组和数学中的矩阵并没有区别。但是,矩阵作为一种变换或映射算子的体现,矩阵运算有着明确而严格的数学规则;而数组运算是 MATLAB 软件所定义的规则:无论在数组上施加什么运算,总认定那种运算对被运算数组中的每个元素(Element)平等地施加同样的操作,其目的是为了数据管理方便、操作简单、指令形式自然和执行计算的有效。

　　为更清晰地标出数组运算和矩阵运算的区别,现将两种运算指令形式和实质内涵的异同列于表 4.8 中。

表 4.8　数组、矩阵运算指令形式和实质内容的异同表

数　组　运　算		矩　阵　运　算	
指　令	含　义	指　令	含　义
A.′	非共轭转置。相当于 conj(A′)	A′	共轭转置
A=s	把标量 s 赋给 A 的每个元素		
s+B	标量 s 分别与 B 元素之和		
s−B, B−s	标量 s 分别与 B 的元素之差		
s. * A	标量 s 分别与 A 的元素之积	s * A	标量 s 分别与 A 每个元素之积
s. /B, B.\s	s 分别被 B 的元素除	s * inv(B)	B 阵的逆乘 s
A.^n	A 的每个元素自乘 n 次	A^n	A 阵为方阵时,自乘 n 次
A.^p	对 A 各元素分别求非整数幂	A^p	方阵 A 的非整数乘方

数 组 运 算		矩 阵 运 算	
指 令	含 义	指 令	含 义
p.^A	以 p 为底,分别以 A 的元素为指数求幂值	p^A	A 阵为方阵时,标量的矩阵乘方
A+B	对应元素相加	A+B	矩阵相加
A−B	对应元素相减	A−B	矩阵相减
A.*B	对应元素相乘	A*B	内维相同矩阵的乘积
A./B	A 的元素被 B 的对应元素除	A/B	A 右除 B
B.\A	(一定与上相同)	A\B	A 左除 B(一般与右除不同)
exp(A)	以自然数 e 为底,分别以 A 的元素为指数,求幂	expm(A)	A 的矩阵指数函数
log(A)	对 A 的各元素求对数	logm(A)	A 的矩阵对数函数
sqrt(A)	对 A 的各元素求平方根	sqrtm(A)	A 的矩阵平方根函数
f(A)	求 A 各个元素的函数值	funm(A,'FN')	一般矩阵函数
A#B	A、B 阵对应元素间的关系运算;"#"代表关系运算符		
A@B	A、B 阵对应元素间的逻辑运算;"@"代表逻辑运算符		

说明

(1) 数组"除、乘方、转置"运算符前的小黑点决不能遗漏,否则变成矩阵运算。

(2) 特别注意:在求"乘、除、乘方、三角和指数函数"时,两种运算有根本区别。

除上述基本运算外,MATLAB 针对数组还提供了诸如三角、双曲、复数、圆整、求余、坐标变换等函数运算功能,具体细节可参看相关资料或联机帮助。

4.3.7 关系操作和逻辑操作

在程序流控制中,在逻辑、模糊逻辑推理中,都需要对一类是非问题左除"是真,是假"的回答。为此,MATLAB 设计了关系操作、逻辑操作和一些相关函数。关系操作符见表 4.9。

表 4.9 关系操作符

数 组 运 算		矩 阵 运 算	
指 令	含 义	指 令	含 义
<	小于	>=	大于等于
<=	小于等于	==	等于
>	大于	~=	不等于

说明

（1）标量可以与任何维数组进行比较。比较在此标量与数组的每个元素之间进行，因此比较结果将与被比较数组同维。

（2）当比较量中没有标量时，关系符两端进行比较的数组必须维数相同。比较在两数组相同位置上的元素之间进行，因此比较结果将与被比较数组同维。

前述为"简单关系"操作。逻辑操作的引入，将使复杂关系运算成为可能，MATLAB 提供了三组逻辑操作：数组逻辑操作（Element-Wise Logical Operation）、二进数位逻辑操作（Bit-Wise Logical Operation）、先决逻辑操作（Short-Circuit Logical Operation），具体细节可参看相关资料或联机帮助。

4.3.8 数值计算举例

可见 4.11 节"MATLAB 用于有限元分析的简例"中，采用 MATLAB 求解方程组。

4.4 字符串、细胞和构架数组

前一节介绍了数值数组，这是读者比较熟悉的数据类型。本节将简介另外三类数据：字符串数组（Character String Array）、细胞数组（Cell Array）和构架数组（Structure Array）。它们之间的基本差别见表 4.10。

表 4.10 四种数据类型基本构成比较表

数组类型	基本组分	组分内涵	基本组分占用字节数
数值数组	元素	双精度实数标量 或双精度复数标量	8 16
字符串数组	元素	字符	2
细胞数组	细胞	可以存放任何类型、任何大小的数据	不定
构架数组	构架	只有挂接在构架上的"域"才能存放数据。数据可以是任何类型、任何大小	不定

4.4.1 字符串数组简介

与数值数组相比，串数组在 MATLAB 中的重要性较小，但它不可缺少。假如没有串数组及相应的操作，那么数据的可视化、构成 MATLAB 的宏指令等都将会遇到困难。

字符变量的创建方式是：在指令窗中，先把待建的字符放在"单引号对"中，再按【Enter】键。

例 4-6 字符数组的简单操作。

a='It is a word.'   %创建由 13 个字符组成的字符串数组 a，放在"单引号对"内

a=

It is a word.

size(a)   %求字符串数组 a 的大小

ans=

```
    1    13              %a 的大小为 1 维共 13 个元素的数组,不是占用 13 个字节
a12＝a(1：2)              %提取一个子字符串
ra＝a(end:-1：1)          %字符串的倒排
a12 =
It
ra =
. drow a si tI
```

MATLAB 为串数组设计了一些串转换函数和串操作函数,为 MATLAB 的文字表达、复杂字符串的组织、宏功能的发挥等提供了强有力的支持。

串转换函数——实现字符串与其他类型数据之间的相互转换,包括 ASCII 码、十进制整数、浮点数、数值矩阵、双精度数值等。

串操作函数——诸如比较字符串、组合字符串、在一个字符串中查找另一个字符串、替换字符串、改变字符串的大小写等等。

4.4.2　细胞数组简介

细胞数组如同银行里的保险库一样,数组的基本组分细胞(Cell)相当于保险库的最小单位保险柜。保险柜中可以存放多种不同的贵重物品,而细胞中可以存放任何类型、任何大小的数据。每一个细胞本身在数组中是平等的,它们只能以下标区分;同一个细胞数组中各细胞的内容可以不同。

1) 细胞标识寻访和内容编址寻访的不同

无论在数值数组还是在字符串数组里,由于同一数组各元素的数据类型都相同,因此对元素的寻访是直接的。如对于二维数组 A 来说,$A(2,3)$就表示数组 A 第 2 行第 3 列上的元素。

在细胞数组中,细胞和细胞里的内容是两个不同范畴的东西。因此,寻访细胞和寻访细胞中的内容是两种不同的操作。为此,MATLAB 设计了两种不同的操作:"细胞外标识(Cell Indexing)"和"细胞内编址(Content Addressing)"。以二维细胞数组 A 为例,$A(2,3)$就表示数组 A 第 2 行第 3 列细胞元素;而 $A\{2,3\}$是指 A 细胞数组第 2 行第 3 列细胞中(所允许存或取)的内容。

例 4 - 7　细胞数组的创建。

① 直接创建法之一:"外标识细胞元素赋值法"

```
A(1, 1)＝{[1 4 3; 0 5 8; 7 2 9]};
A(1, 2)＝{'Anne cat'};
A(2, 1)＝{3＋7i};
A(2, 2)＝{0:pi/10:pi};
A                        %显示细胞数组
A=
    [3x3 double]          'Anne cat'
    [3.0000＋ 7.0000i]     [1x11 double]
```

② 直接创建法之二:"编址细胞元素内涵的直接赋值法"

```
B{1, 1}＝[1 4 3; 0 5 8; 7 2 9];
```

B{1, 2}=′Anne cat′;

B{2, 1}=3+7i;

B{2, 2}=0:pi/10:pi;

celldisp(B)   %显示细胞数组内容

B{1, 1} =

1	4	3
0	5	8
7	2	9

B{2, 1} =

　　　　3.0000+7.0000i

B{1, 2}=

Anne cat

B{2, 2}=

0 0.3142 0.6283 0.9425 1.2566 1.5708 1.8850 2.1991 2.5133 2.8274 3.1416

说明

(1) 例题中,细胞数组 A、B 等价。

(2) 显示细胞数组全部或部分内容的指令是"celldisp"。

(3) 在指令窗中,若直接输入细胞数组名,除"单"元素细胞外,一般只能得到细胞所存内容的属性,而不显示细胞数组内容。

2) 其他

细胞数组的扩充、收缩和重组的方法大致与数值数组情况相同。

可以通过转换函数将矩阵转换为细胞数组,或将一个适当的数组变换为单一的矩阵。

4.4.3　构架数组简介

构架数组的基本组分是构架(Structure)。数组中每个构架是平等的。但构架必须在划分"域"后才能使用:数据不是存放在构架上,而是存放在域中。这是与细胞数组不同的地方。从一定意义上讲,构架数组组织数据的能力比细胞数组更强、更富于变化。

4.5　数据的可视化及图形用户界面制作

人们很难直接从一大堆原始的离散数据中体会到它们的含义,用数据画出的图形却能使人们用视觉器官直接感受到数据的许多内在本质。因此,数据可视化是人们研究科学、认识世界所不可缺少的手段。

作为一个优秀的科技软件,MATLAB 不仅在数值计算上独占鳌头,而且一向注重数据的图形表示,并不断地采用新技术改进和完备其可视化功能。MATLAB 可以给出数据的二维、三维乃至四维的图形表现。通过对图形线型、立面、色彩、渲染、光线、视角等的控制,可把数据的特征表现得淋漓尽致。

MATLAB 提供了两个层次的图形命令:一种是对图形句柄进行的低级图形命令;另一种是建立在低级命令之上的高级图形命令。

4.5.1 高级图形命令简介

MATLAB 提供了很多高级图形命令,这些命令可以绘制一般科技图软件所能绘制的几乎所有图形,如曲线图、极点图、直方图、等高线图、网格图、表面图等。用户还可以控制图形的颜色、视角、坐标标注、阴影、着色、灯光照明、反射效果、材质表现、透明度处理渲染等与图形外观有关的因素。

MATLAB 还能够显示和转换变址、灰度和真彩图像,读写各种标准图像格式文件。

MATLAB 可以通过图形窗的交互操作对图形进行修饰、调整。

例 4-8 采用高级图形命令,进行简单三维绘图,如图 4.3 所示。

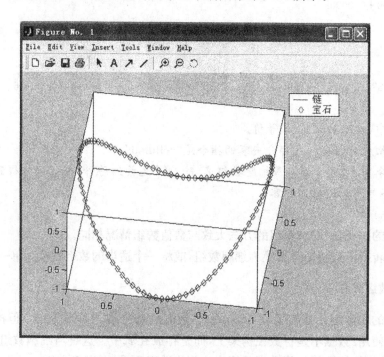

图 4.3 简单三维绘图(宝石项链)

```
t=(0:0.02:2) * pi;          %形成一维数组 t
x=sin(t);y=cos(t);z=cos(2 * t);   %分别形成 3 个一维数组 x,y,z;三个指令放在一个文本行中,中间用
                            ";"隔开
plot3(x,y,z,'b—',x,y,z,'rd'),view([-82,58]),box on,legend('链','宝石')
                            %'b—'表示曲线采用蓝色、实线;'rd'表示数据点采用红色、菱形符号
```

4.5.2 低级图形(句柄图形)命令简介

前面提到的"plot3"等绘图命令都处于 MATLAB 图形系统的高层界面。MATLAB 还提供了一组用于创建及操作线、面、文字、像等基本图形对象的低级函数。这组命令可以对图形各基本对象进行更为细致地修饰和控制。MATLAB 的这个系统称为句柄图形(Handle Graphics)。各种 MATLAB 高级图形指令都是以句柄图像软件为基础写成的。

用户也可利用句柄图形的命令生成用户自己的图形命令。句柄图形是 MATLAB 的面向

222

对象的图形系统。每个图形对象都有很多可以更改的属性。对于已经生成的图形,可以在命令窗口中键入相应的句柄图形命令来改变图形的外观。

低级指令使用起来,不像高级指令那样数学概念清晰、调用格式简明易懂。但低级指令直接操作基本绘图要素(Basic Drawing Elements),可更细致、更具个性地表现图形,更自然、贴切地展现应用场合的物理意义。

例 4 - 9 利用函数"set"对三维图形属性进行修改。

```
f—figure;
ax=axes('box','on','nextplot','replace','view',[-40,30]);
[x,y,z]=peaks(40);
surf=surface(x,y,z,'linewidth',1,'edgecolor','k','facecolor','w');
        %函数 surface 用于绘制三维表面图,并返回句柄 surf,生成图 4.4(a)
set(surf,'facecolor','w','meshstyle','row');
        %通过函数 set 设置句柄图形 surf 的面属性,获得瀑布线图,如图 4.4(b)
```

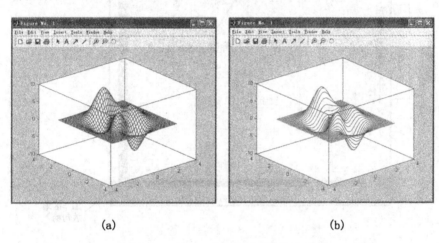

(a)   (b)

图 4.4 函数 set 对三维图形属性的设置

4.5.3 图形用户界面 GUI 制作简介

句柄图形命令还可以建立菜单、按钮、文本框以及其他的图形界面部件,可以开发图形界面。

图形用户界面(Graphical User Interfaces,GUI)是由窗口、光标、按键、菜单、文字说明等对象(Objects)构成的一个用户界面。用户通过一定的方法(如鼠标或键盘)选择、激活这些图形对象,使计算机产生某种动作或变化,比如实现计算、绘图等。

一个好的界面应遵循以下 4 个原则:①简单性——设计界面时,应力求简洁、直接、清晰地体现出界面的功能和特征;②一致性——开发的界面风格应尽量一致,新设计的界面风格与其他已有的界面风格不要截然相左;③熟悉性——设计新界面时,应尽量使用人们所熟悉的标志和符号;④动态交互性——要求界面能够迅速、连续地对操作做出反应,在很多情况下,还要求可以撤销操作。

用户可以采用 MATLAB 制作 GUI 界面的菜单:①可以采用 MATLAB 图形窗的标准菜单(有 File、Edit、View、Insert、Tools、Window、Help 等标准菜单项);②可以通过 unimenu

指令自制菜单,添加新的菜单项;③可以更改菜单的属性,如设置快捷键、修改菜单外观等;④制作由鼠标右键激活的、具体内容与鼠标所在现场位置有关的现场菜单等等。

用户还可以采用 MATLAB 制作用户控件。除菜单外,控件是另一种实现用户与计算机交互的主要途径。在 MATLAB 中,用户控件作为图形对象,有按键、互斥选项按键、文本框、编辑框、滚动条、检录框等十余种表现形式。

图形用户界面的设计、制作除了用户采用(多行)指令(编写文件)完成外,MATLAB 提供了设计、修改用户界面的专用工作台(Layout Editor),如图 4.5 所示(用命令"guide"调用),相当于提供了一个模板,大大减轻用户制作常用 GUI 界面的工作量。

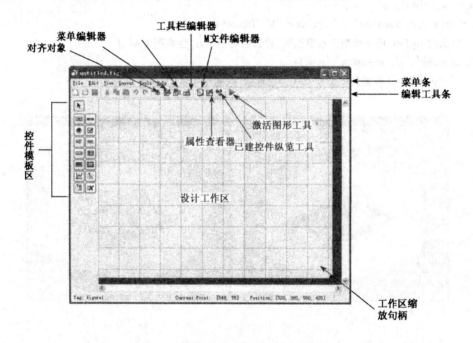

图 4.5　界面设计工作台的结构和功能

4.6　M 文件

4.6.1　简介

用 MATLAB 语言编写的,可在 MATLAB 中运行的程序,称为 M 文件。M 文件包含两类:命令文件(又称脚本文件)和函数文件。两者的区别在于:①命令文件没有输入参数,也不返回输出参数,而函数文件可以有输入参数,也可以返回输出参数;②命令文件对工作空间中的变量进行操作,而函数文件的变量为局部变量,只有其输入、输出变量保留在工作空间中。

一般来说,命令文件用于把很多需在命令窗口输入的命令放在一起,以便于修改;而函数文件用于把重复的程序段落封装起来,使程序更加简洁。用任何文本编辑器都可以编写 M 文件。在 MATLAB 的命令窗口中可以运行 M 文件。无论函数文件还是命令文件都可以被别

224

的程序调用。

4.6.2 M 文件入门举例

1) 命令文件举例

例 4 - 10 编写命令文件,求解所有小于 2000 且为 2 的整数次幂的正整数。

① 用任何文本文件编写以下内容:

```
%求小于 2000 且为 2 的整数次幂的正整数
f(1)=2;
k=1;
while f(k)<1000
    f(k+1)=f(k)*2;
k=k+1;
end
f, k
```

② 保存该文件为"t. m"。

③ 在 MATLAB 文件窗口键入文件名"t",运行结束后,可在屏幕上看到以下内容:

```
f=
  2   4   8   16   32   64   128   256   512   1024
k=
  10
```

说明

(1) 符号"%"引导的行是注释行。

(2) t. m 运行后,文件中的变量可用 who 和 whos 命令查看。

2) 函数文件举例

例 4 - 11 编写函数文件,完成与上题同样的功能。

① 用任何文本文件编写以下内容:

```
function f=tt(n)
%求小于 2000 且为 2 的整数次幂的正整数
%c=tt(n)
%n 可取任意正整数
f(1)=2;
k=1;
while f(k)<1000
    f(k+1)=f(k)*2;
    k=k+1;
end
f
```

② 保存该文件为"tt. m"。

③ 在 MATLAB 文件窗口键入以下命令,便可求所有小于 2000 的 2 的正整数次幂:

```
tt(2000)
f=
```

2   4   8   16   32   64   128   256   512   1024

说明

（1）文件 tt.m 中的第一行为函数申明行（Function Declaration Line），作用是指明该文件为函数文件：定义函数名、输入参数、输出参数。函数名可以是任何合法的 MATLAB 变量名。输入和输出参数根据实际情况而定，参数类型可以是数值，也可以是字符串。在本例中，输入参数是"n"，输出参数是"f"。

（2）变量 k 对函数文件来讲是局部的。当该函数调用结束后，该变量不再存在。如果在调用函数 tt 前工作空间中就已存在变量 k，函数调用后它不会受到影响。

（3）在 M 文件的头几行带有符号"％"，为注释行。注释行有两个作用：①随 M 文件全部显示或打印时，起注释作用；②供 Help 指令在线查询。Help 命令运行后所显示的 M 文件的帮助信息为 M 文件中注释语句的第一个连续块。

3）文件的执行

当 MATLAB 遇到一个新的名称时，将采用如下顺序来鉴别：

（1）检查该名称是否为当前工作空间中的变量；

（2）检查该名称是否为子函数名（子函数为函数文件的内部函数）；

（3）检查该名称是否为局部函数名（局部函数放在一个单独的目录下，只有其上面一层目录里的 M 文件可以调用这些函数）；

（4）检查该名称是否为 MATLAB 搜索路径上的函数名（实际上是函数文件的文件名）。MATLAB 调用按照搜索路径的先后顺序搜索到的第一个同名函数。

4.6.3　MATLAB 控制流

计算机编程语言允许程序员根据某些判决结构来控制程序流的执行顺序。MATLAB 提供了 5 种控制程序流的结构：for 循环结构，while 循环结构，if-else-end 分支结构，switch-case 结构以及 try-catch 结构。MATLAB 提供的这 5 种控制指令用法与其他语言的十分类似，因此本书就不再赘述其细节。

4.6.4　其他

1）局部变量和全局变量

（1）局部（Local）变量

存在于函数空间内部的中间变量，产生于该函数的运行过程中，其影响范围仅限于该函数本身。

（2）全局（Global）变量

通过 Global 指令，MATLAB 也允许几个不同的函数空间以及基本工作空间共享一个变量。这种被共享的变量称为全局变量。

2）子函数

MATLAB 允许 1 个 M 函数文件包含多个函数的代码。其中，第一个出现的那个函数称为主函数（Primary Function），该文件中的其他函数则称为子函数（Subfuncion）。保存时所用函数文件名与主函数定义名相同。外部程序只对主函数进行调用，有如下性质：

（1）每个子函数的第 1 行是其自己的函数申明行。

（2）在 M 函数文件内，主函数的位置不可改变，但子函数的排列次序可以任意改变。

（3）子函数只能被处于同一文件的主函数或其他子函数调用。

（4）在 M 函数文件中，任何指令通过"名字"对函数进行调用时，子函数的优先级仅次于内装函数。

（5）同一文件的主函数、子函数的工作空间都是彼此独立的。各函数间的信息，或通过输入输出参数传递，或通过全局变量传递，或通过跨空间指令传递。

（6）help、look for 等帮助指令都不能提供关于子函数的任何帮助信息。

3）私用函数

私用函数是指位于 private 目录上的 M 文件函数，它有如下性质：

（1）构造与普通 M 函数完全相同。

（2）私用函数只能被 private 直接父目录上的 M 文件所调用，而不能被其他目录上的任何 M 文件或 MATLAB 指令窗中的命令所调用。

（3）M 文件中，任何指令通过"名字"对函数进行调用时，私用函数的优先级虽低于内装函数和子函数，但高于其他任何目录上的函数。

（4）help、look for 等帮助指令都不能提供关于私用函数的任何帮助信息。

4）调试器的使用

MATLAB 提供了指令式调试工具，以及使用更为简便的图形式调试器（Graphical Debugger）。图形式调试器与 M 文件编辑器集成为一体。调试器主要提供以下功能：断点设置（或清除）、单步执行、深入函数、跳出函数、连续执行、结束测试等。

4.7 符号计算

4.7.1 符号计算特点

符号计算的特点：①运算以推理解析的方式进行，因此不受计算误差积累问题困扰；②符号计算，或给出完全正确的封闭解，或给出任意精度的数值解（当封闭解不存在时）；③符号计算指令的调用比较简单，与经典教科书公式相近；④计算所需时间较长。

4.7.2 MATLAB 符号计算入门

1993 年，MathWorks 公司从加拿大 Waterloo Maple 公司购买了对 Maple 的使用权。随后 MathWorks 公司以 Maple 的内核作 MATLAB 符号计算的引擎，开发了实现符号计算的工具箱（Symbolic Math Toolbox）。MATLAB 6.5 版开始启用 Maple Ⅷ的计算引擎。

在 MATLAB 中，数值和数值变量用于数值的存储和各种数值计算。而符号常数、符号变量、符号函数、符号操作等则是用来形成符号表达式。MATLAB 严格地按照代数、微积分等课程中的规则、公式进行运算，并尽可能地给出解析表达结果。

函数 sym 用于生成符号对象。

例 4-12 将字符 x 变为符号对象（符号变量）y。

y＝sym('2 * x')

y＝

2x

例 4-13. 在上例基础上,求解 $z=y^2$(即 $z=4\times x^2$)。

z=y^2

z=

4x²

说明

最后一行的求解结果为经过符号运算后得到的代数表达式。

函数 syms 可用来一次生成多个符号变量,例如:

例 4-14 用符号计算验证三角等式:

$\cos^5 x + \sin^4 x + 2\cos^2 x - 2\sin^2 x - \cos 2x = \cos^4(\cos x + 1)$。

syms x;

simple(cos(x)^5 + sin(x)^4 + 2 * cos(x)^2 − 2 * sin(x)^2 − cos(2 * x))

ans =

$$4$$
$$\cos(x)(\cos(x)+1)$$

4.7.3 其他符号计算简介

MATLAB 中的数学工具箱提供的主要符号数学计算功能见表 4.11。

表 4.11 MATLAB 符号计算工具箱提供的数学计算分类

数 学 分 类	主 要 内 容
微积分	微分、积分、泰勒级数、求极限、级数求和
线性代数	求逆、特征值、奇异值分解、行列式
化简	代数方程的解的化简(代替、替代)
方程求解	代数方程和微分方程的符号解
指定精度求解	数学表达式的指定精度求值
积分变换	傅立叶变换、拉氏变换、z 变换
特殊数学函数	数学领域的比较特殊的经典函数

下面仅举例说明 MATLAB 的符号微分功能。

例 4-15 生成表达式 $\sin ax$,并分别对其中的 x 和 a 求导。

syms a x

f=sin(a * x);   %生成符号表达式

df=diff(f)   %对自动确定的自变量 x 求导,详细介绍见下方"说明"

df=

   cos(x a)a

dfa=diff(f,a)   %对变量 a 求导

dfa=

   cos(x a)x

228

说明

上题中,事先没有对表达式中的独立符号变量进行定义,MATLAB 软件自动检查哪些字符是软件的符号函数,哪些是符号变量,且总是把在英文字母表中离 x 最近的字母作为自变量。

4.8 Notebook

MATLAB Notebook 成功地把 Microsoft Word 和 MATLAB 集成在一起,为用户营造融文字处理、科学计算、工程设计于一体的工作环境。在 Notebook 中的命令可随时修改、随时计算并画成图形。因此,它不仅拥有 Microsoft Word 的全部文字处理功能,而且具备 MAT-LAB 的数学解算能力和计算结果的可视化能力。它既可以看作解决各种计算问题的字处理软件,也可以看作具备完善文字编辑功能的科技应用软件。

4.8.1 安装

MATLAB 6.5 版本的 Notebook 是在 MATLAB 环境下安装的,具体步骤为:

(1) 在 Windows 上分别安装 Microsoft Word 和 MATLAB 6.5;

(2) 启动 MATLAB,打开 MATLAB 指令窗;

(3) 在指令窗中运行 notebook-setup,Notebook 就会自动安装直至完成。

4.8.2 启动

启动 Notebook 有以下两种情况:

1) 在 Word(以 Word 2010 为例)默认窗口(即 Normal. dot)下创建 M-book

(1) 在 Word 窗口的【文件】下拉菜单中选择【新建】子项;

(2) 在右边窗口中选择【我的模板】,在弹出的对话框中,选择"m-book. dot"模板,按【确定】键;

(3) 假如此前 MATLAB 尚未启动,则 MATLAB 自动被启动;最后进入新的 M-book 文档窗口。

2) 从 MATLAB 中启动 Notebook

```
notebook                    %打开一个新的 M-book 文档
notebook PathFileName       %打开已存在的 M-book 文档
```

说明

(1) 以上指令在 MATLAB 命令窗口中运行。

(2) Path File Name 是包括完整路径在内的所需打开的文件名。

4.8.3 输入细胞(群)的创建和运行

1) 细胞群

在 Notebook 中,凡参与 Word 和 MATLAB 之间信息交换的部分,就称为"细胞(群)"(Cell or Cell Group)。由 M-book 送向 MATLAB 的指令,称为"输入"细胞(Input Cells);由 MATLAB 返回 M-book 的计算结果,称为"输出"细胞(Output Cells)。细胞和细胞群没有根本区别。

2) 基本操作

（1）以普通文本形式输入的必须是 MATLAB 指令。其中，标点符号必须是在英文状态下输入的。

（2）不管文本形式的一条指令有多长，不管一行有多少条文本形式指令，不管有多少行文本形式指令，只要能有鼠标把它们同时"点亮"选中，那么就可以被创建、运行，具体如下：①如果"点亮"选中后，按组合键【Ctrl】+【Enter】，那么点亮部分就成为输入细胞（群），并在 M-book 中获得运行结果，即输出细胞；②如果"点亮"选中后，按组合键【Alt】+【D】，那么"点亮"的部分只是变成了输入细胞（群），但不运行，没有运行结果。

（3）在【Notebook】下拉菜单中，与组合键【Ctrl】+【Enter】等价的菜单项是【Evaluate Cell】。

4.8.4 计算区的创建和运行

计算区（Calc Zone）是 M-book 文档中连续的一块，即可以包含普通文字、数学公式、方块图以及若干个输入细胞群。此后，只需一次操作就可对该区中所有细胞群进行计算。

基本步骤如下：

（1）把需要的连续的一块的全部内容用鼠标"点亮"，然后选中下拉菜单【Notebook】下的【Define Calc Zone】选项。在屏幕上可以看到，整个计算区的前后有两对空白的"细胞区域符"（特殊的粗黑方括号），表明计算区已经定义成功。

（2）一旦计算区被定义以后，不管光标在计算区的什么地方（即不需要将全部内容"点亮"了），此时若再选中下拉菜单【Notebook】下的【Evaluate Calc Zone】，那么就会在每个输入细胞群后面以输出细胞形式给出相应的计算结果。

4.8.5 其他

（1）输出细胞的格式控制——输出细胞包含 MATLAB 的各种输出结果：数据、图形、错误信息等。其格式控制包括：数据的表示法、输出数据之间的空行的大小、绘图指令是否向 MATLAB 文档输出图形、输出的图形的大小、图形的背景色彩、图形打印输出的方式等。

（2）细胞的样式——与其他 Word 模板一样，M-book 模板通过"样式"确定、修改各种细胞的字体、字号、字色。其中，输入细胞样式名为"Input"，输出细胞为"Output"，自初始化细胞为"AutoInit"，出错提示为"Error"。

4.9 MATLAB 编译器（Compiler）

使用过 MATLAB 的科技人员，都能感受到该软件的简洁、便捷和功能的强大，同时也对 MATLAB 产生了新的期望：①希望程序能运行得更快；②希望获得可摆脱 MATLAB 环境而独立运行的可执行软件。MATLAB 2010b 随带了 4.14 版的编译器，可以帮助用户达成以上目的。

4.9.1 编译器的功能

（1）产生 C 源码，并进而生成 MEX 文件。M 文件、MEX 文件都是在 MATLAB 命令解释器（MATLAB Interpreter）的操纵下进行的，不能脱离 MATLAB 系统环境。但 M 文件由

ASCII 码文件写成,而 MEX 文件由二进制码写成。这种 MEX 文件的优点是:①当程序变量为实数,或向量化程度较低,或含有循环结构时,采用该法可提高运行速度;②与 M 文件相比,MEX 文件采用二进制代码,能更好地隐藏文件算法,使之免遭非法修改。

(2) 产生 C 或 C++源码,以便与其他 C/C++模块结合形成独立的外部应用程序。运行所产生的应用程序,无需 MATLAB 环境的支持,但是往往需要 MATLAB 提供的 C/C++数学库;如果调用了 MATLAB 绘图指令,则还需要 MATLAB 提供的 C/C++图形库。

(3) 产生 C MEX 的 S 函数,与 simulink 配合使用,以提高 S 函数的运行速度。

(4) 产生 C 共享库(动态链接库、DLL)或 C++静态库,它们的使用无需 MATLAB 环境的支持,但是需要 MATLAB 数学库。

4.9.2 由 M 文件创建外部应用程序基本步骤

(1) 编写 M 函数文件,例如 t2.m。

(2) 把文件存放于用户自己的目录"d:\mywork",并在 MATLAB 指令窗中运行检验。

(3) 生成独立的外部可执行程序。在 MATLAB 指令窗中,运行如下指令:

mcc-m t2

得到外部应用程序 t2.exe。

(4) 在 d:\mywork 目录下,运行 t2.exe,会打开 DOS 窗口,并获得到相应结果。

4.10 应用程序接口 API

前面主要叙述 MATLAB 自身的各种功能和使用方法,本节主要介绍 MATLAB 与其他软件之间如何配合共同完成任务。

作为优秀软件,MATLAB 不仅自身功能强大、环境友善、能十分有效地处理各种科学和工程问题,而且具有极好的开放性。这种开放性表现在两方面:①MATLAB 适应各种科学、专业研究的需要,提供了各种专业性的工具包;②MATLAB 为实现与外部应用程序的"无缝"结合,提供了专门的应用程序接口 API,主要功能简述如下:

(1) 编写 C MEX 源码程序,也就是为现有的 C 程序编写接口程序,使之成为 MATLAB 函数文件。运用这种技术,读者可以把积累的优秀的 C 程序改造成可在 MATLAB 中方便调用的指令。

(2) 编写产生 MAT 数据文件的 C 源码程序,从而借助 MAT 文件实现 MATLAB 与外部应用程序的数据交换。

(3) 借助 MATLAB 引擎技术,前台可以是各种外部应用程序编写的界面,而后台计算则可完全交由作为计算引擎(Computation Engine)的 MATLAB 进行。

(4) ActiveX 是一种基于 Microsoft Windows 操作系统的组件集成协议。借助于 ActiveX,开发商和终端用户就能把来自不同商家的 ActiveX 组件无缝地集成在自己的应用程序中,从而完成特定的目的,缩短了开发周期,有效地避免了低水平的重复开发。应用 ActiveX 可实现 MATLAB 与外部应用程序的通信。例如:①MATLAB 可用作为客户,服务器是Excel;②或者服务器是 MATLAB,而客户是 PowerPoint。由此产生的 PPT 文件,可以在放映过程中,实时地进行 MATLAB 调用。

(5) 借助 DDE 技术在 MATLAB 与其他外部程序间进行通信。例如：①VB 制作的界面借助 DDE 建立的对话通道调用服务器 MATLAB 进行计算和显示结果图形；②MATLAB 以客户身份与服务器 Excel 建立 DDE"热连接"，使 MATLAB 图形实时地跟随电子表格数据的改变而变化。

4.11　MATLAB 用于有限元分析的简例

例 4‑16　一个台阶式杠杆上方固定后，在下方施以一个 Y 轴方向集中力，试以有限元法求 B 点与 C 点的位移，如图 4.6 所示。弹性模量 $E_1＝E_2＝3.0×10^7$ 模量单位，截面积 $A_1＝5.25$ 面积单位和 $A_2＝3.75$ 面积单位，长度为 $L_1＝L_2＝12$ 长度单位，$P＝100$ 力单位。

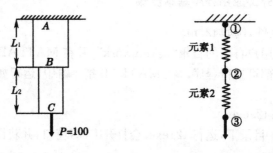

图 4.6　问题示意　　　图 4.7　分解示意

1) 解题方法

（1）分解为两元素

我们可将台阶式杠杆先分成元素 1 和元素 2，如图 4.7 所示。

（2）求元素 1 的刚度矩阵

〈元素 1〉节点 $i＝1, j＝2$

该元素的刚度系数为：$K_1＝\dfrac{A_1 E_1}{L}$ 　　　　(4.1)

该元素的力平衡方程式为：$\begin{Bmatrix} F_1 \\ F_2 \end{Bmatrix}＝\begin{bmatrix} K_1 & -K_1 \\ -K_1 & K_1 \end{bmatrix}\begin{Bmatrix} u_1 \\ u_2 \end{Bmatrix}$ 　　(4.2)

（3）求元素 2 的刚度矩阵

〈元素 2〉节点 $i＝2, j＝3$

该元素的刚度系数为：$K_2＝\dfrac{A_2 E_2}{L_2}$ 　　　　(4.3)

该元素的力平衡方程式为：$\begin{Bmatrix} F_2 \\ F_3 \end{Bmatrix}＝\begin{bmatrix} K_2 & -K_2 \\ -K_2 & K_2 \end{bmatrix}\begin{Bmatrix} u_2 \\ u_3 \end{Bmatrix}$ 　　(4.4)

（4）合并两元素

之后将两元素的力平衡方程式合并在一起，得到：

$$\begin{Bmatrix} F_1 \\ F_2 \\ F_3 \end{Bmatrix}＝\begin{bmatrix} K_1 & -K_1 & 0 \\ -K_1 & K_1+K_2 & -K_2 \\ 0 & -K_2 & K_2 \end{bmatrix}\begin{Bmatrix} u_1 \\ u_2 \\ u_3 \end{Bmatrix} \qquad (4.5)$$

接着将各条件代入力平衡方程式中,可得:

$$\begin{Bmatrix} R \\ 0 \\ 100 \end{Bmatrix} = \begin{bmatrix} K_1 & -K_1 & 0 \\ -K_1 & K_1+K_2 & -K_2 \\ 0 & -K_2 & K_2 \end{bmatrix} \begin{Bmatrix} 0 \\ u_2 \\ u_3 \end{Bmatrix} \tag{4.6}$$

(5) 加入边界条件

其中 F_3 没有外力作用,故 $F_3=0$, F_1 为固定端,故为反作用力 R,位移为 0,又因其为固定端,所以可将其忽略,而得到新的力平衡方程式:

$$\begin{Bmatrix} R \\ 0 \\ 100 \end{Bmatrix} = \begin{bmatrix} K_1 & -K_1 & 0 \\ -K_1 & K_1+K_2 & -K_2 \\ 0 & -K_2 & K_2 \end{bmatrix} \begin{Bmatrix} 0 \\ u_2 \\ u_3 \end{Bmatrix} \tag{4.7}$$

$$\Downarrow$$

$$\begin{Bmatrix} 0 \\ 100 \end{Bmatrix} = \begin{bmatrix} K_1+K_2 & -K_2 \\ -K_2 & K_2 \end{bmatrix} \begin{Bmatrix} u_2 \\ u_3 \end{Bmatrix} \tag{4.8}$$

(6) 计算刚度系数

$$K_1 = \frac{5.25 \times 3.0 \times 10^7}{12} = 13.125 \times 10^6 \text{ 刚度系数单位} \tag{4.9}$$

$$K_2 = \frac{3.75 \times 3.0 \times 10^7}{12} = 9.375 \times 10^6 \text{ 刚度系数单位} \tag{4.10}$$

(7) 解出节点位移

将上式代入式(4.8),可得:

$$\begin{cases} u_1 = 0 \\ u_2 = 0.0762 \times 10^{-6} \times 100 = 0.762 \times 10^{-5} \text{ 长度单位} \\ u_3 = 0.18295 \times 10^{-6} \times 100 = 0.18295 \times 10^{-4} \text{ 长度单位} \end{cases} \tag{4.11}$$

2) MATLAB 程序说明

(1) 求元素 1 的刚度矩阵

```
clear
A1=5.25
E1=3.0e7                 %元素 1 的弹性模量,MATLAB 中 e7 代表 10^7,即 E1=30 000 000
L1=12
K1=A1*E1/L1
KK1=[K1, -K1; -K1, K1]    %KK1 为元素 1 的单元刚度矩阵
```

(2) 求元素 2 的刚度矩阵

```
A2=3.75
E2=3.0e7
L2=12
K2=A2*E2/L2
KK2=[K2,-K2;-K2,K2]       %KK2 为元素 2 的单元刚度矩阵
```

（3）解出位移

```
format short g              %用 5 位有效数字的浮点或最佳的方式来表示计算结果
KKK1=KK1
KKK1(3, 3)=0               %扩展为 3×3 数组(新元素值为 0),KKK1 为元素 1 对整体刚度矩阵的贡
                           献矩阵

KKK2=[0,0,0;
0,KK2(1,:);
0,KK2(2,:)]               %KKK2 为 3×3 数组,为元素 2 对整体刚度矩阵的贡献矩阵,KK2 位于其
                          右下角

KKK=KKK1+KKK2             %形成整个体系的整体单元刚度矩阵,见式(4.5)
K=KKK(2:3,2:3)           %将 KKK 矩阵的第 2、3 行和第 2、3 列取出构成一个 2×2 的矩阵,见式(4.
                         8)
f=[0;100]                %输入节点承受的外力
u=K\f                    %K"左除"f——因为方程 Ku=f,K 在变量 u 的左边,所以指令中的 K 必
                         须在"\"的左边;假如方程是 xC=d 形式,那么将使用"右除",即 x=d/C
u=
[7.619e-006;
1.8286e-005]
```

（4）结论

经过 MATLAB 计算求解的结果,与式(4.11)的答案相符。

4.12 MATLAB 用于振动台试验数据分析的简例

Fortran、Basic、C 等语言在土木工程计算编程方面具有广泛的应用,但涉及矩阵理论、数值分析等问题时用上述语言编程较为繁琐。而这些问题正是 MATLAB 语言的强项,同时它还提供了一批功能强大的核心内部函数和工具箱函数,不需要高深的编程技巧,可以方便地解决上述问题。本节使用 MATLAB 语言为工具,对振动台试验数据进行处理,内容主要包括:由白噪声试验时程记录,求出振动模型各测点相对于台面的传递函数,从而得到模型的自振频率及振型;由地震波试验时程记录,经消除趋势项、滤波后,采用数值积分方法得到积分位移等,从而进一步显示 MATLAB 在土木工程领域的科学研究与工程计算中的价值。

4.12.1 用 MATLAB 求模型的传递函数

振动台试验中,通常利用白噪声试验来确定模型的自振特性。考虑到模型反馈可能使输入波信号发生畸变,因此均以层测点的白噪声反应信号对台面白噪声信号做传递函数。

传递函数又可称频率响应函数,是复数,其模等于输出振幅与输入振幅之比,表达了振动系统的幅频特性;其相角为输出与输入的相位差,表达了振动系统的相频特性。因此,利用传递函数即可作出模型加速度响应的幅频特性图和相频特性图。幅频特性图上的峰值点对应的频率为模型的自振频率;在幅频特性图上,采用半功率带宽法可确定该自振频率下的临界阻尼比;由模型各测点加速度反应幅频特性图中得到同一自振频率处各层的幅值比,再由相频特性图判断其相位,经归一化后,就可以得到该频率对应的振型曲线。

由此可见,得到模型的传递函数,是获得模型自振特性的关键。

本节采用 MATLAB 语言及其函数编制了求解传递函数并输出幅频、相频曲线的程序,根据作者所进行的振动台试验中白噪声试验记录,得到了试验模型的传递函数。程序如下:

```
fs=304.88;              %试验中的采样频率
……                    %将测得的台面白噪声信号和模型第七层的加速度反应信号读入,并分别存储
                        在数组 x 和 y 中
[hest1, f]=tfe(x, y, 2048, fs, 2048, 0, 'mean');
                        %用 tfe 函数作第七层信号对台面信号的传递函数,数值存放在复数数组 hest1
                        中,频率存放在数组 f 中
……                    %画出传递函数幅频曲线
angle1=angle(hest1);    %用 angle 函数求相位
angle1=angle1/3.14159 * 180;
……                    %画出传递函数相频曲线
……                    %将传递函数的实部、虚部以及相应频率等数据写入外部文件中
```

该程序调用了 MATLAB 中的 Signal Processing Toolbox 中的 tfe 函数来求解模型的传递函数。现将此函数的输入参数按顺序作如下简要说明:① "x"为输入信号,本节中即为台面信号。② "y"为输出信号,本节中即为第七层的反应信号。③ "2048"为 FFT 点数,可变。④ "fs"为信号采用频率。⑤ "2048"为窗函数的宽度。tfe 函数中用的是 Hanning 窗(实际上,tfe 函数是独立的 m 文件"tfe. m",可以方便地根据需要对其进行修改,例如可以将窗函数改为 Hamming 窗甚至是矩形窗)。因为 FFT 是对有限长度内的时域信号进行计算的,意味着要对时域信号进行截断,加窗的目的是为了抑制对时域信号进行截断时造成的频率"泄露"现象,使在时域上截断信号两端的波形由突变变为光滑,在频域上压低旁瓣的高度。⑥ "0"为样本混叠的点数,可变。因为一般情况下,白噪声信号的点数远大于 FFT 点数,此时 tfe 函数将信号分段,分别计算每段的自功率谱和互功率谱,最后求解传递函数时,将各段的功率谱相加。分段进行处理可以使频谱图变得平滑。若采用非零的样本混迭点数,可增加分段数,从而使频谱图变得更为平滑。⑦ "mean"代表在 tfe 函数中调用的 detrend 函数将原始信号零均值化。

由上述程序得到的幅频和相频曲线如图 4.8 所示。

根据试验所用振动台的制造商——美国 MTS 公司提供的 STEX 3.0 程序计算所得的传递函数数据,画出的幅频和相频曲线如图 4.9 所示。

从图 4.8 和图 4.9 可以看出,幅频曲线两者完全类似,幅值峰值点对应的频率完全相同,峰值大小略有差异,而在经振型的归一化处理后,此差异的影响很小,具体可见表 4.12。相频特性图两者有较大差异。后者计算时输入信号采用的是台面内部传感器测到的信号,作者未得到此数据,故本节程序采用的是布置在台面上的压电式传感器测到的信号。因相位与传感器工作性能、接线方向等有关,故相频特性的差异可能与此原因有关,但相频特性的差异并不影响求解振型,具体可见表 4.12。

求出同一工况下其余楼层信号对台面信号的传递函数后,可以得到模型的自振特性。模型的自振周期及振型列于表 4.12 之中。

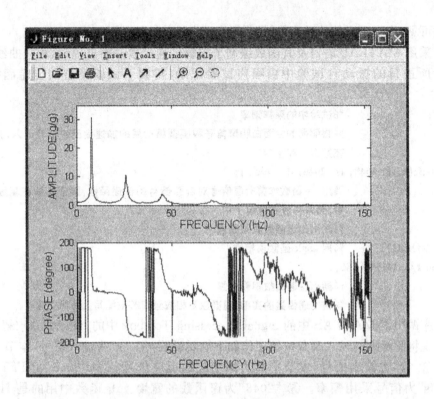

图 4.8　由本文程序得到的幅频和相频曲线图

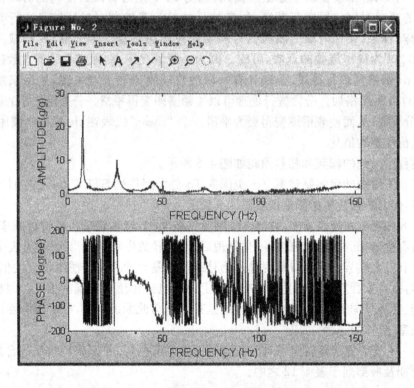

图 4.9　根据 STEX3.0 计算所得传递函数数据画出的幅频、相频曲线

表 4.12　模型自振周期及振型

楼层		由本节程序计算结果所得				由 STEX 3.0 计算结果所得			
		频率	幅值峰值点	相位	振型	频率	幅值峰值点	相位	振型
7	一阶自振频率、振型	8.039	30.77	74.14	1	8.039	24.28	−112.55	1
6		8.039	27.93	74.44	0.908	8.039	22.04	−112.18	0.908
5		8.039	24.64	74.63	0.801	8.039	19.45	111.93	0.801
4		8.039	19.92	75.31	0.647	8.039	15.72	−111.19	0.647
3		8.039	13.29	76.59	0.432	8.039	10.49	−109.69	0.432
2		8.039	8.14	−100.06	0.265	8.039	6.44	73.99	0.265
1		7.8899	3.75	−30.77	0.122	7.741	3.06	148.23	0.126
7	二阶自振频率、振型	25.903	10.53	−69.69	−0.778	25.903	9.93	99.88	−0.784
6		25.903	3.36	−67.27	−0.248	25.903	3.21	103	−0.253
5		26.2	3.93	67.67	0.290	26.2	3.79	−119.62	0.299
4		26.2	10.31	69.7	0.762	26.2	9.85	−117.61	0.777
3		25.903	13.53	109.33	1	25.903	12.67	−81.13	1
2		25.903	11.19	−68.93	0.827	25.903	10.48	100.85	0.827
1		25.903	5.59	−63.4	0.413	25.903	5.24	104.36	0.414

表 4.12 中模型 1、2 层的幅值峰值点对应的相位较乱。如前所述,问题可能出在传感器工作性能、接线方向等方面。另一方面,由本节程序计算结果所得的相位变化趋势与 STEX 3.0 计算结果中的相位变化趋势一致。

由上述内容可认为,本节程序可用来计算传递函数,进行频谱分析,从而代替动态信号分析仪或专业软件的部分功能。

4.12.2　用 MATLAB 求积分位移

在振动台试验中,测量加速度比测量位移相对来说要好测一些。因此,根据模型加速度波形,求得积分位移波形,是了解模型位移反应的一个重要手段。

但是,由于仪器的误差,加速度记录波形会有一定的波形基线位移量。这对于积分运算的影响很大,使积分运算结果产生较大的偏差。因此,在用加速度波形通过二次积分求得位移波形时,必须做好消除趋势项和滤波处理。本节采用 MATLAB 语言及其函数编制了求解积分位移的程序,根据作者所进行的振动台试验中 El Centro 波作用下某一测点的加速度波形,得到了该测点的位移波形。程序如下:

```
delt=0.002;        %信号采集的时间间隔,此模型试验中的采样频率为 500Hz
……                 %将加速度记录读入数组 a1 中
da1=dtrend(a1);dda1=dtrend(da1,1);    %对 a1 中的数据进行零均值化和消除趋势项
dda1=idfilt(dda1,4,[0.0044 0.192]);   %滤波
for ii=2:npoint;    %采用线性加速度法求积分速度(npoint 为记录的点数)
```

```
  lv1(ii)=(dda1(ii-1)+dda1(ii)) * delt/2;
end
lv1(1)=dda1(1) * delt/2;
lv1=cumsum(lv1);
ldv1=dtrend(lv1);lddv1=dtrend(ldv1,1);        %将积分速度存放在数组 lddv1 中
for ii=2:npoint;
  lwy1(ii)=(lddv1(ii-1)+lddv1(ii)) * delt/2;
end
lwy1(1)=lddv1(1) * delt/2;
lwy1=cumsum(lwy1);
ldwy1=dtrend(lwy1);lddwy1=dtrend(ldwy1,1);     %求得积分位移,存放在数组 lddwy1 中
……                                          %画出加速度、速度、位移反应波形
```

　　该程序调用了 MATLAB 中的 System Identification Toolbox 的 dtrend 函数以及 idfilt 函数。dtrend 函数用来进行数据的零均值化和消除趋势项。idfilt 函数用来进行数据滤波,输入参数如下:①"dda1"为需进行滤波的数据;②"4"为滤波器的阶数;③"[0.0044 0.192]"为滤波后保留的频率的范围。该数值为标准化频率,即实际频率和采样频率的一半的比值。

　　由程序计算得到的积分速度和积分位移如图 4.10 所示。

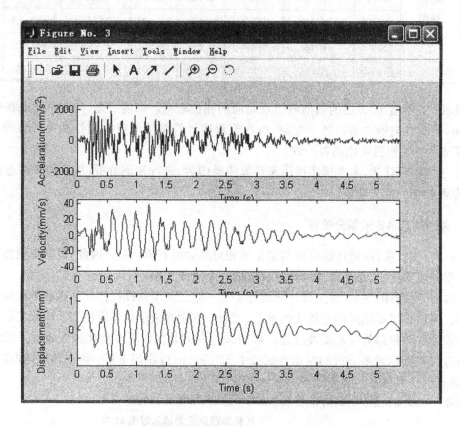

图 4.10　加速度记录、积分速度、积分位移曲线

238

4.12.3 小结

本节利用 MATLAB 为工具编写的两个程序,对振动台试验数据进行了处理,得到了模型传递函数和积分位移,可代替动态信号分析仪或专业软件的相应功能,并且可以进一步应用到其他动力试验中去。

5 通用结构设计软件

5.1 概　述

伴随着计算机技术的飞速发展，一些优秀实用的结构分析设计软件相继出现，大大简化了结构设计时的繁琐的工作，使结构工程师的主观能动性得到更好的发挥；设计软件的出现不仅提高了出图速度，而且对结构布置和优化设计提供了极大的方便。

在众多的优秀通用结构设计软件中，PKPM 建筑计算系统软件，是目前国内建筑界应用很广的一套计算机辅助设计系统软件。

5.1.1　PKPM 的特点

PKPM 的特点是：使用方便易上手、准确可靠、出图效率高。随着 PKPM 软件的不断升级完善，软件的整体水平在广度和深度方面更进了一步。

PKPM 系列软件包含：结构、建筑、装修、设备、节能软件、工程造价软件 STAT、施工管理系列软件 CMIS SG-1、施工技术系列软件 CMIS SG-2。

PKPM 系统各模块联系框图如下（图中结构计算机辅助设计模块图框加阴影）：

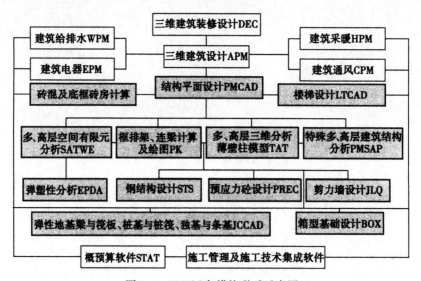

图 5.1　PKPM 各模块联系示意图

5.1.2　本章目的

本章主要介绍 PKPM 系列结构设计软件，使读者初步掌握利用 PKPM 进行结构设计的方法。

5.2 PMCAD

PMCAD 软件采用人机交互方式进行数据输入,引导用户逐层地布置各层平面和各层楼面,再输入层高就建立起一套描述建筑物整体结构的数据,具有直观、易学,不易出错和修改方便等特点。

PMCAD 具有较强的荷载统计和传导计算功能,除计算结构自重外,还有自动完成从楼板到次梁,从次梁到主梁,从主梁到承重的柱、墙,再从上部结构传到基础的全部计算,加上局部的外加荷载,PMCAD 可方便地建立整栋建筑的荷载数据。

由于建立了整栋建筑的数据,PMCAD 成为了 PKPM 系列各结构设计软件各模块的核心,为各功能设计提供数据接口。

5.2.1 软件应用范围

◆ 层数 ≤190;
◆ 标准层 ≤190;
◆ 正交网格时,横向网格、纵向网格数 ≤100;
◆ 斜交网格时,网格线条数 ≤5 000;
◆ 用户命名的轴线总条数 ≤5 000;
◆ 节点总数 ≤8 000;
◆ 标准柱截面 ≤300;
◆ 标准梁截面 ≤300;
◆ 标准墙体洞口 ≤240;
◆ 标准楼板洞口 ≤80;
◆ 标准墙截面 ≤80;
◆ 标准斜杆截面 ≤200;
◆ 标准荷载定义 ≤6 000;
◆ 每层柱根数 ≤3 000;
◆ 每层梁根数(不包括次梁) ≤8 000;
◆ 每层圈梁根数 ≤8 000;
◆ 每层墙数 ≤2 500;
◆ 每层房间总数 ≤3 600;
◆ 每层次梁总根数 ≤1 200;
◆ 每个房间周围最多可以容纳的梁墙数 <150;
◆ 每个节点周围不重叠的梁墙根数 ≤6;
◆ 每层房间次梁布置种类数 ≤40;
◆ 每层房间预制板布置种类数 ≤40;
◆ 每层房间楼板开洞种类数 ≤40;
◆ 每个房间楼板开洞数 ≤7;
◆ 每个房间次梁布置数 ≤16。

说明

（1）两节点间最多安置一个洞口。需安置多个洞口时，应在洞口间增设网格与节点。

（2）结构平面上的房间数量的编号是由 PMCAD 自动生成的，软件将由墙或梁围成的一个个平面闭合体自动编成房间，以此作为输入楼面上次梁、预制板、洞口位置以及导荷载、画图的一个基本单元。

（3）主次梁的截面均在【主菜单1】→【楼层定义】→【主梁布置】→【新建】中定义。

（4）次梁可在 PMCAD【主菜单1】的【楼层定义】中作为主梁布置，程序会将该梁作为主梁处理；也可以在【楼层定义】的【次梁布置】中定义，可避免过多的无柱联结点，避免这些点将主梁分隔过细，防止因梁根数和节点数过多而超界。对于弧形次梁，只能作为主梁输入。

（5）PMCAD 中墙是指结构承重墙或抗侧力墙；框架填充墙只折算成荷载，在【主菜单1】的【荷载输入】选项中输入。

（6）平面布置时，应避免大房间内套小房间的布置，否则会在荷载导算或统计材料时重叠计算，可在两者之间用虚梁连接，将大房间分割。

5.2.2 PKPM 主菜单

双击桌面上的 PKPM 图标，进入 PKPM 主菜单；点击【结构】，启动结构辅助设计模块；点取左侧窗口中【PMCAD】，右侧窗口即出现了 PMCAD 的主菜单（图 5.2）：

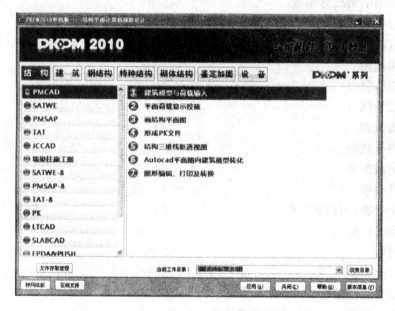

图 5.2　PKPM 主菜单界面

对于不同的工程，应事先建立相应专用的工作子目录，子目录名称任意。在进入 PMCAD 主菜单后，点击【改变目录】后，选择相对应的工作目录，单击【确定】。

设置好工作目录后，执行【主菜单1】模块，建立工程的整体结构数据的基本文件，为以后分析及设计提供数据。2～7 项是完成其他附属各项功能的。

PKPM 主菜单左下角处的【文件存取管理】，用户可方便地将当前工程各模块数据压缩打包（WinZip 格式），压缩文件保存在当前工作目录下，可方便将其拷贝、保存。

5.2.3 工作环境

1）常用功能键

【F5】：重新显示当前图、刷新修改结果　　【F6】：充满显示

【F7】：放大一倍显示　　　　　　　　　　【F8】：缩小一半显示

【U】：后退一步操作　　　　　　　　　　【F2】：坐标显示开关

2）定位输入方式

（1）纯键盘坐标输入方式——输入误差小，但击键次数多，速度慢。

  绝对直角坐标：！X，Y，Z 或！X，Y

  相对直角坐标：X，Y，Z 或 X，Y

  绝对极坐标：！R<A

  相对极坐标：R<A

  【Insert】：键盘输入绝对坐标　　　　【End】：键盘输入角度和偏移距离

  【Home】：键盘输入相对坐标　　　　【Tab】：当前输入的点作为参考点

（2）纯键盘光标输入方式——击键次数少，如果不使用捕捉工具输入误差大。

  【F2】：坐标显示　　　　　　　　　　【↑】：使光标上移一步

  【↓】：使光标下移一步　　　　　　　【←】：使光标左移一步

  【→】：使光标右移一步　　　　　　　【Page Up】：增大光标移动步长

  【Page Down】：减少光标移动步长　　【Enter】：确定输入的点

  【Tab】：当前输入的点作为参考点　　【Esc】：放弃输入的点

（3）纯鼠标光标输入方式——速度快，击键次数少，如果不使用捕捉工具输入误差大。

  【F2】：坐标显示　　　　　　　　　　【鼠标左键】：确定输入点

  【鼠标中键】：当前点作为参考点　　　【鼠标右键】：放弃输入点

3）捕捉工具

（1）点网捕捉

  【F3】：点网捕捉开关　　　　　　　　【Ctrl】+【F3】：节点捕捉开关

  【Ctrl】+【F2】：点网显示开关　　　　【F9】：设置捕捉值

（2）角度和距离捕捉工具

  【F4】：角度捕捉开关　　　　　　　　【F9】：设置捕捉值

（3）节点捕捉工具

  【S】：用户选择目标捕捉方式

5.2.4 主菜单 1【建筑模型与荷载输入】

在设置好工作后，双击【建筑模型与荷载输入】或单击【建筑模型与荷载输入】再点击【应用】，输入文件名（旧工程文件名，可按【Tab】键查找），回车或单击鼠标左键，提示："旧文件/新文件(1/0)〈1〉："（1 表示打开以前工程文件；0 表示新建一个工程文件），作出选择后，回车进入交互式输入界面。

PMCAD 软件对于建筑物的描述是通过建立其定位轴线，相互交织形成网格和节点，再在

网格和节点上布置构件形成标准层的平面布局,各标准层配以不同的层高、荷载,形成建筑物的竖向结构布局,完成建筑结构的整体描述。具体步骤正如进入程序时界面右边的菜单次序一样:

(1)【轴线输入】——利用作图工具绘制建筑物整体的平面定位轴线。这些轴线可以是与墙、梁等长的线段,也可以是一整条建筑轴线。可为各标准层定义不同的轴线,即各层可有不同的轴线网格,拷贝某一标准层后,其轴线和构件布置同时被拷贝,用户可对某层轴线单独修改。

(2)【网格生成】——程序自动将绘制的定位轴线分割为网格和节点。凡是轴线相交处都会产生一个节点,轴线线段的起止点也作为节点。这里用户可对程序自动分割所产生的网格和节点进行进一步的修改、审核和测试。网格确定后即可以给轴线命名。

(3)【楼层定义】——首先可以定义全楼所用到的全部柱、梁、墙、墙上洞口及斜杆支撑的截面尺寸。然后依照从下至上的次序进行各个结构标准层平面布置。凡是结构布置相同的相邻楼层都应视为同一标准层,只需输入一次。由于定位轴线和网点已经形成,布置构件时只需简单地指出哪些节点放置哪些柱;哪条网格上放置哪个墙、梁或洞口。

(4)【荷载输入】——用于输入建筑物的楼面荷载、梁间荷载、柱间荷载、墙间荷载、节点荷载和墙洞荷载。对于人防工程和有吊车荷载的厂房,可以在【荷载输入】中输入人防荷载和吊车荷载。然后依照从下至上的次序定义荷载标准层。凡是楼面均布恒荷载和活荷载都相同的相邻楼层都应视为同一荷载标准层,只需输入一次。

(5)【楼层组装】——进行结构竖向布置。每一个实际楼层都要确定其属于哪一个结构标准层、属于哪一个荷载标准层,其层高为多少。从而完成楼层的竖向布置。再输入一些必要的绘图和抗震计算信息后便完成了一个结构物的整体描述。

(6)【保存文件】——确保上述各项工作不被丢弃的必需的步骤。

对于新建文件,用户应依次执行各菜单项;对于旧文件,用户可根据需要直接进入某项菜单。完成后切勿忘记保存文件,否则输入的数据将部分或全部丢弃。除特殊说明外,程序所输的尺寸单位全部为毫米(mm)。

1)【轴线输入】

建立定位轴线是建模的第一步。在轴线的交点处、端点处、圆弧的圆心处,都会自动生成一个白色的节点,以便后面的构件布置(构件只能布置在节点之上、两节点之间)。

PMCAD程序提供了"节点"、"两点直线"、"平行直线"、"折线"、"矩形"、"辐射线"、"圆环"、"圆弧"、"三点圆弧"等基本图素。它们配合各种捕捉工具、快捷键和下拉菜单中的各项工具,构成了一个小型绘图系统,用于绘制各种形式的轴线。

(1)绘制"节点"

用鼠标直接绘制节点(白色)(使用捕捉可精确定位),供以节点定位的构件使用,绘制是单个进行的,如果需要成批输入可以使用图编辑菜单进行复制。

(2)绘制"两点直线"

绘制零散的直轴线,显示为红色。可以使用任何方式和工具进行绘制。如使用键盘输入和捕捉方式可以定位精确。

(3)绘制"平行直线"

绘制一组平行的直轴线,显示为红色。首先绘制第一条轴线,以第一条轴线为基准输入复制的间距和次数,间距值的正负决定了复制的方向。以"上右为正","下左为负",可以分别按不同的间距连续复制,提示区自动累计复制的总间距。

（4）绘制"折线"

绘制连续首尾相接的直轴线和弧轴线,按【Del】可以结束一条折线,输入另一条折线或切换为切向圆弧,显示为红色。

（5）绘制"矩形"

绘制一个与 x、y 轴平行的,闭合矩形轴线,它只需要两个对角的坐标,因此它比用"折线"绘制的同样轴线更快速,显示为红色。

（6）绘制"辐射线"

绘制一组辐射状直轴线。首先沿指定的旋转中心绘制第一条直轴线,输入复制角度和次数,角度的正负决定了复制的方向,以逆时针方向为正。可以分别按不同角度连续复制,提示区自动累计复制的总角度。

（7）绘制"圆环"

绘制一组闭合同心圆环轴线。在确定圆心和半径后可以绘制第一个圆,输入复制间距和次数可绘制同心圆,复制间距值的正负决定了复制方向,以"半径增加方向为正",可以分别按不同间距连续复制,提示区自动累计半径增减的总和。

（8）绘制"圆弧"

绘制一组同心圆弧轴线,按圆心起始角、终止角的次序绘出第一条弧轴线。输入复制间距的次数,复制间距值的正负表示复制方向,以"半径增加方向为正",可以分别按不同间距连续复制,提示区自动累计半径增减总和。

（9）绘制"三点圆弧"

绘制一组同心圆弧轴线。按第一点、第二点、中间点的次序输入第一个圆弧轴线。输入复制间距和次数,复制间距的正负表示复制方向,以"半径增加方向为正",可以分别按不同间距连续复制,提示区自动累计半径增减总和。

（10）绘制"两点圆弧"

绘制一组同心圆弧轴线。首先点取第一点的切线方向控制点,然后点取圆弧的两个端点,其复制方式同"三点圆弧"。

（11）绘制"正交轴网"

绘制一组较规则的正交轴网,可以使绘图速度大大提高。

首先点击【正交轴网】→【轴网输入】(如图 5.3),进入到"直线轴网输入对话框"界面。在"轴网数据录入和编辑"栏目中,可以直接键入开间与进深的数值。在开间与进深值后可用"*跨数"的形式录入所需要的跨数。也可以将光标移至所要录入的条目上,再从右上角的"常用值"栏目中双击添加所需要的常用数值,双击添加的次数即为跨数,可在其左侧的"开间/进深"栏目中看到。在"直线轴网输入对话框"下部,可以编辑轴线缩进值、插入基点的位置和网格旋转角度(以水平线作为旋转基线,逆时针为正),单击确定,插入相应的位置即可。

（12）绘制"圆弧轴网"

适用于绘制一组较规则的圆弧轴网,可以使绘图速度大大提高。

首先点击【圆弧轴网】→【轴网输入】(如图 5.4),选择圆弧开间角,输入开间数和开间角,选择进深,输入跨数和跨度,单击【添加】,即添加到左边的对话框中,选择相应的按钮可进行修

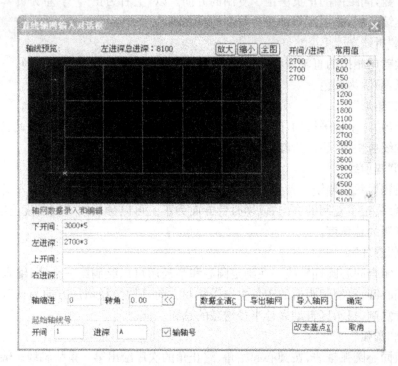

图 5.3　正交轴网对话框

改、插入、删除等操作,然后输入内半径长度(即圆心到最里圆弧的长度)和网格旋转角度(以水平线作为旋转基线,逆时针为正),单击【确定】,以圆心作为插入基点,插入相应的位置即可。

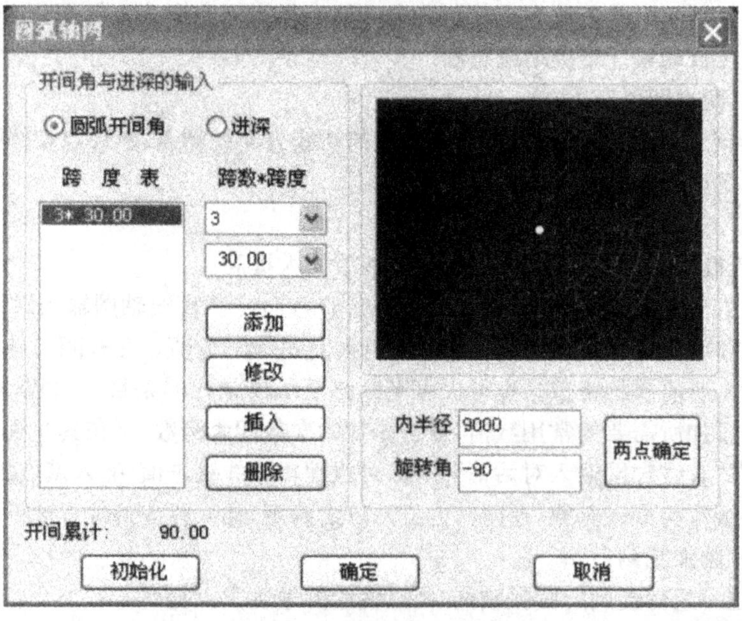

图 5.4　弧形轴网对话框

菜单【轴线输入】上机实践：

点击【圆弧轴网】→选中圆弧开间角选项→输入跨数 3、角度 30→点击【添加】→内半径设为 9000→旋转角设为−90°(图 5.4)→选择"进深"选项→输入跨数为 5，跨度为 3000 mm→点击【添加】→确定→插入点绝对坐标为"0,0"→回车。

点击【正交轴网】→移动光标至"轴网数据录入和编辑"栏目中的"下开间"→输入跨度与跨数"3000 * 5"→移动光标至"左进深"→输入跨度与跨数为"2700 * 3"→基点设为左下→网格旋转角设 0°(图 5.3)→确定→插入点，将鼠标移到圆弧的左上点，点击捕捉【Tab】键，点击鼠标左键。点击 F6，充满显示后如图 5.5。办公楼轴网建立完成。

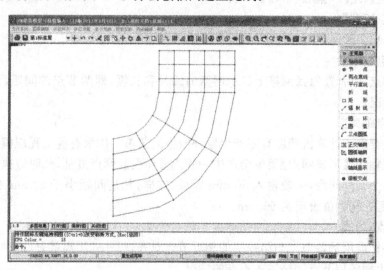

图 5.5 轴网图

2）网格生成

（1）【轴线显示】

是一条开关命令，点击一下【轴线显示】则可画各建筑轴线并标注各跨跨度和轴线号。再点击一下【轴线显示】则只显示轴线。

（2）【形成网点】

这项功能在输入轴线后自动执行，一般不必专门点此菜单。可将用户输入的几何线条转变成楼层布置需用的白色节点和红色网格线，并显示轴线与网点的总数。改变轴线后原构件的布置情况不会改变。

（3）【网点编辑】

【平移网点】可以不改变构件的布置情况，而对轴线、节点、间距进行调整。对于与圆弧有关的节点应使所有与该圆弧有关的节点一起移动，否则圆弧的新位置无法确定。

平移网点→基准点→用光标确定平移方向→输入平移距离(mm)→选择平移目标→继续提示选择平移目标，按【Esc】结束。可用【Insert】改为键盘输入方式。

【删除轴线】、【删除节点】和【删除网格】是在形成网点图后对轴线、节点和网格进行删除的菜单，删除节点过程中若节点被已布置的墙线挡住，可点下拉菜单中的"填充开关"项使墙线变为非填充状态。节点的删除将导致与之联系的网格也被删除。

（4）【轴线命名】

是在网点生成之后为轴线命名的菜单。在此输入的轴线名将在施工图中使用,而不能在本菜单中进行标注。

在输入轴线时,凡在同一条直线上的线段不论其是否贯通都视为同一弧轴线,在执行本菜单时可以一一点取每根网格线,为其所在的轴线命名。

对于平行的直轴线可以在按一次【Tab】键后进行成批的命名,这时程序要求点取相互平行的起始轴线和终止轴线以及虽然平行但不希望命名的轴线,点取之后输入一个字母或数字后程序自动顺序地为轴线编号。对于数字编号,程序将只取与输入的数字相同的位数。轴线命名完成后,应该用【F5】刷新屏幕。

(5)【网点查询】

用来查询和修改网格节点的坐标、标高及两节点间距离。

(6)【网点显示】

在形成网点之后,在每条网格上显示网格的编号和长度,即两节点的间距,帮助用户了解网点生成的情况。

(7)【节点距离】

是为了改善由于计算机精度有限产生意外网格的菜单。如果有些工程规模很大或带有半径很大的圆弧轴线,【形成网点】菜单会产生一些误差而引起网点混乱,此时应执行本菜单。程序要求输入一个归并间距,一般输入 50 mm 即可,这样,凡是间距小于 50 mm 的节点都视为同一个节点,程序初始值设定为 50 mm。

(8)【节点对齐】

将上面各标准层的各节点与第一层的相近节点对齐,归并的距离就是(7)中定义的节点距离,用于纠正上面各层节点网格输入不准的情况。

(9)【上节点高】

上节点高即是本层在层高处节点的高度,程序隐含为楼层的层高,改变上节点高,也就改变了该节点处的柱高、墙高和与之相连的梁的坡度。用该菜单可更方便地处理坡屋顶。

上节点高→输入上节点相对层高处的高差→选择需修改节点(可用【Tab】切换选择方式)→按【Esc】结束命令。

(10)【清理网点】

选中【清理网点】后会出现提示"即将清除本层无用网点,不能用 UNDO 恢复",可根据实际情况选择是否清除。

菜单【网格生成】上机实践:

网点在轴线输入时会自动形成,如未形成,可点击【形成网点】。

点击【网点显示】→选中显示网格长度→确定。点击【Y】放大字符、点击【A】缩小字符,结合平移、放大、缩小等命令可方便地察看轴网距离是否满足要求(如图 5.6)。

点击【节点距离】→在输入节点最小距离为:"100"→回车。点击【节点对齐】,使节点之间距离在 100 mm 以内的节点,合并为一节点。

3)【楼层定义】

这是平面布置的核心程序。PKPM2010 中的【楼层定义】在功能上整合了以往版本中的【构件定义】选项及【输入次梁楼板】菜单,并且保留了原有的【楼层定义】功能,下面将分别介绍各部分的功能。

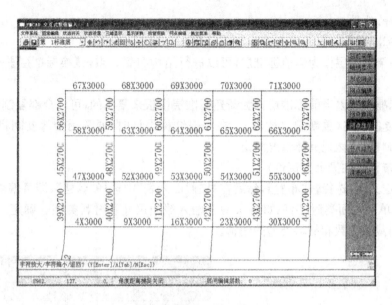

图 5.6 轴线网格长度图

全楼包含的所有柱、梁(包括次梁)、墙、洞口、斜柱支撑的截面尺寸及材料信息,均可在此菜单中定义。对于柱、梁、斜柱支撑杆件需输入截面形状类型、尺寸及材料,材料类别包括钢、混凝土、砌体、刚性杆和轻骨料。对于墙定义其厚度和材料,墙高程序自动取层高。对于洞口限于矩形,需输入宽和高的尺寸。

同时,可以在【楼层定义】菜单中编辑结构标准层的信息。结构标准层按照从下到上排列,若结构布置相同(构件布置相同,梁楼板的输入也要求相同)且为相邻楼层,则可定义为一个标准层,但在结构设计时通常是从下到上每个楼层各为一个标准层,以便结构设计时方便修改。

构件布置有四种方式(按【Tab】键,可使程序在这四种方式间依次转换):①直接布置方式:在选择了标准构件,并输入了偏心值后程序首先进入该方式,凡是被捕捉靶套住的网格或节点,在按【Enter】后即被插入该构件,若该处已有构件,将被当前值替换,用户可随时用【F5】键刷新屏幕,观察布置结果;②沿轴线布置方式:在出现了"直接布置"的提示和捕捉靶后按一次【Tab】键,程序转换为"沿轴线布置"方式,此时,被捕捉靶套住的轴线上的所有节点或网格将被插入该构件;③按窗口布置方式:在出现了"沿轴线布置"的提示和捕捉靶后按一次【Tab】键,程序转换为"按窗口布置"方式,此时用户用光标在图中截取一窗口,窗口内的所有网格或节点上将被插入该构件;④按围栏布置方式:用光标点取多个点围成一个任意形状的围栏,将围栏内所有节点与网格上插入构件。

说明

(1) 柱布置在节点上,每节点上只能布置一根柱;梁、墙布置在网格线上,两节点之间的一段网格上仅能布置一根梁或墙,梁或墙长度即是两节点之间的距离;洞口也布置在网格上,可在一段网格上布置多个洞口,但程序会在两洞口之间自动增加节点,如洞口跨越节点布置,则该洞口会被节点截成两个标准洞口;斜柱支撑连接在两个节点上,可定义支撑两点不同的高度。

(2) 结构标准层的定义次序必须遵守楼层从下到上的次序。

(3) 对同一位置重复布置的构件,新布置的构件会取代原有的构件。按【F5】刷新屏幕可见构件布置新的结果。

(1)【换标准层】

指定义一个标准层作为当前标准层，可以进行结构布置。点击【换标准层】→选择标准层号→确定。

添加新标准层是以当前标准层作为新建标准层模板来复制的，可以全部复制（包括构件）、局部复制、只复制网格（重新定义构件）。在一般结构设计时，通常用全部复制将构件一起复制，只作局部调整，当然视具体情况而定。

(2)【柱布置】（柱显示为黄色）

在【楼层定义】中选择【柱布置】，然后在"柱截面列表"中选择"新建"，即可编辑标准柱参数（如图5.7）→单击截面类型（出现如图5.8）→输入截面尺寸和材料类型→确定。这样就完成了柱子截面的截面参数和材料类型的编辑。

图5.7　柱定义对话框

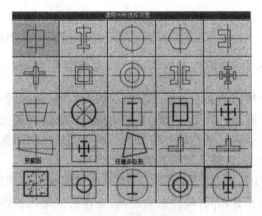

图5.8　截面类型

在已定义的构件处点取则可修改该截面。同时，已布置在楼层的此种构件会自动进行改变。

在完成了柱截面和材料定义的基础之上，选择"柱截面列表"中的"布置"。

选择定义过的柱截面（弹出对话框，如图5.9）

沿轴偏心：沿柱宽方向（转角方向）的偏心称为沿轴偏心，左偏为正。

偏轴偏心：沿柱高方向的偏心称为偏轴偏心，以向上（柱高方向）为正。

图5.9　柱布置对话框

轴转角：柱宽边方向与 X 轴的夹角称为轴转角

输入参数，选择布置方式，布置柱。

说明

(1)如感觉屏幕上的对话框的位置妨碍了布置操作，可用光标点取移开该对话框。

(2)柱沿轴线布置时，柱的方向自动取轴线的方向。

(3)【主梁布置】（主梁显示为蓝色）

定义主梁截面参数与材料类型具体操作过程同【柱布置】。建筑中所有的梁类型（包括次

250

梁)必须在此定义。

在布置主梁时,具体操作过程也与柱布置类似。在点击主梁
布置后,选取定义过的主梁截面后,出现图5.10:

偏轴距离:为正表示左、上偏,为负表示右、下偏。

梁顶标高1、2:表示梁两端相对层高处的高差以向上为正,向
下为负。

偏轴方向在沿轴、光标布置由光标点取时所在轴线某一边决
定,与偏轴距离正负无关。

图5.10 梁布置对话框

(4)【墙布置】(墙显示为绿色)

在右边空格处点一下即开始定义墙,输入相应的墙厚和高度,单击确定。

在【楼层定义】中选择【墙布置】,然后在"墙截面列表"中选择"新建",即可编辑标准墙参数
→输入截面尺寸和材料类型→确定。

说明

(1)定义的墙是指(砖或混凝土)结构承重墙,填充墙应折成
荷载在PMCAD的【荷载输入】中进行施加,直接作用于梁上。

(2)高度为0时,默认为层高。

墙布置的操作过程类似于柱布置,选择已经定义的墙类型后,
出现图5.11。

偏轴距离:为正表示左、上偏,为负表示右、下偏。

偏轴方向在沿轴、光标布置由光标点取时所在轴线某一边决
定,与偏轴距离正负无关。

图5.11 墙布置对话框

(5)【洞口布置】(洞口显示为深蓝色)

在【楼层定义】中选择【洞口布置】,然后在"洞口截面列表"中选择"新建",即可编辑标准洞
口参数→输入截面尺寸→确定。

注:在PMCAD中只能输入矩形洞口。

洞口的布置具体操作与柱布置类似,在点击洞口布置,选择洞口类型后,出现图5.12。

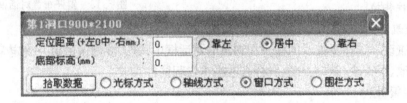

图5.12 洞口布置对话框

定位距离:输入的值为正,则为向左(下)偏移的值;输入的值为负,则为向右(上)偏移的
值;输入的值为0,则为中点定位。洞口紧贴左(右)节点布置则输入1(−1),也可在定位方式
中直接定位。

定位方式:靠左、居中、靠右。

底部标高:洞口下边缘距本层地面高度。例如:门洞输入"0",窗户按实际输入值。

说明

(1)洞口不能跨节点和上、下层布置,对跨越节点和上、下层的洞口可以采用多个洞口布置。

(2)两个节点间只能布置一个洞口。如要设置多个洞口,则应在两节点之间轴线上加设节点。

(6)【斜杆布置】(斜杆显示为紫红色)

斜杆的截面参数和材料类型定义具体操作过程同【柱布置】。

斜杆的布置可按两种方式进行,具体步骤如下:

◆ 斜杆布置→按节点布置→在斜杆布置对话框(图5.13)中输入第一和第二节点的x轴偏心值、y轴偏心值及相对于本层地面的标高(输入"0"表示按本层地面标高,输入"1"表示使用层高)→在图形上依次选择相应的两节点,完成输入。

◆ 斜杆布置→按网格布置→在斜杆布置的对话框(图5.13)中输入第一和第二节点的x轴偏心值、y轴偏心值及相对所选网格两端节点的高度值→在图形上依次选择相应的两节点,完成输入。

(7)【本层修改】

① 错层斜梁

错层斜梁→输入梁两端相对层高处的高差(上为正、下为负)→选择目标→按【Esc】结束命令。

② 柱替换

柱替换→从右侧柱列表中选择被替换的标准柱→单击确定→从右侧柱列表中选择替换的标准柱→单击确定。

说明

(1)柱替换后保留原有的偏心和位移值。

(2)主梁替换、墙替换、洞口替换、斜杆替换操作过程同柱替换。

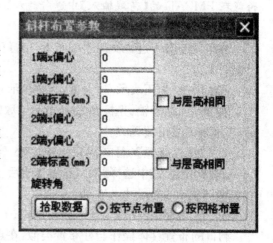

图5.13　斜杆布置对话框

③ 柱查改

点击柱查改→选择要查改的柱→在弹出的对话框中,输入要修改的值→确定。

主梁查改、墙查改、洞口查改、斜杆查改操作过程同柱查改。

(8)【层编辑】

① 删标准层

点击【删标准层】→在弹出的窗口中,选择要删除的标准层→确定。

② 插标准层

点击【插标准层】→在弹出的窗口中,选择要插入到哪个标准层前,选择全部复制/局部复制/只复制网格→确定。

说明

复制是以当前标准层为基础进行的。

③ 层间编辑

252

可同时在多个或全部标准层上同时进行操作。

④ 层间复制

层间复制是将当前的对象向已有的目标进行复制,不同于新建标准层、插入标准层。

⑤ 单层拼装

将其他工程或本工程中的某一被选的标准层,复制到当前标准层。当两者重复时,后布置的覆盖原有的。

⑥ 工程拼装

将拼装工程中所有标准层拼装到当前工程相应的标准层中。

(9)【本层信息】

每个结构标准层必须做的操作,是输入和确认结构信息(如图 5.14)。

最后一项"本标准层层高"仅用来"定向观察"某一轴线立面时做立面高度的参考值,各层层高的数据应在"楼层组装"菜单中输入。

(10)【截面显示】

用来显示截面尺寸、偏心、标高。在显示了平面构件的截面和偏心数据后可用下拉菜单中的打印绘图命令输出这张图,便于数据的随时存档。

图 5.14 标准层信息定义

(11)【绘墙线】

这里可以把墙的布置连同它上面的轴线一起输入,省去先输轴线再布置墙的两步操作,简化为一步操作。

(12)【绘梁线】

这里可以把梁的布置连同它上面的轴线一起输入,省去先输轴线再布置梁的两步操作,简化为一步操作。

(13)【偏心对齐】

根据布置的要求自动完成偏心计算与偏心布置。分为柱上下齐、柱与柱齐、柱与墙齐、柱与梁齐、梁上下齐、梁与梁齐、梁与柱齐、梁与墙齐、墙上下齐、墙与墙齐、墙与柱齐、墙与梁齐。

举例说明如下:

① 柱上下齐——当上下层柱的尺寸不一样时,可按上层柱对下层柱某一边对齐(或中心对齐)的要求自动算出上层柱的偏心并按该偏心对柱的布置自动修正。此时如打开"层间编辑"菜单可使从上到下各标准层的某些柱都与第一层的某边对齐。因此布置柱时可先省去偏心的输入,在各层布置完后再用本菜单修正各层柱偏心。

② 梁与柱齐——可使梁与柱的某一边自动对齐,按轴线或窗口方式选择某一列梁时可使这些梁全部自动与柱对齐,这样在布置梁时不必输入偏心,省去人工计算偏心的过程。

(14)【构件删除】

点击【构件删除】→出现"构件删除"对话框(图 5.15),在对话框中,选择需要删除的构件种类及构件选择方式,再在模型窗口进行构件拾取即可删除构件。

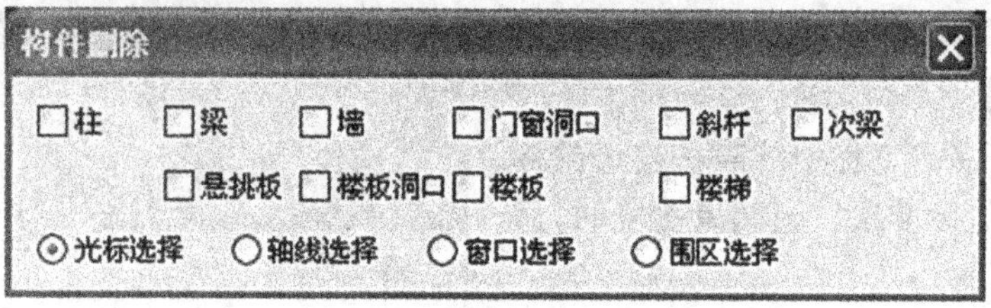

图 5.15　构件删除对话框

说明

（1）进行了一次正确的输入后,程序自动将其计入标准构件表,各类构件分别可以输入300种标准断面,表中第一项功能为翻页,如当前页为"柱 1-19"时,在其上套红【Enter】后便翻至下一页"柱 20-38",共有 6 页顺序显示,如误翻至空白页,请点第一项翻回指定页,这是因为程序始终显示当前页,在下面提到的各种列表也都按这一规则处理,更改某项标准断面可以点该项内容,在空白处点便产生一个新的标准断面。

（2）这里定义的构件将控制全楼各层的布置,如某个构件尺寸改变后,已布置于各层的这种构件的尺寸会自动改变。

在【楼板生成】菜单中,还可以输入楼板的相关参数与信息。在【楼层定义】菜单中选择【楼板生成】子菜单,会弹出对话框询问是否自动生成楼板,可根据实际需要选择"是"或"否"。

（15）【楼板错层】

当个别房间的楼层标高不同于该层楼层标高,即出现错层时,点此菜单输入个别房间与该楼层标高的差值。房间标高低于楼层标高时的错层值为正。

首先键入错层所在的房间号或移动光标直接在屏幕上点取错层所在的房间,再键入错层值(m)。

本菜单仅对某一房间楼板作错层处理,使该房间楼板的支座筋在错层处断开,不能对房间周围的梁作错层处理。

（16）【修改板厚】

点击修改板厚后,标准层的所有房间会显示在主菜单 1 定义的板厚,同时会弹出对话框,输入新的板厚,重新定义不同房间的板厚。

说明

在这里将板厚设为 0 时(如楼梯间),该房间上的荷载(楼板上的恒荷载、活荷载)能够导算到周围的梁和墙上,但不会画出板钢筋。如果设为洞口时,将不会导算荷载,这是两者区别。

（17）【板洞布置】

与梁、柱等构件的布置类似,点击【板洞布置】,在"楼板洞口截面列表"中选择"新建",即可编辑标准板洞参数→单击截面类型→输入截面尺寸和类型,选择洞口的布置位置→确定即可。

全房间洞、板洞删除等功能可按相关提示进行操作,也可以点击【说明】查看相应操作说明。

说明

（1）某房间部分为楼梯间时，可在楼梯间布置处开设一大洞口。某房间全部为楼梯间时，也可点菜单16修改板厚，修改板厚时将该房间板厚修改为0。

（2）房间内所布的洞口，其洞口部分的荷载在荷载传导时扣除。但房间板厚为0时，程序仍认为该房间的楼面上有荷载。

（3）程序只能在矩形房间内的楼板上开洞。每个房间内的洞口不能大于7个。

（18）【布悬挑板】

在平面外围的梁或墙上均可设置现浇悬臂板，其板厚程序自动按该梁或墙所在房间取值，用户应输入悬挑板上的恒荷载和活荷载均布面荷载标准值。如该荷输0，程序也自动取相邻房间的楼面荷载，悬挑范围为用户点取的某梁或墙全长，挑出宽度沿该梁或墙为等宽。

（19）【布预制板】

按房间输入预制楼板。某房间输入预制板后，程序自动将该房间处的现浇楼板取消。

输入方式分为自动布板方式和指定布板方式：①自动布板方式：输入预制板宽度（每间可有两种宽度）、板缝的最大宽度限制与最小宽度限制、横放还是竖放。由程序自动选择板的数量、板缝，并将剩余部分作为现浇带放在最右或最上；②指定布板方式：由用户指定本房间中楼板的宽度、数量，以及板缝宽度、现浇带所在位置。

每个房间中预制板可有两种宽度，在自动布板方式下程序以最小现浇带为目标对两种板的数量作优化选择。

自动布板方式操作如下：在右边菜单上点【自动布板】，提示：指定最大板缝宽度与最小板缝宽度吗？若指定，键入1，再分别键入板缝的最大限值与最小限值二个数；若不指定则键入0或直接回车，则程序取板缝最大限值为100 mm，最小板缝为30 mm。

说明

（1）按【Esc】退出板布置回到右边菜单。

（2）楼板复制时，板跨不一致则自动增加一种楼板类型，所以复制时尽量是板跨一致时复制，否则将增加楼板类型，使类型有可能超界。

（20）【层间复制】

在"楼板层间复制目标层选择"对话框中，可选择将指定标准层已布置的楼板开洞、悬挑楼板、楼板错层、现浇板厚、预制楼板直接复制到本层，再进行局部修改。

（21）【次梁布置】

与主梁、柱等构件的布置类似，点击【次梁布置】，在"梁截面列表"中选择"新建"，即可编辑标准梁参数→单击截面类型→输入截面尺寸和材料类型，选择次梁布置位置→确定即可。

说明

（1）可以进行二级次梁的输入，即次梁搭在次梁上的输入。

（2）每标准层次梁布置的类别总数不能多于40，当某房间的次梁布置与其他房间相同时，应采用次梁复制所述方法，以减少次梁布置的类别。

（3）每房间内的横、竖次梁总数≤16，每层平面内次梁总数≤1200

（4）对非矩形房间，可输入与房间某一边平行的次梁或与某一边垂直的次梁，如为交叉次梁或二级次梁，某相交角度必须是90°。

（5）次梁输入时，提示中距离单位是米(m)。

菜单【楼层定义】上机实践：

点击【柱布置】→"柱截面列表"中的"新建"→开始定义一个新的柱截面（如图5.7）→单击选择截面类型（如图5.8)，选择类型1→输入矩形截面宽度为400，高度为400和材料类别6混凝土→确定。

点击【主梁布置】→"梁截面列表"中的"新建"→开始定义一个新的主梁截面→单击选择截面类型，选择类型1→输入矩形截面宽度为250，高度为500和材料类别6混凝土→确定。同样定义主梁为：300 mm×700 mm和400 mm×1 000 mm的截面。

点击柱布置→选择右侧定义过的柱截面400 mm×400 mm→输入沿轴偏心0、偏轴偏心0、轴转角0，选择布置方式为"窗选"→在轴网上部矩形轴线，选择要布置柱的节点（如图5.16)→按【Esc】结束命令。

点击【柱布置】→选择右侧定义过的柱截面400 mm×400 mm→输入沿轴偏心0、偏轴偏心0、轴转角30，选择布置方式为"窗选"→在轴网下部弧形轴线上，选择要竖向第一斜轴线上的节点（如图5.17)→按【Esc】结束命令。同样布置轴转角为60的柱。

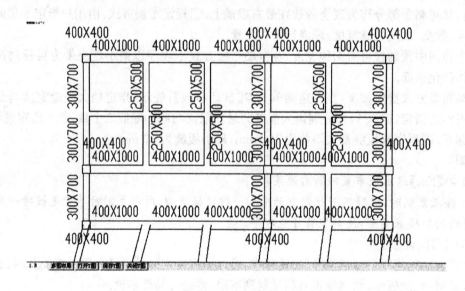

图5.16　截面显示图

同理按照图5.16、图5.17进行梁布置。注意，如图5.16所示，矩形区域左下角3个区隔为楼梯间，其内部未布置主梁。

点击【换标准层】→选择添加新标准层，选择全部复制→确定，添加了标准层2，并在矩形区域略作修改，具体见图5.18。

4)【荷载输入】

PKPM2010的【荷载输入】模块整合了以往版本中的"荷载定义"和"输入荷载信息"两项

256

功能。

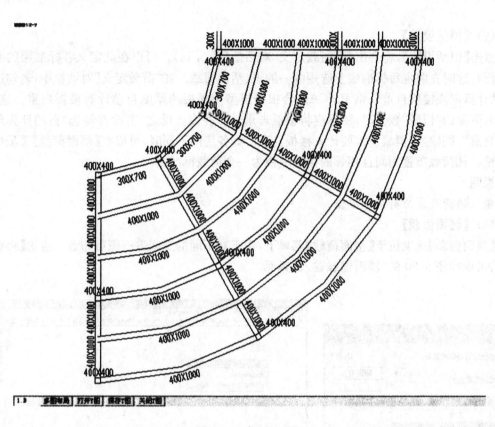

图 5.17　截面显示图

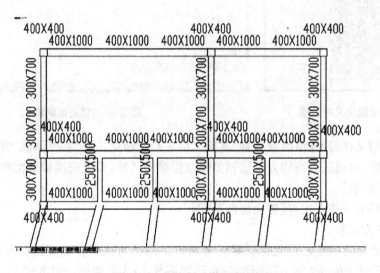

图 5.18　标准层 2 截面显示图

（1）【层间复制】

点击【层间复制】，将会出现"荷载层间拷贝"对话框，用于将选定标准层的指定荷载复制

257

拷贝到当前标准层。可选择的荷载类型包括：墙、柱、梁、节点、次梁和楼板上的恒荷载和活荷载。

（2）【恒活设置】

点击【恒活设置】，将会出现"荷载定义"对话框（图5.19）。可以在此定义各标准层的面载（恒、活），这时先假定每标准层上选用统一的恒、活面荷载。在"荷载定义"对话框中，若勾选了"自动计算现浇楼板自重"，则 PMCAD 会根据模型中楼板的厚度自动计算楼板自重。这样，在输入下面的"恒载"数值时，就不应将楼板自重计算在内。反之，若没有勾选"自动计算现浇楼板自重"，则输入"恒载"时，要计入楼板自重。如各房间不同时，可以在【楼面荷载】选项中修改调整。凡荷载布置相同且相邻的楼层应视为一个荷载标准层。

说明

输入的荷载应为荷载标准值。

（3）【楼面恒载】

【楼面恒载】选项位于【楼面荷载】菜单下，用于对不同的房间进行恒载布置。点选【楼面恒载】将出现如图5.20的"楼面恒载输入"界面。

图5.19　荷载定义对话框　　　　　　　图5.20　楼面恒载输入

【楼面恒载】是在前面【恒活设置】的基础上所进行的细化。在"修改恒载"窗口内输入想要施加的恒载数值，再通过适当的方式选择要修改恒载的区域，即可完成楼面恒载的施加。

（4）【楼面活载】

【楼面活载】的操作方式与【楼面恒载】相同。

（5）【导荷方式】

可以修改程序自动设定的楼面荷载传导方向。用户可以根据需要进行导荷方式的调整（如图5.21）：①对边传导方式；②梯形、三角形传导方式；③沿周边布置方式。

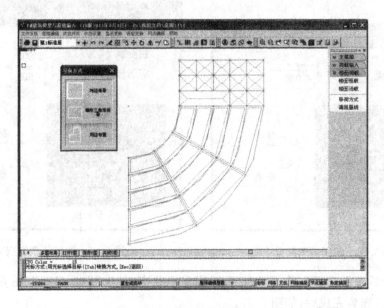

图 5.21　导荷方式

（6）【梁间荷载】

填充墙的荷载可在此输入。

点击【梁荷定义】，出现"选择要布置的梁荷载"对话框（图 5.22），可以在此添加、修改和删除梁荷载。若点击"添加"，则出现"选择荷载类型"对话框（图 5.23），选择梁的荷载类型，出现各自窗口（部分荷载类型如图 5.24、图 5.25），输入对应参数，确定后即添加到"选择要布置的梁荷载"对话框中。这样就完成了梁荷载的定义。需要布置梁间荷载时，可根据需要选择【恒载输入】或【活载输入】，选择需要布置的荷载，点击"布置"，再在模型窗口中选择需要布置此种荷载的梁即可。

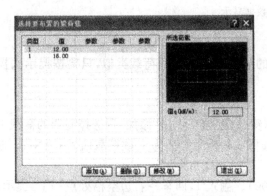

图 5.22　选择要布置的梁荷载对话框

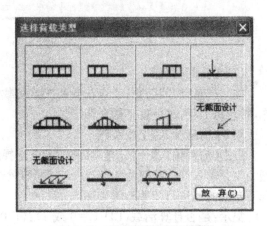

图 5.23　选择荷载类型对话框

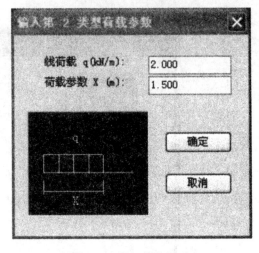

图 5.24　梁间荷载类型 1　　　　　　　　　　图 5.25　梁间荷载类型 2

另外,在梁间荷载布置之前,可先打开数据显示状态,勾选"数据显示"(图 5.26),便于布置时更加直观。布置完成后,如图 5.27。

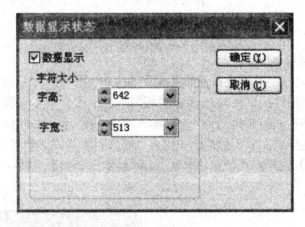

图 5.26　数据显示

(7)【柱间荷载】

柱间荷载、墙间荷载、节点荷载和次梁荷载的输入方式与梁间荷载类似,只要按提示去操作,很容易上手,这里就不做介绍了。

菜单【荷载输入】上机实践:

点击【荷载输入】→单击【梁间荷载】→选择【梁荷定义】→点击"添加"→选择需要的荷载类型为 1 并输入线荷载值为 12 kN/m;同样继续选择梁的荷载类型为 1,线荷载值为 6 kN/m,选择要布置的梁进行荷载布置如图 5.27。

提示:是否计算活载(LIVE=0 或 1):(1.000)。输入 1,回车→右边空格处点一下,提示:输入第 1 荷载标准层均布荷载标准值(静 LD,活 LL):(0.000 0.000)。输入 5,3→再右边空格处点一下,输入 5.5,0.7→回车。

5)【楼层组装】

(1)【楼层组装】

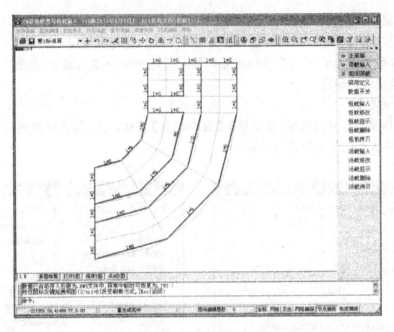

图 5.27　梁荷载布置

　　在前面各菜单已完成了各楼层的布局,此菜单的功能是将各楼层进行组装,完成建筑的竖向布局,要求用户把已经定义的结构标准层和荷载标准层布放在从下至上的各楼层上,并输入层高。

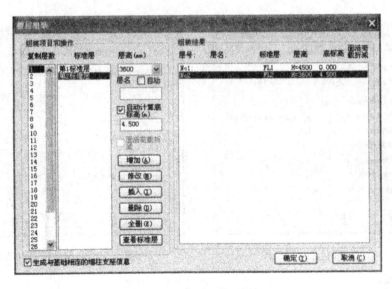

图 5.28　楼层组装对话框

　　点击【楼层组装】(如图 5.28)→选择要复制的层数,选择标准层,输入层高→点击【添加】,在图 5.28 右窗口中可以看到组装结果→确定。可以使用修改、插入、删除等进行修改。

　　(2) 其他功能

　　楼层功能的其他选项参阅相关资料。

261

菜单【楼层组装】上机实践：

点击【楼层组装】(如图5.28)→选择要复制的层数1,选择标准层1,输入层高4500→点击【添加】→选择要复制的层数1,选择标准层2,输入层高3600→点击添加,在图5.28右窗口中可以看到组装结果→确定。

6)【设计参数】

点击【设计参数】,分别选择【总信息】、【材料信息】、【地震信息】、【风荷载信息】、【钢筋信息】。在其中输入相应的参数进行设置。

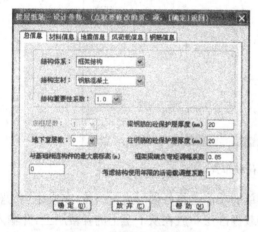

图5.29 总信息对话框图

图5.30 材料信息对话框

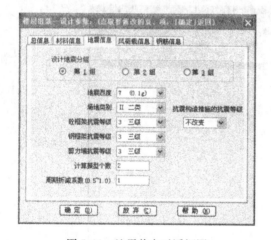

图5.31 地震信息对话框图

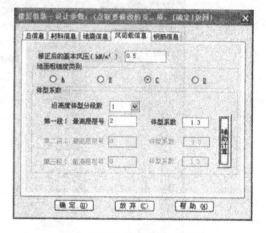

图5.32 风荷载信息对话框

7)【保存】

在建模时,要养成随时存盘的习惯,以防意外中断而数据丢失。

8)【退出程序】

点击【退出程序】→会提示是否保存→点击存盘退出,会弹出进一步的对话框,如图5.34,可按照需要选择项目,点击"确定"后,即可完成存盘退出。

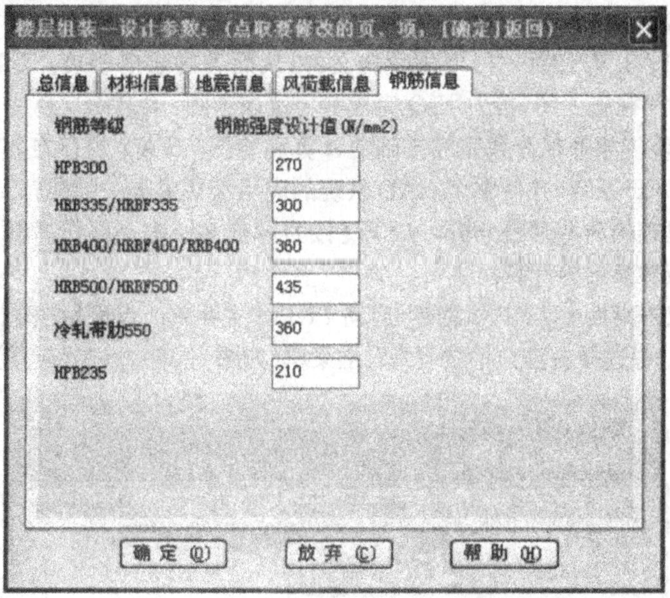

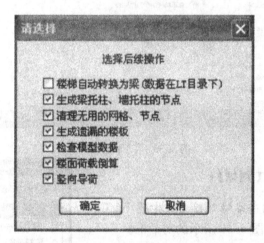

图 5.33　钢筋信息对话框

图 5.34　存盘退出对话框

说明

　　如背景设置、实时漫游、定时存盘、显示变换等可按菜单操作提示进行,限于篇幅,在此不说明了。

5.3　TAT

　　TAT 是一个三维空间分析程序,它采用空间杆系计算柱梁等杆件,采用薄壁柱原理计算剪力墙。TAT 用来计算高层和多层的框架、框架-剪力墙和剪力墙结构,适用于平面和立面体型复杂的结构形式,TAT 完成建筑结构在恒荷载、活荷载、风荷载、地震作用下的内力计算和地震作用计算,完成荷载效应组合,并对钢筋混凝土结构完成截面配筋计算,对钢结构进行强度稳定的验算。

TAT 是 PKPM 系列 CAD 系统中的重要一环,由于采用空间模型作结构分析,起到承前启后的关键作用,TAT 从 PMCAD 生成数据文件,从而省略数据填表。TAT 计算后可经全楼归并接力 PK 画梁柱施工图,接力 JLQ 完成剪力墙施工图,用 PMCAD 完成结构平面图,接力各基础 CAD 模块传导基础荷载完成基础的计算和绘图。TAT 的存在使 PKPMCAD 成为有效的高层建筑 CAD 系统,并使整个 CAD 系统的应用水平更上一层楼。TAT 与 TAT-D 接力运行作超高层建筑的动力时程分析,与 FEQ 接力对框支结构局部作高精度有限元分析,对厚板接力进行厚板转换层的计算。

启动 TAT:双击桌面上 PKPM 图标,启动 PKPM 主菜单。点取【结构】,点取左窗口的中 TAT-8(或 TAT),可选择右窗口中的 TAT 主菜单(如图 5.35),点击【应用】。

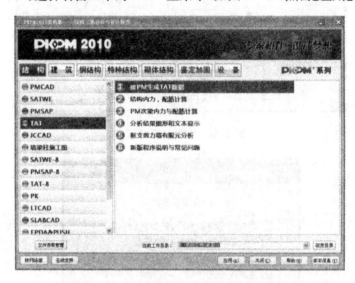

图 5.35　TAT 主菜单

5.3.1 【接 PM 生成 TAT 数据】

点击选取 TAT 中的主菜单 1【接 PM 生成 TAT 数据】,单击【应用】,出现如图 5.36 所示的对话框。

1)【分析与设计参数补充定义】

选择【分析与设计参数补充定义】,将出现系列参数修正对话框。

(1) 总信息修正对话框

总信息修正对话框如图 5.37 所示。可以在对话框中编辑修改结构材料信息、结构体系和荷载计算信息等。

地震作用计算信息:计算水平力,表示计算 X、Y 两个方向的水平地震力;对于 8、9 度时大跨度和长悬臂结构及 9 度时的高层建筑,还应考虑竖向地震作用。

恒活荷载计算信息:①一次性加载:按一次性加载的模式作用于结构,不考虑施工过程,对于高层结构和

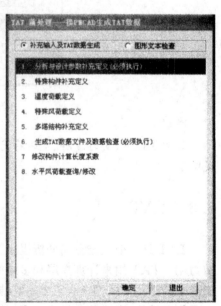

图 5.36　TAT 前处理——接 PM 生成 TAT 数据对话框

264

竖向刚度有差异的结构,计算结果与实际结构有差异;②模拟施工加载1:程序按逐层加载求竖向力作用下的结构内力,避免一次性加载带来的轴向变形过大的计算误差;③模拟施工加载2:考虑基础变形,对刚度不很大的框筒、筒体结构适用。

其他的信息修正,可以按照实际需要在对话框的下拉列表框里进行选择。

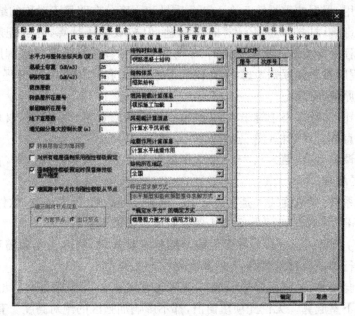

图 5.37 总信息修正对话框

（2）地震信息修正对话框

地震信息修正对话框如图 5.38 所示,主要涉及与地震相关的参数和选项的录入。

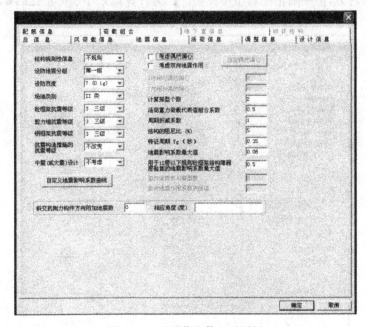

图 5.38 地震信息修正对话框

265

计算振型个数:当地震作用计算采用侧刚计算法时,选择不考虑耦联的振型数不大于结构的层数,选择考虑耦联的振型数不大于3倍的层数;当地震力计算用总刚计算法时,振型数不受上限控制,一般取大于12的数。

周期折减系数:填入0.7~1.0之间的数。

双向地震作用:根据抗震规范5.1.1-3条质量和刚度分布明显不对称的结构,应考虑双向地震作用的扭转影响,柱按单偏压计算时无问题,但按双偏压计算,柱的配筋将增加30%~50%。因此早期程序考虑双向地震作用时,不考虑柱的双向偏压计算。经程序编写组与规范编写组协商,现程序按下列原则考虑:主方向的弯矩、剪力和轴力按0.85开平方;次方向弯矩、剪力和轴力保持原值不变。

结构的阻尼比:可填入小于等于0.05的数。钢结构取0.02,混合结构取0.03。

(3) 调整信息修正对话框(图5.39)

梁端负弯矩调整系数:填入0.7~1.0之间的数。主要针对梁的塑性铰,在将负弯矩调小时,正弯矩相应的增加。

梁刚度放大系数:梁刚度放大是考虑楼板对梁刚度的影响,勾选此项,软件将按照《混凝土结构设计规范》GB 50010—2010第5.2.4条取定梁刚度放大系数。

0.2(0.25)V_0调整:按照《高层建筑混凝土结构设计规程》第8.1.4条需对框架剪力墙结构中框架部分进行地震作用的调整,在这里需指定起止层号。

加强层个数与层号:加强层层号如填0,表示加强区从±0.00层起算;此项填—1表示加强区从负一层地下室起算。无论此项填何值,都不影响加强区的绝对高度。有地下室时,一般情况不希望墙的配筋下小上大,对一层地下室算加强区较好。

楼层水平地震剪力调整:根据抗震规范5.2.5条要求,若要求调整,程序将自动调整不满足剪重比的楼层内力,但一般情况希望不调整。因为计算结果小于剪重比的要求,很可能结构的方案不合理。

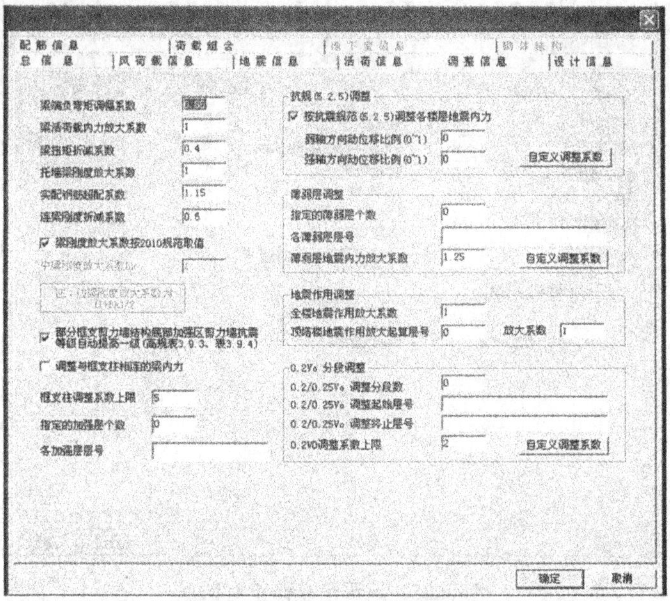

图5.39 调整信息修正对话框

（4）配筋信息修正对话框

配筋信息修正对话框如图 5.40 所示。主要显示了梁、柱的箍筋强度和箍筋间距等信息，其中部分信息是由 PMCAD 模型确定的，在此对话框中无法修改。

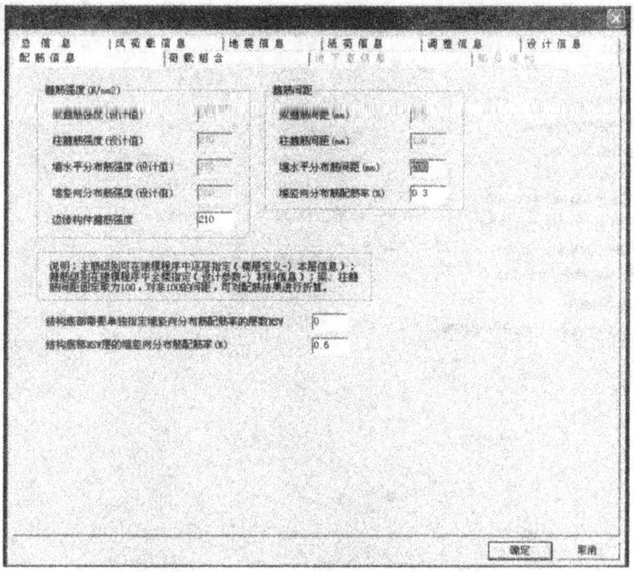

图 5.40　配筋信息修正对话框

（5）设计信息修正对话框

设计信息修正对话框如图 5.41，可以在对话框中输入结构重要性系数、钢构件截面净毛面积比等信息。在输入梁柱保护层厚度时应注意，此处要求填写的梁柱保护层厚度指截面外边缘至最外层钢筋外缘的距离。

柱配筋计算原则：当选择按单偏压计算时，程序按两个方向各自配筋；否则按双偏压计算配筋。对异型柱程序自动按双偏压进行配筋。

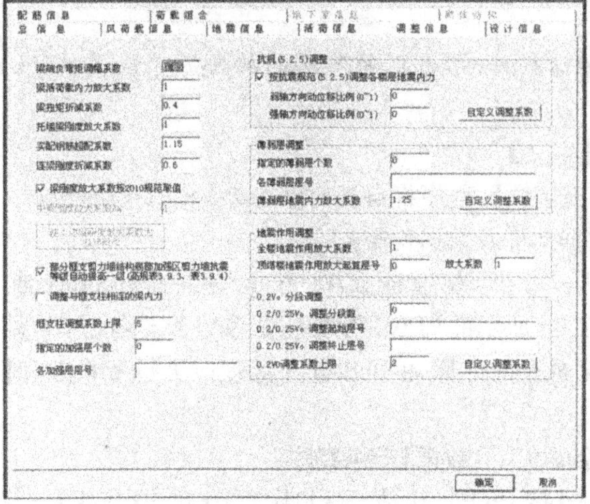

图 5.41　设计信息修正对话框

(6) 风荷载信息修正对话框

风荷载信息修正对话框如图 5.42 所示,其中结构的基本自振周期可先按近似公式计算,然后将计算结果中的第一自振周期回代,再次进行计算。

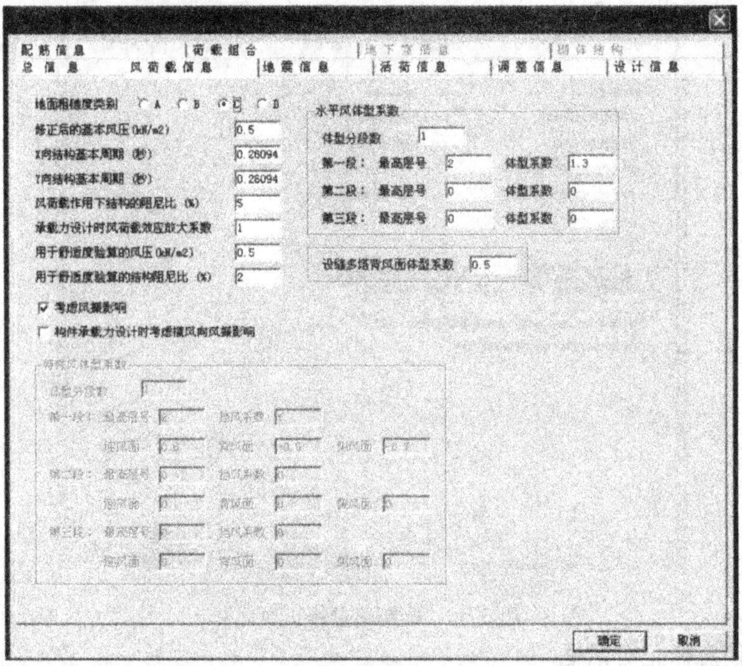

图 5.42　风荷载信息修正对话框

2)【特殊构件补充说明】

所有特殊梁、柱、支撑、节点的定义均采用颜色加以区分说明。颜色说明如图 5.43。

特殊梁指的是不调幅梁、铰接梁、连梁、转换梁、耗能梁和叠合梁等。

特殊柱指的是角柱、框支柱和铰接柱。也可修改柱长和强度等级。

特殊支撑指的是铰接支撑。

说明

在定义完参数和特殊构件后,可以将各层的构件的长度系数、几何平面图、荷载图进行校对!

3)【多塔结构补充定义】

点选【多塔结构补充定义】,程序将自动对整个结构作多塔的搜索。

4)【生成 TAT 数据文件及数据检查】

点击"TAT 前处理——接 PM 生成 TAT 数据"对话框中的【生成 TAT 数据文件及数据检查】选项,出现如图 5.44 所示的"TAT 数据生成和计算选择项"对话框。在这个对话框中,可以根据需要选择所要进行的计算,也可以输入温度应力折减系数和框剪结构恒荷载计算时的强度折减系数。

菜单【接 PKPM 生成 TAT 数据】上机实践:

点击【TAT】→点击【接 PKPM 生成 TAT 数据】→单击【应用】→双击【分析与设计参数补充定义】→按照图 5.37 至图 5.42 进行信息修正→单击【确定】。

268

回到"TAT 前处理——接 PM 生成 TAT 数据"对话框→双击【特殊构件补充说明】→单击"颜色说明"→出现特殊构件显示方式说明。

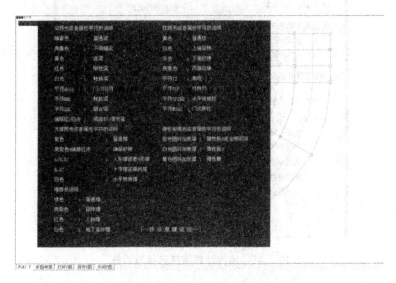

图 5.43　特殊构件显示方式

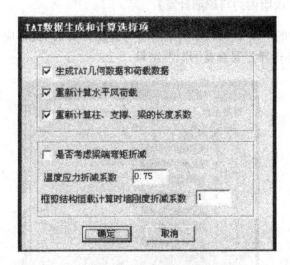

图 5.44　TAT 数据生成和计算选择项对话框

回到"TAT 前处理——接 PM 生成 TAT 数据"对话框→双击【生成 TAT 数据文件及数据检查】,选择所需的计算选项并编辑参数→单击【确定】。

5.3.2 【结构内力,配筋计算】

点击选取 TAT 中的主菜单 2【结构内力,配筋计算】,点击【应用】,出现结构计算信息选择对话框(如图 5.43)。用户可选择相应的计算项,进行计算。

菜单【结构内力,配筋计算】上机实践:

双击【结构内力,配筋计算】→这里我们用默认值,单击【确定】。程序将计算结构内力和进行配筋。

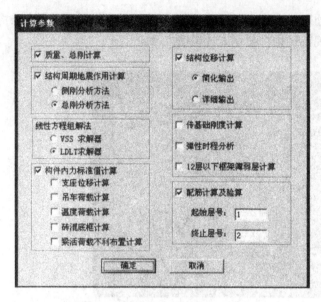

图 5.45 结构计算信息选择对话框

5.3.3 主菜单 3【PM 次梁内力与配筋计算】

点击选取 TAT 中的主菜单 3【PM 次梁内力与配筋计算】,点击【应用】,出现对话框如图 5.46。用户可根据需要选择想要查看的图形结果。

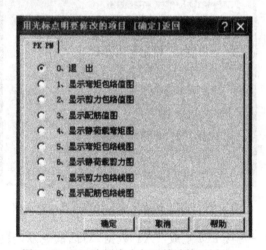

图 5.46 PM 次梁内力与配筋计算对话框

5.3.4 主菜单 4【分析结果图形和文本显示】

点击选取 TAT 中的主菜单 4【分析结果图形和文本显示】,点击【应用】,出现"TAT 计算结果图形显示菜单"(图 5.47)。

1)【混凝土构件配筋与钢构件验算简图】

用户可以在此选项中查看结构各层的配筋简图。用【字符开关】可开关指定构件上的数

270

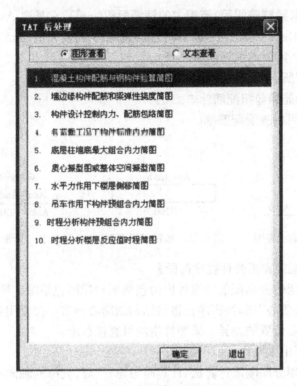

图 5.47 TAT 计算结果图形显示菜单

据。用【选择楼层】指定楼层。

(1) 矩形混凝土柱或劲性混凝土柱配筋示意图(图 5.48)。

As-corner 为柱一根角筋的面积,采用双偏压计算时,角筋面积不应小于此值,采用单偏压计算时,角筋面积可不受此值控制(单位:cm²)。

Asx,Asy 分别为该柱 B 边和 H 边的单边配筋,包括角筋(单位:cm²)。

Asvj、Asv、Asv0 分别为柱节点域抗剪箍筋面积、加密区斜截面箍筋面积、非加密区斜截面抗剪箍筋面积,箍筋间距均在 Sc(柱箍筋间距)范围内。其中:Asvj 取计算的 Asvjx 和 Asvjy 的大值,Asv 取计算的 Asvx 和 Asvy 的大值,Asv0 取计算的 Asvx0 和 Asvy0 的大值。(单位:cm²)。

Uc 表示柱的轴压比。

G 为箍筋标志。

(2) 混凝土墙配筋示意图(图 5.49)。

As 表示墙肢一端的暗柱配筋总面积(单位:cm²),如按柱配筋,As 为按柱对称配筋计算的单边的钢筋面积。

Ash 为 Swh(剪刀墙水平分布筋间距)范围内水平分布筋面积(单位:cm²)。

Uw 表示墙肢重力荷载代表值乘以 1.2 的轴压比,小于 0.1 时图上不标注。

(3) 混凝土梁或劲性混凝土梁配筋示意图(图 5.50)。

Asu1、Asu2、Asu3 为梁上部(负弯矩)左支座、跨中、右支座的配筋面积(cm²)。

Asm 表示梁下边的最大配筋(cm²)。

271

Asv 表示梁在 Sb（梁箍筋间距）范围内的箍筋面积（cm^2），它是取 Asv 与 Astv 中的大值。

Asv0 表示梁非加密区抗剪箍筋面积和剪扭箍筋面积的较大值（cm^2）。

Ast 表示梁受扭所需要的纵筋面积（cm^2）。

Ast1 表示梁受扭所需要周边箍筋的单根钢筋的面积（cm^2）。

G，VT 分别为箍筋和剪扭配筋标志。

点击【配筋率图】可以查看配筋率。

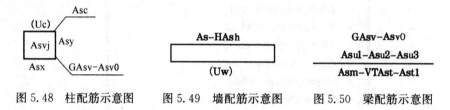

图 5.48　柱配筋示意图　　图 5.49　墙配筋示意图　　图 5.50　梁配筋示意图

2）【墙边缘构件配筋和梁弹性挠度简图】

可查看和输出各层的控制配筋的设计内力包络图和配筋包络图。可用立面选择绘制立面包络图。当选择"刚心质心"项时，程序把该层结构的刚心和质心位置用圆圈画出，这样可以很方便地看出刚心和质心位置的差异。梁弹性挠度可直接显示。

TAT 在挠度计算中主要作了以下处理：

弹性挠度计算采用分层刚度计算法，计算时考虑柱、墙、支撑的轴向不变形，这样就可以得到交叉梁的挠度。这种方法可以适用大多数情况，但对抬柱的梁却不适用，此时应叠加抬柱点的弹性竖向位移。

梁的弹性挠度计算是一种相对值，只有主梁才有意义，对次梁弹性挠度意义不大。恒、活荷载下的弹性挠度只有对钢梁才有意义。

3）【构件设计控制内力、配筋包络简图】

选择此项，用户可以查看和输出各层梁、柱、墙和支撑的控制配筋的设计内力包络图、配筋包络图。在配筋包络中图，标出了支座上面的钢筋和跨中下面的钢筋。

包络图是指控制主筋的弯矩包络图、剪力包络图和轴力包络图，配筋包络图；主筋包络图和箍筋包络图。

【弯矩包络】选项是控制梁正负主筋的正负弯矩包络图；【剪力包络】是控制梁各截面箍筋的剪力包络图；【主筋包络】是梁上下正负主筋面积的包络图；【箍筋包络】是梁各截面箍筋面积的包络图。

4）【各荷载工况下构件标准内力简图】

可查看结构在地震、风荷载、恒荷载、活荷载等标准值分别作用下的弯矩图、剪力图、轴力图。对梁而言在弯矩图中，活 1 表示一次性作用满布活荷载下的弯矩，活 2 表示梁活荷载不利布置的负弯矩包络，活 3 表示梁活荷载不利布置的正弯矩包络。在剪力图、轴力图中是同样的情况。

5）【底层柱墙底最大组合内力简图】

可查看和输出各层的控制配筋的设计内力包络图和配筋包络图。可用立面选择绘制立面包络图。

6）【质心振型图或整体空间振型简图】

272

进入此项,用户可以动态地观察整体结构的振型,所能观察的振型个数是在 PMCAD 模型中就已经确定的。

7)【水平力作用下楼层侧移简图】

楼层侧移单线条的显示图,可以显示地震力、风力作用下的楼层位移、层间位移、位移比、层间位移比、平均位移、平均层间位移、作用力、层剪力、层弯矩等。其中可选择的工况包括:地震作用、双向地震、+5%偏心 E、-5%偏心 E、时程分析和风力作用。选择工况如果没有计算,则程序不予确认。

8)【吊车作用下构件预组合内力简图】

选择 TAT 高级版后处理的【绘各层柱、梁吊车预组合内力图】可以实现此功能。各层柱吊车预组合力的表达方式与“底层柱、墙最大组合内力图”类似,而梁的包络图则与配筋时的内力包络图类似。

9)【时程分析构件预组合内力简图】

与吊车荷载预组合内力查询类似,TAT 可以输出弹性动力时程分析预组合内力简图,其操作与吊车组合也是类似的。

10)【时程分析楼层反应值时程曲线】

TAT 可以输出弹性动力时程分析后的各层、各塔、各条地震波的时程反应值曲线,即反应位移、反应层间位移、反应速度、反应加速度、反应力、反应剪力、反应弯矩等。

菜单【分析结果图形和文本显示】上机实践:

双击【分析结果图形和文本显示】(图 5.47)→双击【质心振型图或整体空间振型简图】→单击【选择振型】→选择振型图,单击 Mode1、Mode2,观察结构的第一和第二振型。

选择【混凝土构件配筋与钢构件验算简图】,单击【确定】,可看到如图 5.51 的梁、柱配筋验算图。如果数字飘红,说明对应的配筋不满足规范要求,需进行相应的调整→单击【选择楼层】,可选择相应的楼层→单击“配筋率图”,可查看相应的配筋率。

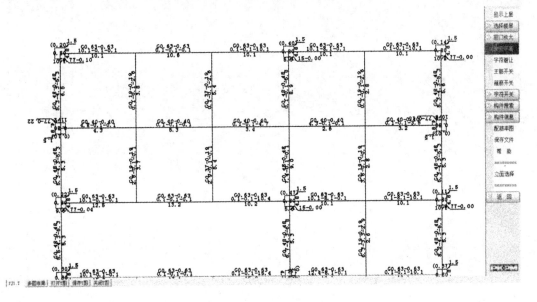

图 5.51 梁、柱配筋验算图

选择【各荷载工况下构件标准内力简图】,单击【确定】,可看到如图 5.52 的梁恒荷载下弯矩图。→单击立面选择,可查看一榀框架的内力图→单击标准内力,可选择相应的类型下的内力图,如图 5.53。

选择文本文件查看,单击应用→将分析结果以文本形式显示,可打印作为计算书使用。

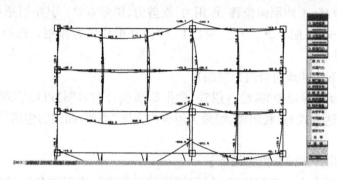

图 5.52　梁恒荷载下弯矩图

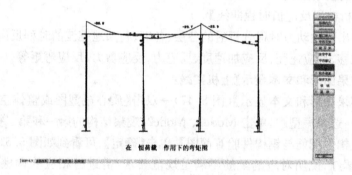

图 5.53　恒荷载下的弯矩立面图

6 通用有限元分析软件

6.1 概　述

6.1.1 有限元分析软件出现的背景

随着建筑多样化的发展,建筑结构的形式也不再局限于规则的框架结构,各种各样的结构形式层出不穷。同时,建筑物的高度、跨度和体量在不断超越已有的极限,设计师所考虑的结构外部作用也更加详细,以往常规设计中的一些次要因素,如温度、裂缝、施工因素等,在新的形势下可能对结构产生更大的影响。这种条件下,结构工程师就面临了新的挑战。没有计算机的辅助工作,设计人员的工作强度是不可想象的。由于计算机技术的快速发展,硬件和软件水平的不断提高,计算成本也在逐步下降。有了计算机帮助工程师进行繁重的数值计算工作,工程师才有可能从单调复杂的重复劳动中解放出来,从而有时间和精力开展更加富有创造性的方案设计工作。另一方面,以往在缺乏有效的计算工具的条件下,对于复杂结构,往往只能引入一系列的计算假定,在估算的基础上进行截面设计。这种估算所带来的内力计算上的较大误差,既有可能导致结构安全度不够,也有可能由于偏于安全设计而造成材料上的浪费。因此,利用计算机模拟实际工程受力情况,尽可能准确地得到结构在使用期间的受力表现,有着十分重要的现实意义。

近年来,在计算机技术和数值分析方法支持下发展起来的有限元分析(FEA, Finite Element Analysis)方法则为解决这些复杂的工程分析计算问题提供了有效的途径。在工程实践中,有限元分析软件与 CAD 系统的集成应用使设计水平发生了质的飞跃。在大力推广 CAD 技术的今天,从自行车到航天飞机,所有的设计制造都离不开有限元分析计算,FEA 在工程设计和分析中将得到越来越广泛的重视。国际上早在 20 世纪 50 年代末、60 年代初就投入大量的人力和物力开发具有强大功能的有限元分析程序,其中最为著名的是由美国国家宇航局(NASA)在 1965 年委托美国计算科学公司和贝尔航空系统公司开发的 NASTRAN 有限元分析系统。该系统发展至今已有几十个版本,是目前世界上规模最大的有限元分析系统。从那时到现在,世界各地的研究机构和大学也发展了一批规模较小但使用灵活的专用或通用有限元分析软件,主要有德国的 ASKA、英国的 PAFEC、法国的 SYSTUS、美国的 ANSYS、ABAQUS、ADINA、SAP2000、BERSAFE、BOSOR、COSMOS、ELAS、MARC 和 STAR-DYNE 等等。

6.1.2 ANSYS 软件的特点

本章我们介绍的是 ANSYS 软件,它是一个功能强大灵活的设计分析及优化软件包。该软件可以浮动运行于从 PC 机、UNIX 工作站、NT 工作站直至巨型机的各类计算机及操作系统中，数据文件在其所有产品系列和工作平台上均兼容。

作为 ANSYS 旗舰产品的多物理场仿真产品系列，涉及结构、热、计算流体力学、电磁场、压电、声学等学科，能有效地进行各种物理场的线性和非线性计算及多物理场相互影响的耦合分析。程序及时吸收有限元领域的最新研究成果，及时进行更新，所提供的求解器能够按照所考虑问题的收敛特点进行快速而准确的计算。除此之外，方便的建模手段、灵活的加载模式和强大的后处理功能也是该软件的特有优点。

6.1.3　本章目的

由于 ANSYS 程序系统庞大，操作过程中选项很多，限于篇幅，本章在此对这一程序进行简略的介绍，希望读者能在阅读本章内容之后对 ANSYS 程序的概况有所了解，能够完成简单的分析任务。更为详细的内容，读者可参考 ANSYS 提供的帮助文档或其他参考文献。

6.2　ANSYS 的用户界面

ANSYS 程序功能强大，所有功能通过上千个命令来控制。程序将这些命令有序地组织到若干个菜单项中，使得用户可以十分容易地进行检索。建模过程和计算结果输出都采用立体图形的方式直接输出，程序与用户的信息交换通过图形用户界面 GUI 进行。除了访问程序命令外，通过 GUI 还可以交互访问程序内置的用户手册和参考资料。程序提供了完整的在线说明和状态途径的超文本帮助系统，以便用户在使用程序的过程中及时查询。图 6.1 显示了该程序的操作界面。用户输入可以通过鼠标和键盘进行，也可以两者结合在一起使用。在用户界面中，ANSYS 提供了 4 种通用的输入命令方法。

图 6.1　ANSYS 操作界面

276

（1）菜单；

（2）对话框；

（3）工具条；

（4）直接在命令输入窗口输入命令。

菜单由运行 ANSYS 程序时相关的命令和操作功能组成，它位于各自的菜单窗口中。在任何时候，用户都可以用鼠标访问、移动或隐去这些菜单。菜单窗口根据对应命令的功能进行分组，例如，与建模、划分网格有关的命令被组织在前处理（Preprocessor）中，与加载、计算有关的命令被组织在求解（Solution）中，与计算结果输出、查询有关的命令被组织在后处理（General Postproc）和时程后处理（TimeHist Postpro）中。ANSYS GUI 交互界面各部分的作用如下：

（1）实用菜单：该菜单包括了 ANSYS 的实用功能，基本上在 ANSYS 运行的任何时刻都可以访问此菜单。该菜单为下拉式结构，可直接完成某一程序功能或弹出一个对话框。

（2）主菜单：该菜单由 ANSYS 最主要的功能组成，为弹出式边菜单结构，其组成基于程序的操作顺序。

（3）命令输入窗口：该区域可以直接输入 ANSYS 命令，同时还可以显示程序的提示信息和浏览先前输入的命令。用户可以从 log 文件、先前输入的命令和输入文件中剪切、复制命令，再把它们粘贴到命令行中从而依次运行输入的命令。

（4）图形窗口：该窗口用于显示诸如模型、分析结果等图形。

（5）工具条：程序允许用户将常用的命令或自己编写的外部过程制成按钮，放在工具条区，在需要访问时只需用鼠标点击即可。工具条区最多可以容纳 200 个这样的按钮。

（6）对话框：对话框是为了完成操作或设定参数而进行选取的窗口，该窗口提示用户为完成特定功能所需输入的数据、屏幕操作或作出决定。

命令一经执行，该命令及其使用的参数就会出现在 log 文件中。log 文件是记录所有用户输入命令及选项的 ASCII 格式文件，用户可以访问、浏览和修改。当需要修正计算模型的部分指标时，用户可以在 log 文件中修改相应的命令，然后再利用 ANSYS 程序调用修改过的 log 文件，就可以达到修改计算模型的目的。这一特性使得利用 ANSYS 程序进行数值优化计算十分方便。

一般来讲，所有的分析均从主菜单开始，主菜单中集合了建模和分析的主要功能与命令。在 ANSYS 中，主菜单采用树形结构，即将常用命令按照"建模→分析→查看结果"的顺序进行分门别类。图 6.2 中显示了主菜单、前处理菜单、求解菜单、后处理菜单的结构，其中常用的命令附加了中文注释。

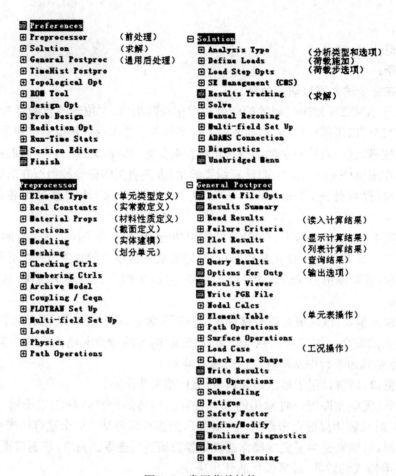

图 6.2　常用菜单结构

6.3　ANSYS 程序的单元库和荷载

　　ANSYS 程序的单元库有近 200 种单元类型,其中许多单元类型有选项,允许用户以某种方式进一步说明单元模式,有效地增加了单元库的功能。根据开发时间,ANSYS 给每一种单元一个唯一的编号,并在编号前冠以单元基本特性的描述字符。如 Beam189 说明该单元是梁单元,在 ANSYS 程序的内部编号是第 189 号。表 6.1 用图形的方式列出了 ANSYS 中结构分析常用结构单元,小图中同时有对各种单元节点数量、维数和每一节点自由度的简短描述。

　　这些有限元分析单元,按照几何尺度划分,可以分为 0 维、一维、二维和三维单元。0 维单元指质点单元 MASS21,主要用以模拟集中质量;一维单元是指梁、杆等线单元,这些单元某一个方向上的尺度远大于其他两个方向,其内力主要是轴力、弯矩、剪力和扭矩,可以通过两到三个节点来确定单元位置,如 LINK8、BEAM3、BEAM44、BEAM188 等;二维单元的某一个方向上的尺度远小于其他两个方向,通过一个面来确定单元位置,往往用以模拟板壳、平面应力和平面应变的受力情况,其单元由首尾相连的三到四条边定义,节点数量为 3~8 个,如 PLANE2、PLANE145、SHELL63、SHELL93 等;三维单元是实体单元,三个方向的尺度基本相当,可以采用最少的计算假定来模拟实际模型,每一个单元由 4~6 个面围成,每一个面包括 3~4 条边,每条边可以有 2~3 个节点,如 SOLID45、SOLID65 等。

278

表 6.1 ANSYS 结构单元库

Structural Point	**Structural 2-D Line**	**Structural 2-D Beam**	
Structural Mass ⬤ MASS21 1 node 3-D space DOF: UX, UY, UZ ROTX, ROTY, ROTZ	Spar LINK1 2 nodes 2-D space DOF: UX, UY	Elastic Beam BEAM3 2 nodes 2-D space DOF: UX, UY, ROTZ	Plastic Beam BEAM23 2 nodes 2-D space DOF: UX, UY, ROTZ
	Strutural 3-D Line		
Offset Tapered Unsymmetric Beam BEAM54 2 nodes 2-D space DOF: UX, UY, ROTZ	Spar LINK8 2 nodes 3-D space DOF: UX, UY, UZ	**Tension-Only Spar** LINK10 2 nodes 3-D space DOF: UX, UY, UZ	**Finite Strain Spar** LINK180 2 nodes 3-D space DOF: UX, UY, UZ
Structural 3-D Beam			
Elastic Beam BEAM4 2 nodes 3-D space DOF: UX, UY, UZ, ROTX, ROTY, ROTZ	**Thin-Walled Beam** BEAM24 2 nodes 3-D space DOF: UX, UY, UZ, ROTX, ROTY, ROTZ	**Offset Tapered Unsymmetric Beam** BEAM44 2 nodes 3-D space DOF: UX, UY, UZ, ROTX, ROTY, ROTZ	**Finite Strain Beam** BEAM188 2 nodes 3-D space DOF: UX, UY, UZ, ROTX, ROTY, ROTZ
Finite Strain Beam BEAM189 3 nodes 3-D space DOF: UX, UY, UZ, ROTX, ROTY, ROTZ	**Structural 2-D Solid** **Triangular Solid** PLANE2 6 nodes 2-D space DOF: UX, UY	**Axisymmetric Harmonic Struct. Solid** PLANE25 4 nodes 2-D space DOF: UX, UY, UZ	**Structural Solid** PLANE42 4 nodes 2-D space DOF: UX, UY

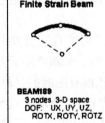
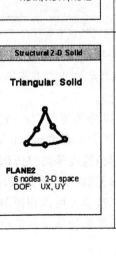
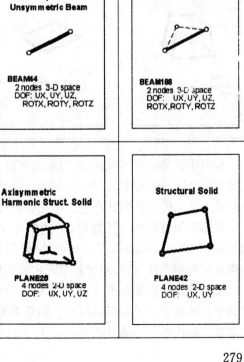

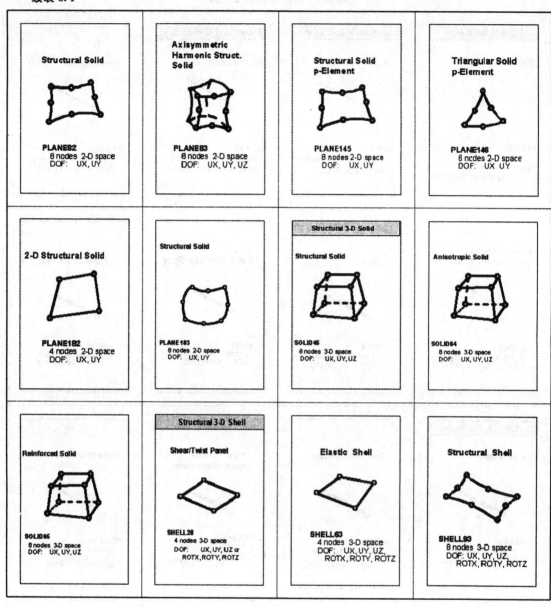

从可用的建模空间来看,所有单元可以分为平面受力单元和空间受力单元。平面受力单元如 BEAM3、BEAM23、PLANE145 等,这些单元的节点都没有 z 方向的位移(即自由度)。空间受力单元的节点则具有全方位位移的可能性。

按照取用材料的计算假定,上述单元又可以分为弹性(如 BEAM3、LINK8 等)、弹塑性(如 BEAM23、SOLID65 等)、超弹性(如 HYPER74)、黏弹性(如 VISCO108)。弹塑性单元可以模拟材料的塑性性能,超弹性单元主要用以模拟橡皮等可以近似看作体积没有压缩的材料。

按照单元是否带有中节点,可以分为线性单元和二次单元(带有中节点)。二次单元对给定的单元网格提供了更高的精度。如果需要,二次单元可以删掉单元边界上的中节点。同样,大多数三维块体元能够退化成四面体,大多数二维四边形单元能退化为三角形。

ANSYS还提供了一套p单元,可用于模拟线弹性结构分析中的实体和壳。这些单元可以控制解的精度。p单元的形函数允许是二至八阶的多项式,由于采用高阶解的表达式,可使用粗糙的网格系统进行分析,用户只需采用较少的控制即可生成相应的网格,因此p解具有较高的时间效率。此外,p单元分析在精度不够时只需控制单元的多项式阶数,不需要重新划分网格,从而也节省了计算时间。

对于一个具体的单元,除了指定单元类型,有时候还需要其他参数才能确定单元的所有性质。ANSYS中将这些参数归类为实常数和材料属性。材料属性主要包括以下几个部分的内容:

(1)材料密度:在采用重力加速度考虑材料的自重时,必须指定材料密度。密度与加速度的乘积作为体力施加在单元上。如果计算中包括动力效应,如振型分解、时程分析,由于动力效应总是与质量发生联系,因此也应对材料密度进行正确的赋值。

(2)应力-应变关系:线弹性问题的分析求解过程中,需要用到弹性模量和泊松比来建立单元的刚度矩阵。在非线性问题的情况下,可能需要描述较为复杂的应力-应变关系。ANSYS中提供了多种非线性应力-应变模型,用以模拟自然界中特性不一的材料,例如:超弹性(Hyper Elastic)、多线性弹性(Multilinear Elastic)、各向同性硬化(Isotropic Hardening Plastic)、随动硬化(Kinematic Hardening Plastic)、混凝土(Concrete)等等。

(3)热胀冷缩系数:在温度变形或温度应力分析中,应指定材料的热胀冷缩系数,以计算在温度变化情况下的自由应变或伸缩长度。

在指定上述材料参数的时候,应注意单位制的统一。ANSYS并没有规定结构分析必须使用何种单位制,用户可以采用任意协调的单位系统。一旦用户选定了单位系统,在建模、参数赋值、加载和结果提取过程中,均应遵循这一单位制,例如,如果选定"N"、"m"、"℃"的单位制,则密度输入时应采用"kg/m³"作为单位,建模尺寸采用"m"作为单位,弹性模量的单位为"N/m²",施加的集中力、集中弯矩、线荷载、面荷载单位分别为"N"、"N·m"、"N/m"和"N/m²",得到的计算结果中,弯矩的单位为"N·m",反力的单位为"N",应力的单位为"N/m²",频率的单位为"s"。建议在建模时采用国际单位制,特别是包括动力效应的计算中,以避免计算结果换算的麻烦。

所谓的实常数(Real Constants)是指针对某一单元类型而言,采用节点和材料属性尚不足以表达的一些特征参数。实常数的类型依不同的单元而不同,例如,对于梁单元,实常数包括梁的截面参数(面积、惯性矩),对于板壳单元,实常数包括板的厚度等。并不是所有的单元都需要实常数,例如,缺省设置的三维实体单元(Solid45)的所有信息都由单元节点和材料属性描述,因此不需要为其指定实常数。

对于大部分梁单元,ANSYS支持直接输入截面形状参数的方式,使得程序可以自动计算进行结构分析所需的截面常量。内设的截面形状见图6.3,确定了选用的截面形状,用户可以通过输入较少的截面特征参数(例如,对于矩形截面而言,输入"b"和"h"),就得到所有力学计算过程中需要的截面模量(见图6.4)。

大多数单元允许对应的单元荷载(如压力、温度等)施加在单元上,求解时计入相应的荷载向量。同样,大多数单元可计入惯性荷载。所有单元都允许节点荷载(如力、温度、位移)。在求解过程中,大多数单元类型允许使用单元死活选项,即在求解过程中的特定阶段激活或不激活单元对总体刚度矩阵的贡献。对于结构单元,都有误差估算能力,允许用户计算由于网格离散化引起的求解误差。

矩形　　四边形　　圆形　　圆管　　槽形　　工形

Z形　　L形　　T形　　几形　　矩形管　　任意截面

图 6.3　梁的截面形状

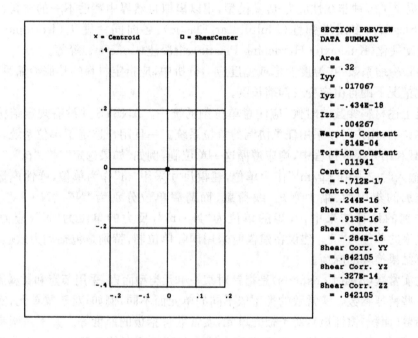

图 6.4　梁截面的各项模量

6.4　有限元分析模型的建立

6.4.1　单元模式、实常数、材料的定义

单元模式的选择决定了一个分析的总体策略。在建模之前,应仔细考虑分析模型将要涉及的各个细节,决定选用的单元,并将其定义到模型上。一般来讲,如果采用低维单元可以描述所要分析和获取的所有细节,尽量采用低维单元。例如,对于一根弹性梁,可以采用三维实体单元、二维面单元、一维梁单元进行模拟,如图 6.5 所示。这时候如果分析精度许可,采用一

维梁单元可以大大简化建模过程,减少单元和节点数量、加快计算速度、降低分析开销,并使结果更易提取。单元的合理选用,要对 ANSYS 中内含的单元库有一个总体的认识,了解每种单元的特性和优劣,结合分析需要,综合加以考虑,需要一定的经验积累。往分析模型中添加选用单元的步骤如图 6.6 所示。

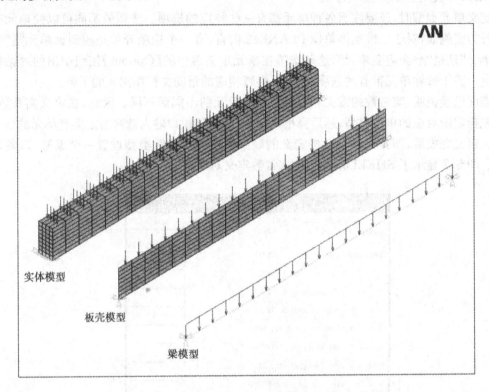

图 6.5　三种方式模拟简支梁

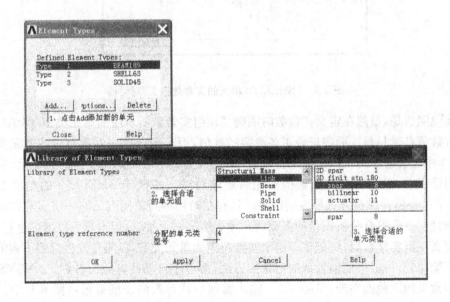

图 6.6　往模型中添加新的单元

单元添加到分析模型中后,在对话框中会出现已定义的单元,ANSYS 会按定义的顺序给这些单元类型指定一个"单元类型号"。在后面需要引用这一类型单元的时候,只需要引用相应的单元类型号。例如,图 6.6 所示的已定义单元中,BEAM188 单元对应的类型号为 1,SHELL63 单元对应的类型号为 2。

定义单元类型时,还要注意各种单元都有一些特定的选项。选项的不同可以使单元有不同的行为。例如,对于二维实体单位 PLANE42 而言,有一个选项开关是控制该单元是"平面应力单元"还是"平面应变单元",这些选项在单元定义表中的【Options】按钮引出的对话框进行指定。关于每种单元带有的选项,读者可参考相应的帮助文档作深入的了解。

前面已经说明,实常数的意义和数量随相应单元的不同而不同。因此,在定义实常数时,通常先指定所对应的单元类型,然后弹出一个对话框,让用户输入针对指定类型单元的各参数数值。定义完成后,同样,ANSYS 按定义的顺序给该种实常数类型设置一个编号,以备以后引用。图 6.7 显示了 SHELL63 单元的实常数定义对话框。

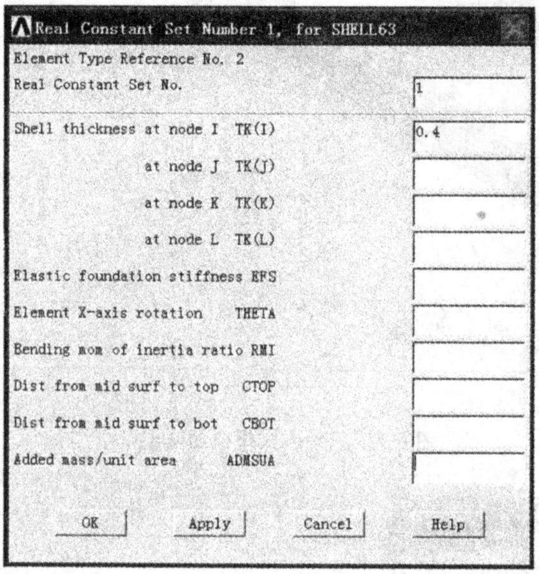

图 6.7　"SHELL63 单元的实常数定义"对话框

需要说明的是,虽然在定义实常数时明确了该组实常数所对应的单元类型,但 ANSYS 在记录实常数信息时只是按顺序记录了各参数的数值,而不记录这些参数对应的单元类型。例如,图 6.7 中定义的 SHELL63 单元实常数,如果将其赋予 SHELL93 类型的单元,系统并不能检查出错误来,而是将各参数数值按先后顺序对号入座赋予 SHELL93 的相应变量。图 6.8 显示了这一错误赋值方式导致的结果。只有在两种不同单元引用同一组实常数的情况下(在有的时候,也是符合分析模型的需要的),才会给出一个警告,但运算可以继续进行。因此,用户在定义一组实常数后,应记住该组实常数对应的单元类型,以避免发生意想不到的错误。

对于梁单元,一般采用输入截面形状的方法,由程序自动计算截面参数。ANSYS 中提供了结构中常见的梁截面类型,见图 6.3。输入截面形状参数的步骤显示在图 6.9 中。除了使用缺省的截面形式,ANSYS 还提供了灵活的构造自定义截面的方式,以方便用户实现定义复杂截面形式的目的。图6.10是用户自定义的T-O组合截面。有关自定义截面的方法,读者请参阅 ANSYS 的联机帮助文档。

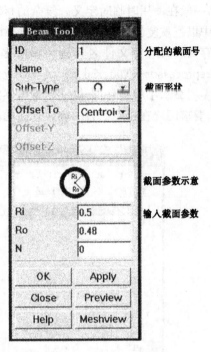

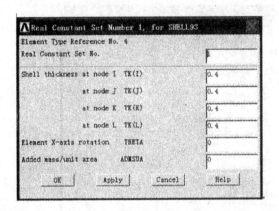

图 6.8　SHELL63 的实常数赋予 SHELL93　　　　　图 6.9　截面形状参数的输入

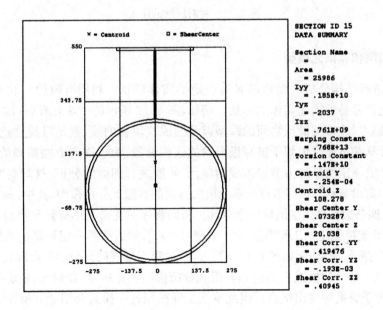

图 6.10　用户自定义截面示意

材料属性可以从现有或以前保存的材料库中读取（Preprocessor→Material Props→Material Library→Import Library），但是为了避免由于单位制不明引起的混淆，对于简单的材料类型，一般在使用时临时定义。复杂的材料属性，如果以后经常要用到，可以在定义后保存到文件中以备重复使用（Preprocessor→Material Props→Material Library→Export Library），但在保存命名时应使文件名具有足够的提示，以避免混淆。定义材料特性采用的菜单路径为："Preprocessor→Material Props→Material Models"，点击后激活图 6.11 所示的对话框，框中在左栏显示了材料号，右侧显示了可供定义的材料属性，点击相应属性后，会激活下一级对话框，要求用户在相应的域中输入合适的材料参数。

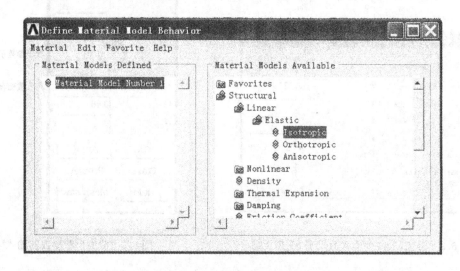

图 6.11　材料属性的输入

6.4.2　实体模型和有限元模型

任何需要进行结构分析的对象都具有一定的实体形状。利用有限的一些参数和拓扑关系，用户可以比较容易地描述实体的形状。例如，图 6.12 所示的一块开有洞口的不规则板，只需输入板的关键点、连接关键点之间的线型以及围成这块板的线，就足以描述这块板的形状。但是，有限元计算并不能仅依赖于描写板形状的这些参数，为了得到更加精确的结果，需要将板离散化，划分成一定数量的由节点组成的单元，才能进行细致的分析，这就是"有限元"名字的由来。图 6.12(d)显示了按照节点—单元层次描写的有限元分析模型，其中，每条边的端点为节点，每三条或四条边首尾相接围成一个单元。有的程序只支持采用有限元模型方式建立计算模型，而 ANSYS 支持先建立几何模型[例如图 6.12(a)]，然后按照一定规则由系统划分其为有限元网格，形成有限元模型[例如图 6.12(d)]，这一过程叫做网格划分（Meshing）。ANSYS 也支持直接按照节点—单元的模式介绍建立有限元分析模型。显然，两者相比，前者具有输入数据少、模型直观、便于管理等突出优点。因此本书主要按照这一模式介绍建立有限元分析模型的步骤。

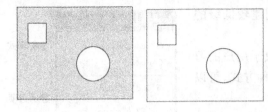 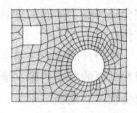

（a）不规则板（面）　　（b）围成不规则板的线　　（c）确定线的关键点　　（d）单元和节点

图 6.12　不规则板的逻辑构成

为了描述实体模型及其拓扑构成，ANSYS 提供了 4 个等级的实体：

（1）体（Volume）：实心三维实体，由若干面围成；

（2）面（Area）：由若干条线围成，代表实体表面、平面形状或壳，可以是三维曲面；

（3）线（Line）：以关键点为端点，代表物体的边缘，也可以是空间或平面的曲线；

（4）关键点（Keypoint）：代表物体的角点，是三维空间上的一个位置，简称点。

显然，按照体—面—线—点的顺序，上述 4 种实体的等级为从高到低。其中，高等级的实体依赖于低等级的实体。也就是说，低等级的实体也可以脱离高等级实体而存在，但是高等级实体不能脱离低等级实体。例如，如果一个低阶的实体（例如线）连在高阶实体（例如面）上，则低阶实体不能被单独删除，除非连同面一起删除。图 6.13 表示了一个空间实体模型的点、线、面、体的组成关系。

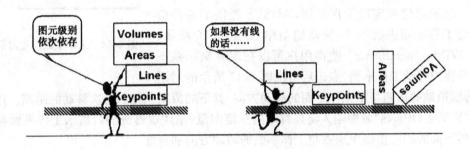

图 6.13　实体层次的依存关系

6.4.3　基本实体的创建

基本实体元素是一些规则的实体，可以采用很少的参数进行描述，利于用户很方便地创建。创建基本实体命令的菜单路径位于 Preprocessor→Modeling→Create 栏下，按照实体的层次分为 Keypoints（关键点）、Lines（线）、Areas（面）、Volumes（体）4 组。用户也可采用该栏中的 Nodes（节点）和 Elements（单元）组直接创建有限元模型。对于基本实体，ANSYS 中有两种建模方法。

（1）由底向上建模（Bottom→Top）：首先创建关键点，它是实体模型的顶点，然后把关键点连接成线，把线围成面，再由面围成体。有的时候，也可以不依顺序创建，例如，可以直接连接关键点而围成一个面。

（2）由顶向下建模（Top→Bottom）：利用 ANSYS 提供的几何原型创建模型，这些原型是完全定义好了的面和体。创建原型时,程序将创建较低级的实体。

　　使用自底向上还是自顶向下的建模方法取决于用户的习惯和问题的复杂程度。通常情况下,同时使用两种方式,可以获得较高的建模效率。

　　与AutoCAD一样,采用鼠标在屏幕上指点的方式绘图时,大多数情况下,程序认为鼠标在当前坐标系下的XY平面内移动。为此,ANSYS中采用工作平面(WorkPlane)的概念,来提供类似于AutoCAD中UCS的功能。在有的情况下,工作平面也常被简写为WP。在实用菜单的"WorkPlane"菜单组中,点击"WP settings"可以激活对工作平面的设置,如图6.14所示。其中第一组开关中设定了工作平面采用直角坐标还是极坐标,第二组开关设定了工作平面网格(Grid,类似于AutoCAD中Grid选项)和三角架(Triad,用于指示坐标系统正方向)的显示与否,第三组用于确定是否利用工作平面网格作为捕捉之用(Snap,类似于AutoCAD中的捕捉),并设定捕捉间距,第四组用于设定工作平面网格显示的范围和网格间距。采用图6.14设定的工作平面,在屏幕上如图6.15所示。

　　为了精确定位和定向工作平面,ANSYS提供了各种命令对当前工作平面进行平移、转动的动作,如图6.16所示。"Offset WP by Increments"使得用户可以在现有坐标系下定量地平移或转动工作平面,点击后得出图6.17所示的对话框,对话框顶端的按钮指示工作平面的移动方向,其下的滑动条控制每次移动的距离。用户也可以在"X Y Z Offsets"域中输入将要移动的三维向量(采用逗号分隔),指示工作平面移动的位移。再下面的相应按钮用来控制工作平面的转动方向和角度。

　　"Offset WP to"菜单将工作平面原点进行定位。"Keypoints"命令将工作平面原点定位于

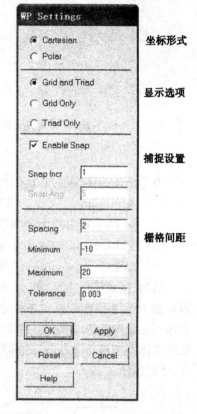

图6.14　工作平面设置对话框

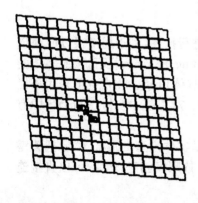

图6.15　工作平面

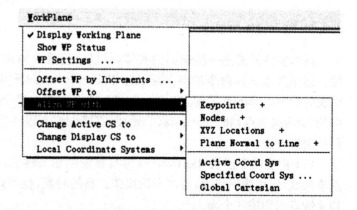

图6.16　工作平面的定位和定向

所选择的一系列关键点的形心,"Nodes"选项将工作平面原点定位于所选择的一系列节点的形心,"Global Origin"将工作平面原点移回整体坐标系原点。

"Align WP with"菜单项可以利用已有关键点、节点或线来确定工作平面的方向。其中,利用"Align WP with Keypoint"或"Nodes"类似于 AutoCAD 中 UCS命令的"3 points"选项,先选定一个点作为工作平面的原点,再选定一个点确定工作平面的 X 轴线正方向,选定的第三个点用于确定 XY 平面,从 X 轴转向第三点的 90°方向可以确定 Y 轴,X、Y 轴依据右手螺旋法则确定 Z 轴。利用线的方向来确定工作平面时,选定一根线,再确定工作平面位于线上的位置,则工作平面将被确定于相应位置处垂直于线的方向。

在建模过程中,依照点→线→面→体的顺序,常用的建模命令包括:

(1) Keypoints:允许用户通过输入当前激活坐标系下的关键点坐标创建关键点,其菜单路径为"Create→ keypoint→ in Active CS",点击后激活对话框,如图 6.18 所示。对于创建的关键点,也将赋予一个点号以便引用。如果点号栏空白,则 ANSYS 自动根据创建顺序递增。依次输入一系列坐标值后,屏幕上将显示一系列点的位置。

(2) Line:在 ANSYS 中,线的概念包括直线、圆弧(圆)或样条曲线。创建直线的方式比较简单,可以采用"Create→Lines→Lines→Straight Line",激活选择对话框,选择已定义的两个关键点作为线的端点,如图 6.19 所示。除此之外,还提供了灵活的方式,便于创建切线、垂线,见图 6.20。

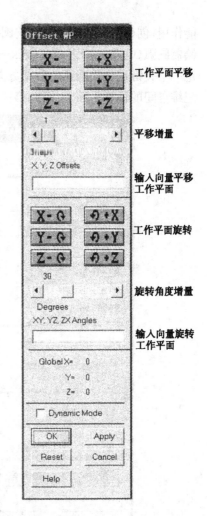

图 6.17 工作平面移动和转动对话框

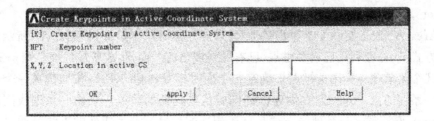

图 6.18 创建关键点对话框

与 AutoCAD 一样,创建圆弧存在多种方式。可以通过指定三个关键点(Create→Lines→Arcs→Through 3KPs),创建过这三点的圆弧,这时候,先指定圆弧的起点和端点,再指定圆弧的中间点。其中,第三点与创建的圆弧之间不存在逻辑依存关系,仅仅用于提供绘图的辅助功能作用,创建后可删除而不影响圆弧的存在。也可以通过指定圆弧起点、终点、半径的方法来绘制圆弧(Create→Lines→Arcs→By End KPs & Rad),这时,先指定圆弧的起点和终点,再指定一个关键点作为圆弧的曲率方向,然后输入圆弧的半径来确定圆弧。由于圆弧可能存在于三维空间的任意平面上,因此第三个关键点的指定实际上也确定了圆弧所在的平面。

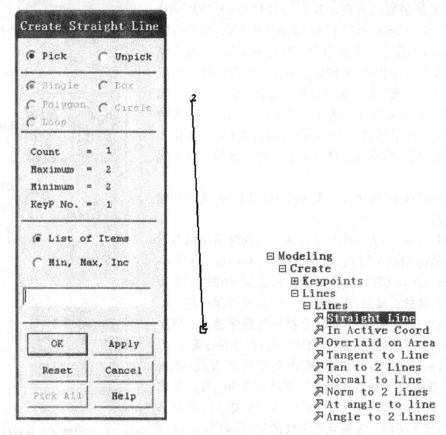

图 6.19 创建直线   图 6.20 线的其他创建方式

还可以通过关键点来确定样条曲线(Spline)或对已有线采用倒圆角的方式进行连接(Line Fillet),这方面的内容,读者可以自学加深理解。

(3) Area:ANSYS 提供了多种面的原型,包括矩形、圆、多边形,如图6-17所示。在自底向上建模方式下,往往利用已有关键点、已有的线或已有的面,生成所需的面。图6-18示出了绘制面的几个菜单项。采用关键点来确定一个面时(Through KPs),按照围成一个面的方向依次拾取一系列的点,ANSYS 在创建面的同时也创建面的边线。采用一系列线围成一个面时(By Lines),要注意这一系列线必须是首尾相连的。另一种生成面的方法是通过引导线由蒙皮生成光滑曲面(By Skinning),该命令的具体操作步骤是:首先指定一系列的引导线,AN-SYS 把这些引导线作为肋条,然后用光滑曲线连接线的起点和端点。如图6.23给出了通过引导线连接三条曲线为面的一个例子,每个面最多可以定义9条引导线,引导线的端点间采用样条曲线拟合。"By Offsets"菜单可以由一个曲面偏移生成一个新的曲面,当偏移距离为正时生成面位于被生成面的正方向。这种功能与 AutoCAD 中"offset"命令作用于"Polyline"的效果相接近,读者可以十分轻易地理解这一命令与往某个方向拷贝一个面之间的区别。其他几种规则面原型的生成采用"Rectangle"、"Circle"、"Polygon"菜单,相信熟悉 AutoCAD 的读者可以十分轻易地掌握。

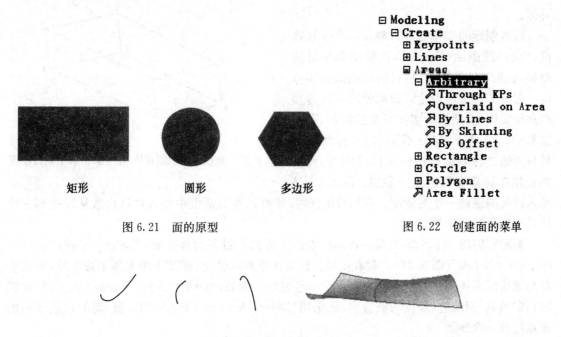

矩形　　　　　　圆形　　　　　　多边形

图 6.21　面的原型　　　　　　　　　　　图 6.22　创建面的菜单

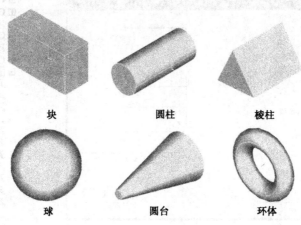

图 6.23　蒙皮创建三维面

（4）Volume:体用于描述三维实体。创建一个体时,自动创建体以下的实体。在自底向上创建方式中,对边界线或面不规则的体,可以先创建关键点,再相互连接成线、面,最后围面成体。事实上,通常采用自顶向下的方法来创建体。ANSYS 提供了丰富的体原型库,如图 6.24 所示。自底向上的建模方式提供了两种方式:直接连接关键点(Through KPs)和由若干个面围成(By Areas)。采用关键点确定一个体时,只能采用六个或八个关键点,按先后顺序分为两组,每组的相应位置关键点之间将有一条边连接,如图 6.25 所示。采用面围而成体的方式时,

块　　　　　　　圆柱　　　　　　棱柱

球　　　　　　　圆台　　　　　　环体

图 6.24　体的原型

291

相邻的面应共用一条边，且所有面应能够将体围成一个闭合的空间。由顶而下的建模方式下，可以采用"Block"创建长方体，"Cylinder"创建柱体，"Prism"创建正多面体，"Sphere"创建球体，"Cone"创建圆锥或圆锥体，"Torus"创建环体。

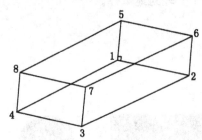

图 6.25　连接关键点创建体，图中数字表示点击顺序

所有创建的实体都可以移动（Move）、拷贝（Copy）或删除（Delete），在移动和拷贝的时候，如果对高阶实体进行操作，则低阶实体也一起改变位置或创建。如果低阶实体连接在高阶实体上，则低阶实体只能被拷贝，不能被移动。与 AutoCAD 不同的是，移动和拷贝只能通过在对话框中输入位移向量，而不能直接在屏幕上取点作为参照。图 6.26 是输入拷贝向量的一个对话框。在拷贝的同时，还可以在对话框中输入拷贝次数从而达到一次拷贝多次目标的目的。

删除实体时，ANSYS 对每一种高级别的实体都提供了两种可能："Delete…Only"或"Delete…and Below"（图 6.27）。前者仅对目标实体做删除处理，而其下级实体不被删除，而后者对与该目标实体连接的所有低阶实体均一起删除。例如，当采用"Delete Areas Only"时，仅删除指定的面，面的边、顶点均被保留，而采用"Delete Area and Below"时，面、面的边线和面的顶点均被一次删除。

实体可以被镜像（Reflect），镜像只能相对于工作平面的 XY 平面、YZ 平面或 XZ 平面进行，因此，在镜像之前，必须先将工作平面调整或移动到需要的角度和位置。

可以采用"Preprocessor→Modeling→Check Geom→KP Distances"菜单来查询两个关键点之间的距离。该命令弹出一个结果窗口，列表显示所选两点之间的距离和在当前坐标系下 X、Y、Z 方向上的坐标差值。

▲ Copy Keypoints		
[KGEN]	Copy Keypoints	
ITIME	Number of copies –	2
	– including original	
DX	X-offset in active CS	
DY	Y-offset in active CS	
DZ	Z-offset in active CS	100
KINC	Keypoint increment	
NOELEM	Items to be copied	Keypoints & mesh
OK	Apply Cancel	Help

图 6.26　拷贝关键点对话框

```
⊟ Modeling
 ⊞ Create
 ⊞ Operate
 ⊞ Move / Modify
 ⊞ Copy
 ⊞ Reflect
 ⊞ Check Geom
 ⊟ Delete
  ⊅ Keypoints
  ⊅ Hard Points
  ⊅ Lines Only
  ⊅ Line and Below
  ⊅ Areas Only
  ⊅ Area and Below
  ⊅ Wolumes Only
  ⊅ Wolume and Below
  ⊅ Nodes
  ⊅ Elements
  ⊅ Pre-tens Elemnts
  ⊞ Del Concats
```

图 6.27　删除实体菜单

6.4.4 实体模型的布尔操作

6.4.3节中介绍的基本实体创建方法,对于创建一些简单、规则的实体模型,已经是足够了。但是用来创建复杂的实体模型,则显得十分困难。为了便于用户创建复杂实体,ANSYS提供了布尔操作这一工具,使得建模过程变得相当简单。事实上,布尔运算工具也是ANSYS获得用户欢迎的主要原因之一。

布尔操作用于对模型做进一步的修改。在表面上,也具有与通常的加、减、交、并等相似的特性,所以称为布尔运算。ANSYS提供的布尔操作包括交(Intersect)、加(Add)、减(Substract)、切(Divide)、粘接(Glue)、重叠(Overlap)和分割(Partition)等动作。本节以面为例进行说明,线和体的情况与此类似。布尔操作几乎可以应用于ANSYS中的任何实体,无论这些实体是采用自底向上还是自顶而下的模式创建的。

布尔操作的结果是产生新实体。在缺省状态下,原有实体将自动被删除。修改这一设置的方法是:"Main Menu→Preprocessor → Modeling → Operate → Booleans→在Settings"中将"keep"开关置为"yes"。

作为一个例子,图6.28所示的复杂实体,是由几个相对简单的基本实体进行适当布尔操作得到的。

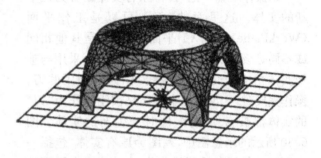

图6.28 由简单实体布尔操作得到的复杂实体

1) 交(Main Menu→Preprocessor→Modeling→Operate→Booleans→Intersect)

交操作得到实体的公共部分,可以对同等级的体、面、线进行操作。当被操作的对象多于两个时,求交方式又区分为"普遍交"(Common)和"对偶交"(Pairwise)两种方式。所谓的"普遍交",是指操作结果产生几个实体共同存在的部分;而"对偶交"模式下,只要其中两个实体有相交的部分就成为新实体。显然,对于两个实体进行操作时,无论采用"普遍交"还是"对偶交",操作的结果都是一样的。

对于不同的实体等级,也可以进行交操作。例如可以采用面与体相交(Area with Volume)、线与面相交(Line with Area)和线与体相交(Line with Volume)等方式,由于上述三种方式进行操作的原有实体等级不一致,因此这些操作只能针对两两相交的模式。

面与体相交的结果是体在面上的剖面,线与体相交的结果是线在体内的部分,而线与面相交的结果依赖于线和面的空间关系,分别可能是一个点或一条线。

2) 加和减(Main Menu→Preprocessor→Modeling→Operate→Booleans→Add 或 Substract)

加操作得到一个包含原有实体所有部分的新实体,形成的新实体是一个单一整体,并且删除公有部分的交线。减操作从一个实体中减去另一个(或几个)实体与之相交的部分。这两个操作都只能对同等级的实体进行,执行加操作的实体必须有相交或相邻的部分,执行减操作的实体必须有相交的部分。在进行减操作的时候,总是先选择被减的实体,再选择减掉的实体。图6.29表示了加操作和减操作的效果示意。

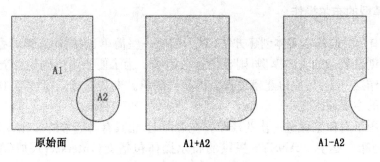

图 6.29　加操作和减操作

3）切（Main Menu→Preprocessor→Modeling→Operate→Booleans→Divide）

切操作犹如一把刀，将原有实体划分为几个新的实体。这里面的"刀"，可以是工作平面（WorkPlane）中的 XY 平面，也可以是其他相同或不同等级的实体。在进行切操作时，采用与被切实体相交的交界面（或线）作为切割用的刀。操作完成时，无论原有实体还是被用来作为"刀"的实体都被自动删除，同时产生新的实体。图6.30 所示的示意图中，左图为原有实体，包括一个面和一条线。采用线作为一把"刀"来切面的时候，切操作产生了两个相邻的面，这两个面具

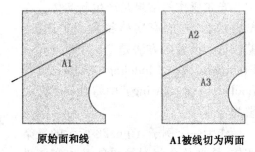

图 6.30　切操作

有共同的边界，也就是说，分割线既是新实体 A2 的边界，也是 A3 的边界，与两者均保持逻辑构成上的拓扑关系。利用切操作的这一特征，可以保证两部分在共有边界上具有相同的网格划分间距。

4）粘接（Main Menu→Preprocessor→Modeling→Operate→Booleans→Glue）

粘接操作把两个相邻实体结合起来，产生共有边界。与加操作不一样的是，粘接操作后产生了两个独立的新实体，但这两个新实体在接触部分存在共有边界。被粘接的两个实体的公共部分只能比原有实体低一级。例如，如果两个体通过线相邻，就不符合粘接的要求。图6.31 示意图中，左图中的两个原始面，在操作前分别由四条线围成，而进行粘接操作后，每个面均由五条线围成。其中的共有边界，同样可以保证两部分在其上具有相同的网格划分间距。

5）**重叠**（Main Menu→Preprocessor→Modeling→Operate→Booleans→Overlap）

重叠操作的过程与加操作类似。加操作时，是产生一个复杂边界的实体，而重叠操作试图生成多个简单图形来描述操作结果。这些简单图形在相邻位置具有共有边界，以便在网格划分时产生相同的网格间距。重叠区还必须要有与原始实体相同的维数，不能降维。如果两个实体的共有部分有降维特征，则应使用粘接。图 6.32 中示意了重叠操作与加操作的区别。

6）分割（Main Menu→Preprocessor→Modeling→Operate→Booleans→Partition）

可以对同等级的实体进行分割操作，以若干个实体的共有部分为界，对原有实体进行切割。当实体之间的公共部分与原有实体同维时，分割操作类似于重叠。当实体之间的公共部分比原有实体低一级时，相当于这些实体之间相互切割。图 6.33 所示的两个空间相交的面，

294

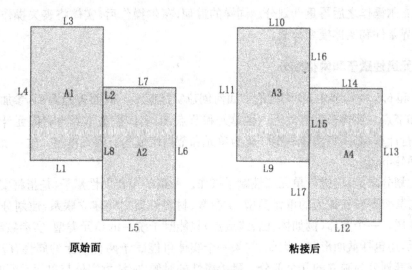

图 6.31　粘接操作

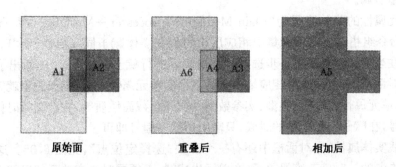

图 6.32　重叠操作与加操作的区别

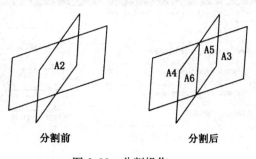

图 6.33　分割操作

分割之后产生了共享一条边界的四个面。

　　在进行上述布尔操作的过程中,一定要注意根据选取框和命令提示区的信息进行正确的步骤。需要说明的是,布尔操作不能对已划分网格的实体进行,这是因为划分网格后,单元和节点与相应的实体之间存在逻辑依附关系,而布尔操作过程中,无论实体模型形状有无改变,总是删除旧实体,产生新实体,这时必然破坏这种依附关系。如果要进行布尔操作,必须先清除网格,在布尔操作之后再重新划分。同样的道理,布尔操作后,实体将丧失操作前赋予的单元属性、边界条件和实体模型荷载。

6.4.5 单元属性赋予和网格划分

6.4.3 和 6.4.4 两节中,我们讨论了如何创建实体模型。前面曾经提到,参加有限元计算的是单元和节点。实体模型有助于产生单元和节点,但实体模型本身与有限元计算无关。因此,为了进行计算,必须将实体模型转化为单元和节点组成的有限元模型。这一过程称为单元网格划分(Meshing)。

在单元划分之前,应进行单元属性赋予操作。所谓的单元属性赋予,是指将实体模型中的部分实体与其将要转变成为的单元类型、实参数、材料性质之间建立联系,使划分产生的单元具有上述性质。一个实体(例如体、面、线或点)只能赋予统一的单元类型、实参数和材料性质,对于梁单元,还包括截面形状。因此,如果一个实体可能赋予两种以上的属性,应先采用布尔操作工具将其划分为独立的几个部分。赋予属性的时候,应注意实体与单元类型的对应关系,例如,板壳单元属性可以赋给面,梁单元、杆单元可以赋给线等等。同时,还应注意选用的实参数与单元类型协调。

赋予单元属性的菜单路径为"Main Menu→Preprocesser→Meshing→Mesh Attribute"。其中,"All"命令组指对当前选择集中相应层次的所有实体赋予同一属性,而"Picked"命令组则允许用户在当前选择集中进一步选择一系列实体进行赋予。图 6.34 中给出了对面进行属性赋予时的对话框,在对话框的相应域中选择适当的单元属性编号,赋予过程就完成了。前面已经提到过,单元属性(如单元类型、实参数、材料性质、截面性质等)在定义的时候即被指定一个唯一的编号,在赋予单元属性的时候,只需引用这一编号即可。

在赋予线实体属性时,对话框中还有一个开关"选择定位点",见图 6.35。这个开关是为三维梁单元准备的。对于三维梁单元,在单元生成时,必须同时指定单元的局部坐标系。这一

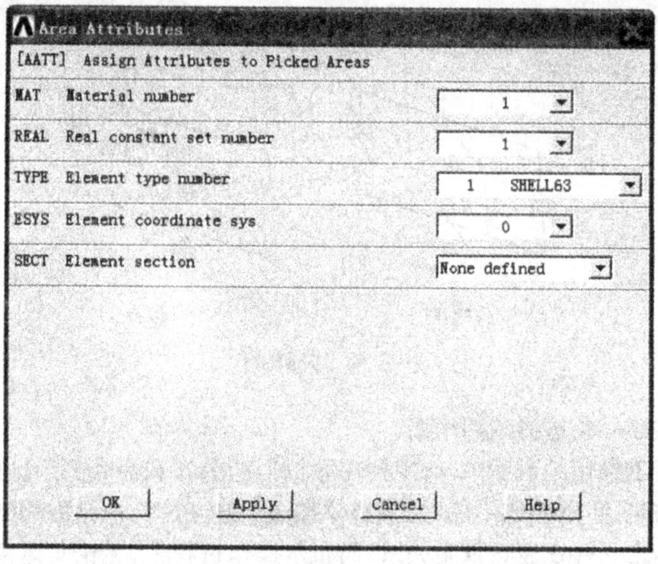

图 6.34 面实体的属性赋予

296

局部坐标系的 1 轴由单元的 i 节点指向 j 节点，为了确定 2 轴的方向，需要一个定位点，如图 6.36 所示。在单元局部坐标系的定义上，2 轴定位满足下面的条件。

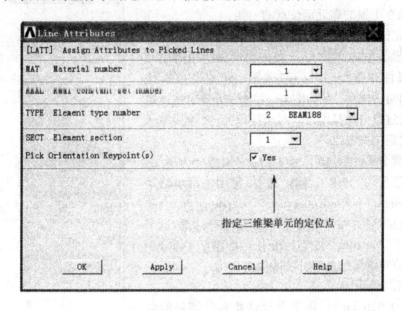

图 6.35 线实体的属性赋予

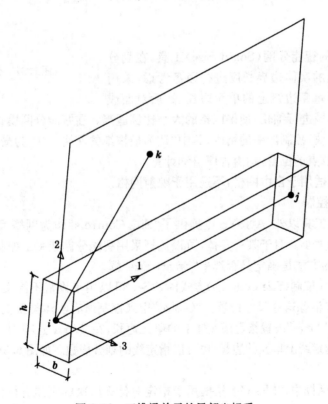

图 6.36 三维梁单元的局部坐标系

(1) 2 轴在 i、j 节点与定位点的平面内；

(2) 2 轴与 1 轴垂直；

(3) 2 轴在 1 轴的靠近定位点的一侧。

而 3 轴定位根据 1、2、3 轴成右手螺旋的原则得出。

对三维梁单元赋予属性时，先依次选择所用的单元类型、材料属性和截面，并打开"选择定位点"开关，按"OK"键关闭对话框后，将弹出另一个对话框要求选择定位关键点，通过点击选择即可。对于杆单元、二维梁单元等，不必指定定位关键点。

对实体赋予属性后，接下来可以将它们划分为单元。划分单元往往采用"分网工具箱"进行，调用的菜单路径为"Main Menu → Preprocessor → Meshing → Mesh Tool"。点击菜单后，将弹出图 6.37 所示的对话框，这个对话框提供了"Meshing"菜单下其他子菜单的大部分功能。下面对该对话框的各部分功能简单介绍。

(1) 单元属性设置

"Element Attributes"用于设置将要划分网格的各部分实体的属性。先选择想要设置的实体等级，按"Set"键后弹出对话框，其作用和过程与上面所述的单元属性赋予基本相同。

(2) 智能分网

ANSYS 提供的智能分网（Smart Size）工具，在划分网格前对将要分网的实体边界长度进行通盘考虑，采用离散算法预先估算每条边线上的单元边长，然后对面或

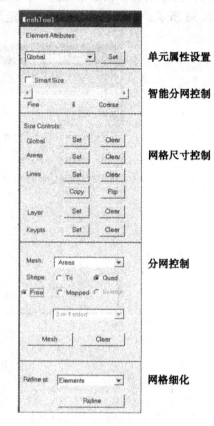

图 6.37　分网工具箱

体中弯曲或临界区域进行细化，使得网格的大小比例适当。在智能分网模式下，只需在其下的滑动条中拖动滑动块，控制网格的精度，其中"1"为最精细的网格，"10"为最粗糙的网格。至于单元的形状、内部节点的位置，均由程序自动计算。

智能分网只能适用于自由网格，不适用于映射网格。

(3) 网格尺寸控制

除了智能分网工具以外，ANSYS 也提供了"Size Controls"作为网格尺寸控制的工具，用来手工控制网格的大小。对于某一实体，可以选择采用智能分网或手工控制分网，但只能选择其中的一种，选择的方法是确定是否选中"Smart Size"框。

当采用网格尺寸控制(Size Controls)方式时，"Set"可以用来设置不同实体上的单元尺寸设置，而"Clear"则用来清除这些尺寸设置。"Global"用来控制所有实体类型上的单元边长或每条线上的网格段数。"Areas"设置指定面实体上的单元边长，在"Lines"选项中，设置选定线上不同网格尺寸时，可以指定线上单元的边长，也可以指定线的划分段数。如图 6.38 所示。

(4) 分网控制

在分网工具对话框中，"Mesh"下拉框用于指定对什么层次的实体进行分网，可以对点、线、面、体进行分网。这些被分网的实体，应该被预先赋予单元属性。一次操作只能对一个层次的实

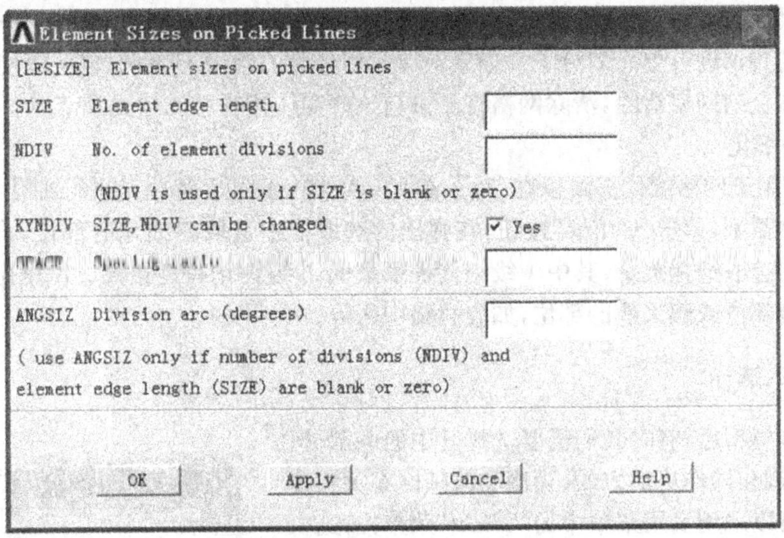

Element Sizes on Picked Lines

[LESIZE] Element sizes on picked lines

SIZE   Element edge length   _____

NDIV   No. of element divisions   _____

         (NDIV is used only if SIZE is blank or zero)

KYNDIV   SIZE,NDIV can be changed   ☑ Yes

SPACE   Spacing ratio   _____

ANGSIZ   Division arc (degrees)   _____

(use ANGSIZ only if number of divisions (NDIV) and
element edge length (SIZE) are blank or zero)

        OK   Apply   Cancel   Help

图 6.38　指定线上的网格尺寸

体进行分网,"Shape"组用于控制单元形状。对面单元而言,单元形状可能是三角形或四边形;对体单元而言,有四面体和六面体,有时候也存在由六面体退化而成的其他形状,如金字塔形、楔形单元等;对线和点而言,单元形状不起作用。形状控制中,还有三个单选按钮:自由网格(Free)、映射网格(Mapped)和扫掠网格(Sweep)。自由网格对单元形状没有限制,也没有准则。映射网格则不同,它要求形状一致,对于面网格来讲,可以只包含四边形单元或者只包含三角形单元;对于体单元网格来讲,只能包含六面体单元。映射网格划分之后可以得到行和列排列都很规则的单元,但是对实体的边界要求较为严格,例如对于面单元而言,必须满足以下条件:

① 如果面为奇数条边,则其每条边上的分割数应为偶数;

② 面的对边必须划分为相同数目的分段;

③ 如果面的边数多于四条,可以通过连接(Main→Menu→Preprocessor→Meshing→Mesh→Concatenate→Line)将几条线连接以达到其等效边数为三条或四条的效果。

扫掠网格是指将面(称为源面)的网格沿一定方向复制、拉伸,进而形成体网格的方法。如果面单元由四边形网格构成,则体网格将由六面体单元形成。如果面单元由三角形网格构成,则体网格是楔形的。几种网格形状的示意图见图 6.39。

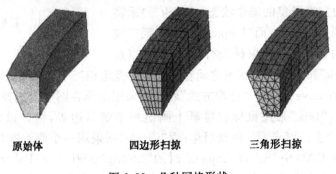

原始体　　　　四边形扫掠　　　　三角形扫掠

图 6.39　几种网格形状

对单元尺寸、形状控制进行设定以后,点击"Mesh"按钮,选择所要划分的实体,程序就开始按照指定的要求进行单元划分了。如果对单元划分后的结果不满意,也可以使用"Clear"按钮将指定实体上的网格清除,清除网格将删去与这些实体相联系的单元和节点。

(5) 网格细化

"Refine"用于网格细化。可以在节点、单元、点、线、面附近对单元进行细化。首先,选择要细化的实体类型,单击"Refine"按钮,在弹出的选取框中选取要细化的部位,再在进一步弹出的对话框中选取细化级别,其中1级细化程度最低,5级细化程度最高。网格细化的部位通常是那些关键部位或感兴趣的部位,如应力集中区等。

6.4.6 实体的选择

建立整体模型后,有时我们需要选择其中的一部分,使得显示、查询和操作更加方便、明确和清晰。有关实体选择的命令可以采用实用菜单中的"Select"菜单栏,这一菜单栏下的命令对于主菜单的各个级别都可应用。下面我们简单介绍一下该菜单栏各项命令的用法。

1) 选择目标

"Select→Entity"命令用于在图形窗口上选取目标。这里的目标包括实体模型的目标(如点、线、面、体)和有限元层次的目标(如节点、单元)。点击该命令后,弹出如图6.40所示的目标选择对话框。

"选取类型"表示要选取的目标,包括节点、单元、点、线、面和体。每次只能选择一种目标类型。

"选取标准"表示通过什么方式来选取,包括以下一些选取标准:

① By Num / Pick:通过在输入窗口内输入目标号或在图形窗口中直接选取。发出命令后,弹出图6.41所示的对话框,这是一个典型的对话框,在其他一些情况下也会遇到类似的弹出对话框,这里我们对其进行较详细的介绍,对其他场合遇到的对话框,读者可以适当加以延伸。

"选取状态"决定选择集的操作状态。"Pick"表示将选中的目标添加到选择集中,而"Unpick"表示在现有选择集中移除选中的目标。采用鼠标进行操作时,可以点

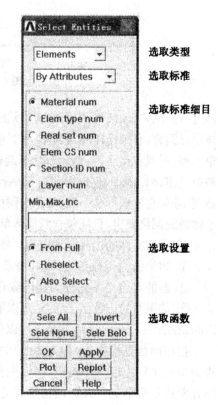

图6.40 目标选择对话框

击鼠标右键在"Pick"和"Unpick"状态之间转化。这个概念相当于在 AutoCAD 中"Select Objects"时的"Add/Remove"开关。"选取方式"确定了采用鼠标在图形上选择目标的操作方式。"Single"表示点选;"Box"采用鼠标在屏幕上画出一个窗口边界,窗口以内的目标被选中;"Polygon"采用一个多边形来圈住所选目标;而"Circle"则采用一个圆将围住的目标选中。这些选项类似于 AutoCAD 中"Select Objects"时的"Multiple/Window/Polygon"等选项。计数器中指示了当前选择集中目标的个数,最大和最小目标号和最后被选中的一个目标号,供用户

参考。输入窗口是供用户直接输入目标号来选择目标所用,可以选择通过输入所有即将被选中的目标编号(List of Items)方式和通过输入被选中目标的最小编号、最大编号和编号间隔(Min,Max,Inc)方式来输入目标号码,然后在输入条中键入所需号码,按回车确认,并点击"OK"完成选择。需要说明的是,当采用"Single"方式点选时,如果被选目标与另一目标间隔很近,程序将弹出另一个选择框,供用户确认是否是真正需要选中的目标。选中的目标将会在屏幕上亮显,如果点选时亮显的目标不是希望选中的,在不松开鼠标左键的情况下,适当移动鼠标,将会在附近可能被选中的目标间切换,切换到需要的目标亮显时松开鼠标即可。

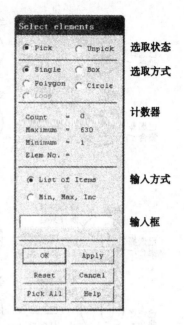

图 6.41　典型的点选对话框

② Attached to:通过与其他类型目标相关联来选取目标,被关联的目标应该是已经选好的。

③ By Location:通过定义笛卡儿坐标系的 X、Y、Z 轴来构成一个选择区域,选中区域内的目标。可以一次定义一个坐标,单击"Apply"按钮后,再定义其他坐标系内的区域。

④ By Attribute:通过属性选取目标,可以利用的属性有材料号、单元类型号、实常数号、单元坐标系号、分段数、分段间距等。当对实体(点、线、面、体)赋予了上述属性,即使未通过"Mesh"将其转换为有限元模型,也可以根据上述属性进行选择。选择时,用户需要输入这些号或参数的最小值、最大值以及增量,用逗号分隔。

⑤ Exterior:选取已选目标的边界,如单元的边界为节点,面的边界为线,如果已经选择了某个面,那么执行该命令就能选取该面边界上的线。

⑥ By Result:选取结果值在一定范围内的节点或单元,执行该命令前,必须已经进行过计算,并将相应的计算结果保存在单元中。

⑦ 对单元而言,还可以通过单元名称(By Elem Name)选取,或者选取生单元(Live Elems),或者选取与指定单元相邻的单元。

对于每一种选取标准,对话框都会作出调整,显示相应的选取选项表,以与选取标准相协调,有时候还会包含输入框以输入文本和数字。用户确定选取标准后,再确定选取选项,并在输入框中输入相应的字符或数字,就可以进行相应的选择动作了。

"选取设置"用于设置选取的方式,有如下几种方式(图 6.42):

① From Full:从整个模型中选取一个目标集合;

② Reselect:从已选好的目标集合中再次选取;

③ Also Select:把新选取的目标加到已存在的目标集合中;

④ Unselect:从当前选取的目标中去掉一部分目标。

"选取函数"按钮是一系列即时作用按钮,也就是说,一旦单击这些按钮,选取动作就已经发生。选取动作发生后的选取结果可能不马上反映在图形窗口上,这时候点击对话框中的"Replot"按钮就可以检查作用效果。其中,各按钮作用为:

① Sele All:选取该类型的所有目标;

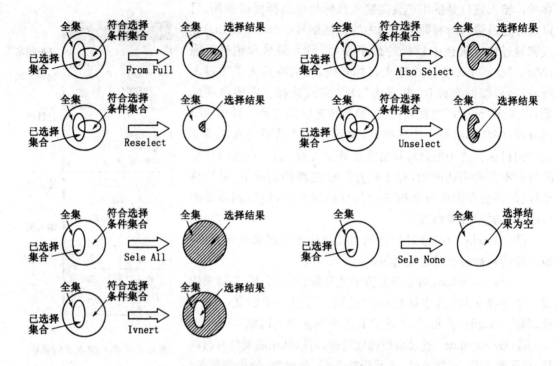

图 6.42　选取设置和选取函数功能示意

② Sele None：清空当前选择集；

③ Invert：反向选择，即不选择当前已选取的目标集合，而选取当前没有选中的目标集合；

④ Sele Belo：选取所选目标以下的所有目标，例如，如果选取了某个面，则单击该按钮后，将选取所有属于该面的点和线。

2）组件和部件

如果某些目标需要经常被选中，则可以利用组件（Component）和部件（Assembly）。相应的命令路径是"Select→Comp/Assembly"。简单地说，组件就是选取的某类目标的集合，部件就是组件的组合。部件可以由一个或者多个组件组成，而组件只能包含某种层次的目标。可以创建、编辑、列表、选择组件和部件。创建组件时，先选择将要组成组件的目标，再点击相应的命令，确定目标的层次，并定义组件的名字。以后，就可以直接通过名字来对该集合进行选取或其他操作。对组件或部件进行选取时同样可以有各种选取设置选项和选取函数按钮可供使用。

3）全部选择

"Select→Everything"用于选择模型所有层次的所有目标。"Select→Everything Below"用于选择某种类型以及包含于该类型以下的所有目标。

6.4.7　显示及变换

在建模过程中，希望经常考察操作的结果。加载时，也要考察施加荷载的类型、方向、位置、大小是否正确。求解结束后，也要考察计算结果是否正确。在进行这些考察时，图形是最直观也是最方便的。因此，在 ANSYS 程序的使用过程中，经常需要显示所需的项目。有关显示及其变换的菜单路径为实用菜单的"Plot"和"PlotCrtls"。

"Plot"(绘图)菜单用于绘制关键点、线、面、体、节点、单元和其他可以采用图形显示的数据。这一菜单组中常用的命令在此简介如下：

（1）"Plot→Replot"命令用于更新图形窗口。许多命令执行之后，并不自动更新显示，所以需要该操作来更新图形显示。

（2）"Keypoints"、"Lines"、"Areas"、"Volumes"、"Nodes"、"Elements"命令分别显示相应各层次目标，这些目标是基于"Select"菜单选定的部分。

（3）"Specified Entites"命令用于显示指定目标号范围内的目标，以便对模型进行局部观察。也可以首先用"Select"菜单命令进行选取，然后用上面的方法显示，不过用"Specified Entites"命令更为简单。

（4）"Results"命令用于显示计算结果，这部分内容与后处理相同。

"PlotCrtls"菜单包含了对视图、格式和其他图形显示特征的控制。在许多情况下，绘图控制对显示正确、合理、美观的图形具有重要作用，这里我们也对其中较常用的命令作一些简介。

1）显示设置

点击"PlotCrtls→Pan Zoom Rotate"命令，弹出一个显示设置对话框，用于对模型在图形窗口中的显示进行移动、缩放和旋转，如图 6.43 所示。

其中，视图方向代表查看模型的方向。通常，查看的模型是以其质心作为焦点的，可以从模型的上（Top）、下（Bot）、前（Front）、后（Back）、左（Left）、右（Right）方向观察模型，"Iso"代表从较近的右上方观察，方向角为(1, 1, 1)，"Obliq"代表从较远的右上方观察，方向角为(1, 2, 3)，"WP"代表从当前工作平面上观察。这些按钮只需要用户单击就可以切换到相应的视角。对于三维模型而言，选择适当的视角方向是十分重要的。为了对视角进行更多的控制，可以用"PlotCrtls→View Settings"命令进行更多参数的设置。

缩放选项通过定义一个方框来确定显示的区域。其中，"Zoom"按钮用于通过中心及其边缘来确定显示区域，有点像 AutoCAD 中的"Zoom/Center"；"Box Zoom"按钮用于通过两个方框的两个角来确定显示区域的大小，有点像 AutoCAD 中的"Zoom/Window"。"Win Zoom"按钮也是通过方框的中心及其边缘来确定显示区域的大小，但与"Box Zoom"不同，它只能按当前窗口的宽高比进行缩放，相当于 AutoCAD 中的"Zoom/Dynamic"。"Back up"按钮用于返回上一个显示区域，相当于 AutoCAD 中的"Zoom/Previous"。

在移动、缩放按钮中，小点表示缩小模型，大点表示放大模型，三角按钮表示向其箭头所指方向移动模型。其中，缩放、移动的步距由下方的步距控制滑动条控制。旋转按钮代表了将模

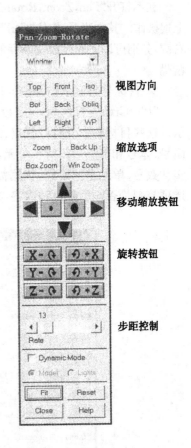

图 6.43　显示设置对话框

型围绕某个坐标轴进行旋转。正号表示以坐标的正向为转轴,其转动角度也由下方的步距控制滑动条控制。在移动、缩放中,步距控制滑动条的数值是百分比的意思,而转动时步距控制滑动条代表旋转的角度。

在不打开"Pan,Zoom,Rotate"对话框的情况下,利用功能键和鼠标,也可以十分方便地进行上述操作。其方法是:按住"Ctrl"键不放,图形上将显示动态图标,这时候按下鼠标左键、中键和右键,分别可以完成缩放、移动和旋转。这种方式十分方便,但可能导致视图的方向、大小不很精确。

2) 目标号码显示控制(Numbering)

"PlotCrtls→Numbering"命令用于设置在图形窗口上显示目标的属性号码,如图6.44所示。这些目标中,实体目标(点、线、面、体)和节点的属性是其相应的编号,如关键点号、线号、面号、体号和节点号。对于单元,可以设置显示多项数字信息,如单元号、材料号、单元类型号、实常数号、单元坐标系号,依据需要在"Elem/Attrib numbering"选项下进行选择。"/NUM"选项控制是否显示颜色和数字,有四种方式:

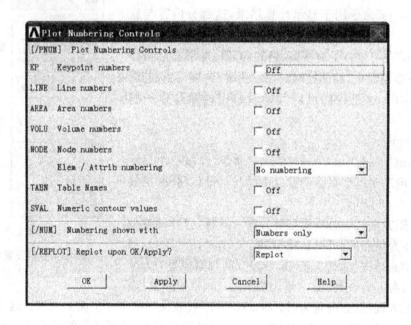

图 6.44　目标号码控制对话框

① Colors&Numbers:既用颜色区分不同编号的实体,又显示其编号值;

② Colors only:只用颜色标识不同编号的实体;

③ Numbers only:只用数字标识不同编号的实体;

④ No color/Numbers:颜色和数字都不用。这种情况下,即使设置了要设置的目标号,图形中也不会区分编号。

采用数字显示可以利于目标性质的查询。但是,当模型较大时,过多的数字显示会使图形显得凌乱而十分难看。因此,在不需要查询编码信息时,最好将这一显示控制关闭。

3) 符号控制(Symbols)

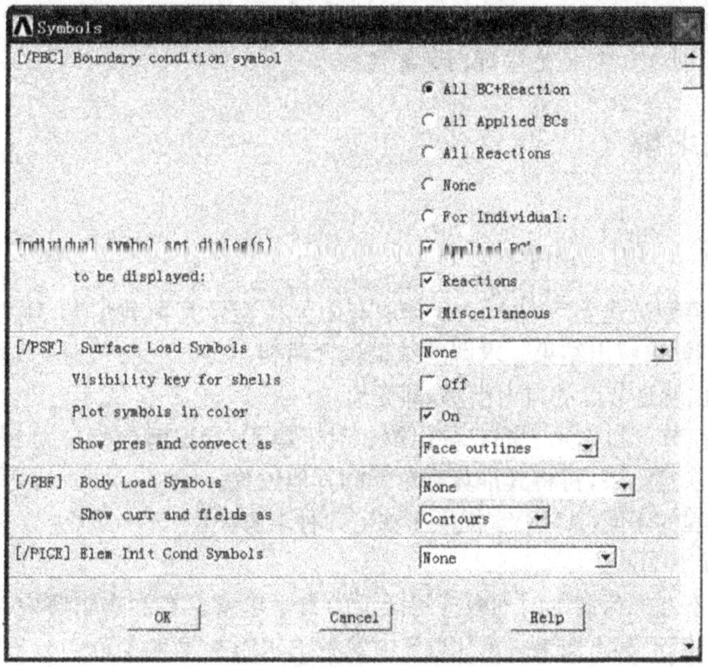

图 6.45 符号控制对话框

"PlotCrtls→Symbols"菜单用于决定在图形窗口中是否出现某些符号(图 6.45),如边界条件符号(/PBC)、表面荷载符号(/PSF)、体荷载符号(/PBF)以及坐标系、线和面的方向等。这些符号在需要的时候可以提供很明确的指示,但当不需要时,它们可能使图形窗口显得凌乱,因此在不需要的时候也最好将它们关闭。

4)样式控制(Style)

"PlotCrtls→Style"子菜单用于控制绘图样式,它包含的命令如图 6.46 所示,可供控制的项目主要有:隐藏线选项(Hidden Line Options),用于对隐藏线进行设置;尺寸和形状选项(Size and Shape)可以将梁板单元的截面形状显示在相应的模型上;"Contours"用来控制等值线的数目、间距等;"Colors"命令用来设置图形显示的颜色;"Background"用于设置图形窗口背景的颜色;"Displacement Scaling"用于控制显示变形图时的比例因子;"Vector Arrow Scaling"用于控制绘制矢量图时矢量箭头的长度。

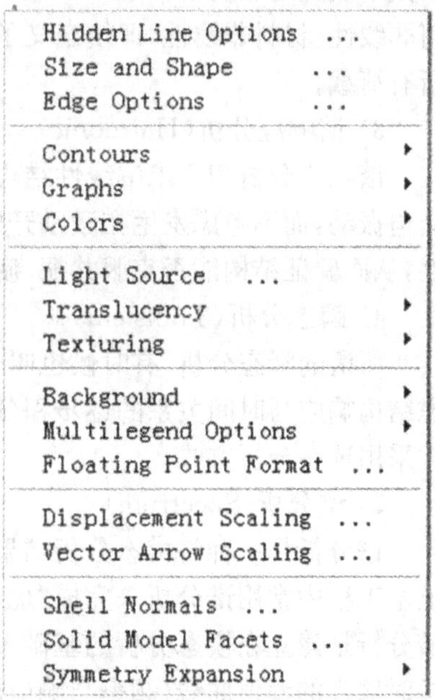

5)图形拷贝

有很多时候我们希望将图形窗口中显示的内容保存到图形文件中,以便打印交流或插入到其他文档中,所使用的命令是"PlotCrtls→Hardcopy→to Files",这时候会弹出一个对话框。在文件格式中选择文件将要保存的格式,并输入将要保存的文件名,点击"OK"键,就

图 6.46 样式控制菜单

完成了图形窗口的一个硬拷贝。其中,当屏幕背景为黑色时,图形打印时十分费墨,为此,可以打开"Reverse Video"选项,使之呈现白色底色。

6.5 加载和求解

6.5.1 求解类型

有限元计算模型被建立后,ANSYS 读取有限元模型及其荷载信息,建立联立方程,然后使用不同的求解器,求解出结果。求解的结果包含两类:

(1) 基本解也就是节点的自由度解,即变形。

(2) 导出解在节点和单元上都有导出解。对于单元,导出解包括应力、内力等,通常是先在单元积分点上求解结果,再将其推算到单元的其他位置。

根据求解过程的不同,ANSYS 提供了如下几种求解类型。

1) 静态分析(Static)

静态分析指不考虑荷载的时间效应情况下的力学求解。在静态求解中,除了静力加速度外,结构的惯性和阻尼都不重要。ANSYS 中缺省的求解类型就是静态分析。由于这种分析类型是最简单,也是最基本的,因此下面将以静态分析为例,介绍求解的步骤和方法。

2) 模态分析(Modal)

模态分析主要求解结构的固有频率和模态,即我们通常所讲的自振频率(或自振周期)和振型。这是结构承受动态荷载时的重要特性。在模态分析中,因为需要用到质量矩阵,因此必须如实设定结构的质量分布。设定质量分布的方式一是采用合适的材料密度,同时可以在实常数中设置附加质量(Added Masses)项。模态分析是一个线性分析,任何非线性性能,如几何非线性、材料非线性,即使定义了也将不发挥作用。同时,模态分析也忽略施加在模型上的所有荷载。

3) 谐响应分析(Harmonic)

谐响应分析用于求解线性结构承受周期性正弦荷载作用下的响应。它只计算结构的稳态受迫振动,而不考虑发生在激励开始时的瞬态振动。谐响应分析能够预测结构的持续动力特性,从而验证结构能否克服共振、疲劳以及其他受迫振动引起的有害效应。

4) 瞬态分析(Transient)

所谓的瞬态分析,有时候也叫时程分析,是指将动荷载(动力、动加速度)施加在结构上,考虑结构响应与时间关系的逐步积分计算过程。在计算结构受地震加速度波、风力波动作用时,常采用这一分析方式。

5) 谱分析(Spectrum)

谱分析是一种将模态分析结果和已知谱联系起来,然后计算模型位移和应力的分析技术。土木工程中常用谱分析来完成"地震反应谱分析",以便计算地震作用,进而得到结构的响应。谱分析是建立在模态分析的基础上的,先按照模态分析得到结构的自振频率和模态,对照谱分析时输入的谱值曲线(频率与响应的关系),由程序自动计算各模态的贡献,并对各模态结果进行叠加。显然,谱分析也只能针对线性结构进行。

6) 特征值屈曲分析(Eigen Buckling)

特征值屈曲分析又叫分叉变形分析，用以求解第一类屈曲问题，又称分枝点稳定问题。通过特征值屈曲分析可以得到结构在指定荷载下可能发生失稳的荷载因子（即倍数）。特征值屈曲分析只对线性结构有效，即不包含几何非线性和材料非线性。为了求解特征值屈曲，必须先进行一遍相应荷载的静力分析，并打开其预应力选项，以将静力荷载下的计算结果保存，用于组成屈曲分析时的应力刚度矩阵。特征值屈曲求解就是计算刚度矩阵和应力刚度矩阵的特征值，计算出来的特征值就是失稳时的荷载因子，而特征模态就是相应荷载因子时的变形形状。

7）子结构分析（Substructuring）

子结构也叫超单元，是单元的集合，这些单元集合通过缩减自由度，使得可以像处理单个单元一样处理单元集合。子结构技术可以大幅减少分析的自由度数量，简化求解方程，提高计算速度。计算得到超单元的自由度解之后，也可以进一步迭代，以得到超单元内部每个组成单元的解。子结构计算也只能对线性结构而言，忽略模型定义时所有的非线性选项。

上述七种分析类型，必须在求解之前进行定义，定义的命令路径是"Main Menu→Solution→Analysis Type→New Analysis"，点击该命令后，将弹出如图 6.47 所示的对话框，在相应的选项中点击即可确定。

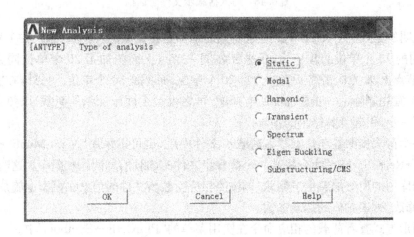

图 6.47　分析类型对话框

6.5.2　荷载步

在 ANSYS 的求解过程中，程序以"荷载步"（Load Step）的方式组织各种工况。一个荷载步就是一系列荷载的布局，荷载步参数包括荷载作用的对象、荷载类型、荷载大小和荷载作用的时刻。时间（time）作为动力系统的一个基本自变量，在瞬态分析中具有明确的物理意义。在瞬态分析中，荷载步的开始和结束时间就是荷载在给定时间段内变化的起点和终点。除了瞬态分析，ANSYS 在其他所有分析中都使用时间的概念。在静力分析中，时间只是作为一个识别荷载步的计数器。默认情况下，程序自动对时间赋值。例如：第一个荷载步的结束时间为1，第二个荷载步的结束时间为2，等等。用户可以将不同的荷载工况定义在不同的荷载步中，如第一步仅施加恒荷载，第二步仅施加活荷载，然后一次进行计算。

采用荷载步施加多步荷载时，常常采用将加好的荷载写入磁盘文件的方式。使用方法为先定义所有该工况下的荷载,然后点击"Main Menu→Solution→Load Step Opts→Write LS File",在弹出的对话框(图 6.48)中输入该荷载步的步次。点击"OK"后,当前模型这一荷载步下的所有求解、加载信息被写入"Jobname.snn"文件中,其中"Jobname"为本次分析的工作名,"nn"为荷载步的步次。该文件是 ASCII 文件,用户可以用写字板等文本工具查看,文件以命令流的形式记录了求解参数和被施加荷载的单元和节点、荷载类型、荷载数值和其他附加信息。

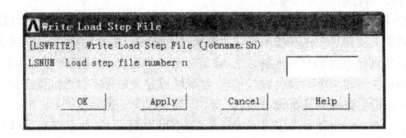

图 6.48　写入荷载步文件对话框

需要说明的是,在 ANSYS 中缺省时荷载的施加是覆盖型的。例如,原来在 1 号节点上施加了 X 方向的 10 个单位的集中力,后来又在同一节点上面施加了 20 个单位同方向的集中力,则 1 号节点上 X 方向最终所受的力为 20 个单位,而不是 30 个单位。另外,在施加下一个荷载步之前,宜先删除上一步施加的所有荷载,再在模型上面施加新的荷载,以免上一步的荷载被带入下一步,引起计算结果的错误。

模型各个荷载步的各项信息写入荷载步文件中后,也可以采用"Main Menu→Solution→Load Opts→Read Ls File"命令将某一个荷载步文件的加载信息读入数据库。这时候,程序先将当前数据库中的所有加载信息删除,再按照相应荷载步文件的信息在模型上施加荷载,以便用户查看、修改、列表具体的加载参数。

采用图形方式查看荷载的相应命令在实用菜单的"PlotCrtls→Symbols"中。

6.5.3　加　载

在 ANSYS 中,可以在有限元目标(单元、节点)上施加荷载,也可以在已划分网格的实体目标(点、线、面、体)上施加荷载。当在实体目标上施加荷载的时候,计算时必须将荷载转换为有限元目标上的相应荷载,这一动作在 ANSYS 中是自动完成的。在将荷载写入荷载步文件之前,程序也自动将所有实体目标上的荷载转换为有限元目标上的荷载,而不直接记录实体目标上的荷载。用户也可以手动地将实体目标上的荷载转换至有限元目标上,使用的命令为"Main Menu→Solution→Define Loads→Operate→Transfer to FE"。同样的道理,将荷载步文件中的加载信息读入数据库时,也只包含有限元模型上的加载信息,而不包含实体目标上的任何加载信息。

由于缺省时荷载的施加是覆盖型的,因此如果某个单元或节点上既有实体目标上的荷载,又有有限元目标上的荷载,在将实体目标上的荷载转换至有限元目标上时,将覆盖原来施加在有限元目标上的荷载。

在施加荷载时,由于单元、节点数量较多,在图形窗口上选择将要施加的对象时不易确定,也较容易出错,而实体目标的数量相对较少,因此如果某一实体目标所联系的有限元目标均施加相同的荷载参数,推荐使用实体目标加载方式。

对于结构分析,ANSYS 中可供施加的荷载类型有以下几种。

1) 自由度约束(DOF)

自由度约束就是支座约束,与其他程序不同,ANSYS 将自由度约束也作为荷载的一部分。节点自由度本身是求解方程中的基本变量。只有对结构施加了足够的约束,才能避免结构发生刚体位移。可以在点、线、面、体或节点上施加自由度约束,当施加在实体目标上时,转换时自动向该实体所联系的节点施加约束。施加约束的命令是"Main Menu→Solution→Define Loads→Apply→Structural→Displacement",图 6.49 显示的是在关键点上(on Keypoints)施加约束时弹出的对话框,其他施加方式的对话框与此类似。在对话框中选择要施加的自由度项目,即可施加相应约束。

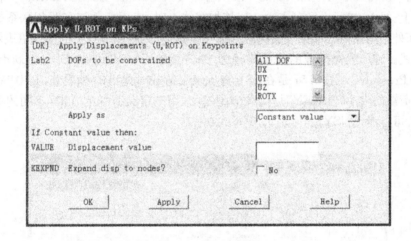

图 6.49　在关键点上施加自由度约束

要注意的是,一种约束是否可以施加,取决于所用单元。例如,不可以在平面单元上施加 ROTX 的约束。

除了施加自由度约束,也可以在同一对话框中设置强制自由度值。这相当于该自由度处存在支座位移的情况。自由度荷载一旦被指定,在计算求解时就保持不变,设置的方法是在对话框的"VALUE"输入框中填入相应的数值。

2) 集中力/力矩(Force/Moment)

集中荷载是指点荷载。它可以施加在节点上,也可以施加在关键点上。命令路径为"Main Menu→Solution→Define Loads→Apply→Structural→Force/Moment"。在关键点上施加集中荷载时,选择所要施加的关键点后,程序弹出图 6.50 所示的对话框,选择要施加的集中荷载的方向,再在"VALUE"输入框中输入相应的数值即可。施加集中力矩时,力矩的方向符合右手螺旋法则。

3) 表面荷载(Pressure)

表面荷载是一种分布荷载。这一分布荷载可以是均布的,也可以是按照某一个斜率分布

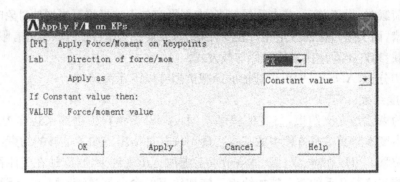

图 6.50　在关键点上施加力/力矩

的。指定分布荷载的分布斜率(如:分析水池壁板在水压力的作用下时)采用的命令路径是
"Main Menu→Solution→Define loads→Settings→For Surface Ld→Gradient"。表面荷载可
以施加在面上、线上、单元上和节点上。当施加在线上时,表面荷载与和线相联系的面的方向
平行,并从面外指向面内。如果表面荷载施加在节点上,则相邻节点上的荷载值表示了分布荷
载的分布模式。施加表面荷载的菜单路径为"Main Menu→Solution→Define Loads→Apply→
Structural→Pressure"。图 6.51 是在面上施加表面荷载时弹出的对话框,其中"VALUE"框
中输入表面荷载的大小,"LKEY"是荷载的关键字,用于定义荷载的方向,不同的单元有不同
的定义,读者可参考 ANSYS 中提供的 Help 文件。

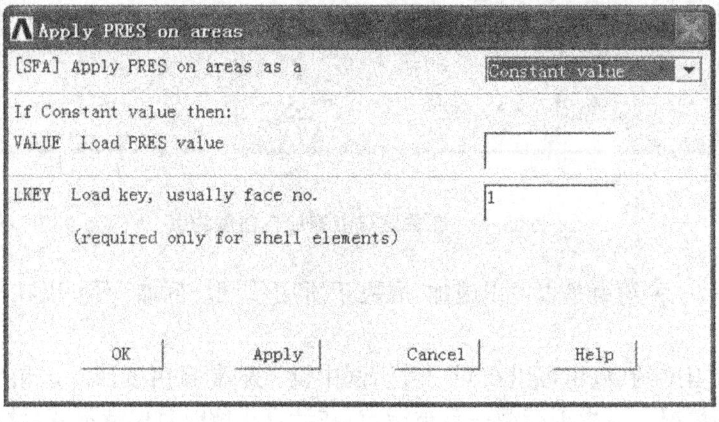

图 6.51　在面上施加表面荷载

　　在梁上施加分布荷载时,只能采用"Main Menu→Solution→Define Loads→Apply→
Structural→Pressure→on Beams"进行定义,而不能在线上施加。该命令的对话框如图 6.52
所示。其中"VALI"和"VALJ"分别为梁两端的分布荷载集度。"IOFFST"和"JOFFST"分别
为分布荷载距离 I 节点和 J 节点的距离。如果是均布荷载,可以只填"VALI"。

　　4) 温度作用(Temperature)

　　在计算模型上施加温度作用,如果材料存在热胀冷缩系数(在前处理的材料属性中定义),
则计算时程序将根据施加的温度与参考温度(缺省为 0°)之间的差值,计算温度变化引起的应

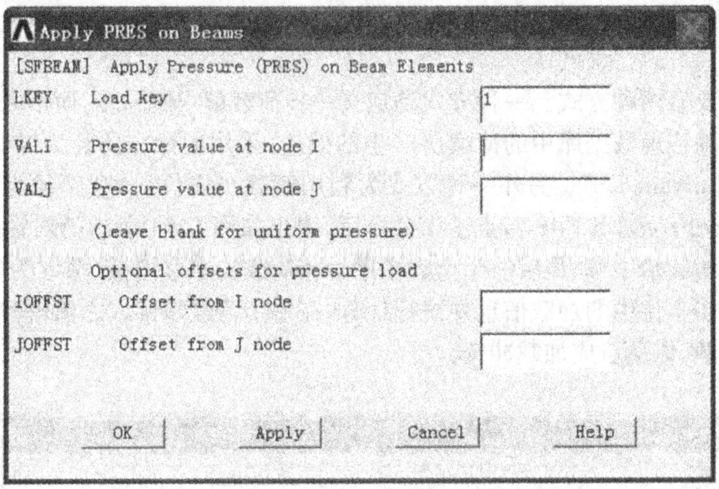

图 6.52　在梁上施加均布荷载

力和变形。温度作用可以施加在点、线、面、体和节点、单元上,相应的命令路径为"Main Menu→Solution→Define Loads→Apply→Structural→ Temprature"。

5) 惯性荷载(Inertia)

惯性荷载就是与质量有关的荷载,在结构分析中常用于施加重力加速度。如果定义了质量(集中质量、材料密度或附加质量),施加了重力加速度后,程序将根据加速度值计算相应质量分布的惯性力。需要指出的是,为了利用惯性效果来模拟重力,应当在重力的相反方向施加惯性项。例如,在正 Z 方向上施加一个加速度荷载相当于模拟负 Z 方向的重力,这一点与其他程序的处理方式不一样。在动力计算(瞬时分析)中,施加一个水平方向的加速度也用这一命令。该命令的菜单路径为"Main Menu→Solution→Define Loads→Apply→ Inertia→Gravity→Global",点击该命令后,弹出如图 6.53 所示的对话框,在相应的输入框中键入加速度值即可。

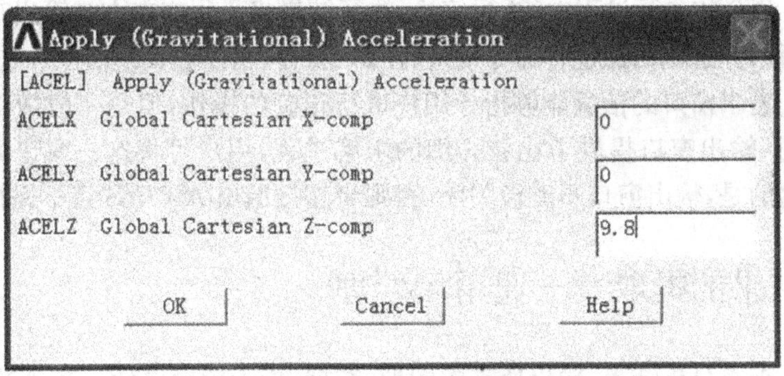

图 6.53　施加惯性荷载

上述这些荷载,可以采用"Main Menu→Solution→Define Loads→Delete"中类似的选项删除,也可以利用实用菜单的"List→Loads"中相应的选项进行列表查询。

6.5.4 求 解

进行求解主要有两种方式。一种方式是定义一步荷载就求解一步,而不采用荷载步文件,这时候程序只计算当前数据库中的荷载所产生的效应,采用的命令路径为"Main Menu→Solution→Solve→Current LS"。另外一种方式为利用荷载步文件,命令路径为"Main Menu→Solution→Solve→From LS Files",点击该命令后,弹出如图 6.54 所示的对话框,在对话框中依次输入第一个荷载步序号、最后一个荷载步序号和荷载步序号增量(缺省为 1),则程序将依次读入指定荷载步文件中的加载信息并进行计算,在每个荷载步读入之前,程序将首先删除现有数据库中的荷载,以免造成加载冲突。

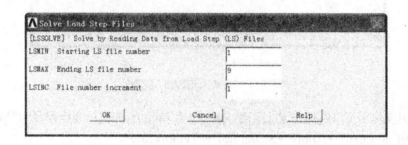

图 6.54 根据荷载步文件求解

在每一步计算开始之前,程序都将对模型进行检查,并给出错误(Error)或警告(Warning)提示,常见的提示信息有自由度约束不够或单元形状病态等。对于前者,用户应仔细考察模型,避免发生刚体位移或局部形成机构;对于后者,应寻找病态单元所处位置,在该单元附近进行单元细分。求解结束后,程序将弹出求解结束提示信息。每一个荷载步的计算结果都被写入"Jobname. rst"文件中,只有最后一步的计算结果保存在数据库中。

6.5.5 输出窗口

在 ANSYS 命令的执行过程中,执行信息、执行结果将采用文本方式输出在一个输出窗口中,如图 6.55 所示。这些信息包含命令响应、注解、警告、错误和其他信息。初始时,该窗口在其他窗口之下。输出窗口的信息能够指导用户进行正确的操作,但是一般情况下我们也较少用到。在求解时,输出窗口提供了比较详细的求解过程,用户可将这一窗口调至前台进行观察。特别要指出的是,输出窗口不能被关闭,否则将直接退出 ANSYS 且不保存任何数据。

6.6 计算结果的提取——通用后处理

后处理就是查看分析结果,输出所需的图形、数据,用于指导设计。在 ANSYS 中,有两个后处理器:通用后处理器(General Postproc)和时程后处理器(Timehist Postproc)。通用后处理器查看整个模型在某一荷载步的值,也就是说,它显示的是某一时间点上的值,而时程后处理器则查看某一空间点上的值随时间的变化情况。本节只介绍通用后处理器,进入通用后处理器的菜单路径是"Main Menu→ General Postproc"。

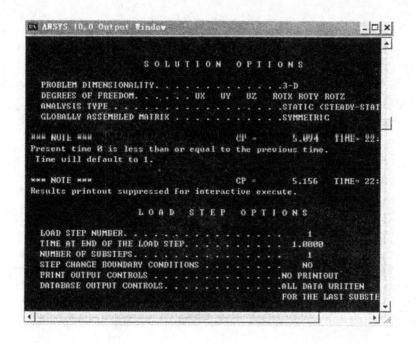

图 6.55　输出窗口

6.6.1　读入数据

前面提到,ANSYS 在计算完成每一个荷载步以后,都将计算结果写入"Jobname. rst"文件中,但是当前数据库中只保存最后一步的计算结果。因此,如果要查看非最后一步荷载作用下的结果时,必须先从"Jobname. rst"文件中将相应的数据读入当前数据库。要注意的是,读入数据库的结果数据应与数据库内的模型数据(单元和节点)相匹配,否则不能进行后处理过程,也就是说,结果文件应当得自于当前数据库同一模型的计算结果。

读入结果数据的命令是"Main Menu→General Postproc→Read Results"。可以通过读入第一步、下一步、前一步和最后一步(Fisrt Set、Next Set、Previous Set、Last Set)来依次读入各步荷载下的计算结果,也可以直接输入要读取的时间(By Time/Freq)、通过荷载步读取数据(By Step)或调出一个荷载步列表点击相应步骤调入数据(By Pick,见图 6.56)。当采用 By Time 方式读入结果时,如果输入的时间不是荷载步的时间点,程序将用内插法计算该时间的结果。

可以对模型中的全部或部分节点和单元的计算结果进行更新或追加。所谓的更新,就是用新数据把数据库中的结果数据替换掉。所谓追加,就是保留数据库中的结果数据,把从结果文件中读取的数据与原有数据叠加成为新的结果,保存在数据库中。追加和更新只能对"Main Menu→General Postproc→Read Results"中以"By"开头的命令进行操作。

要对部分模型进行更新和叠加,首先要选取所要操作的节点和单元,然后用"By"族命令读取结果数据。读取数据时(见图 6.57)有三个选择项:"Entire Model"对整个模型进行更新,而忽略当前的选择;"Selected Subset"仅对当前选中的单元和节点上的结果数据进行更新;"Subset Append"仅对当前选中的单元和节点上的结果数据进行追加。

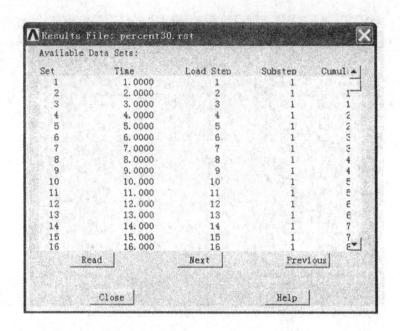

图 6.56　在荷载步列表中读取结果

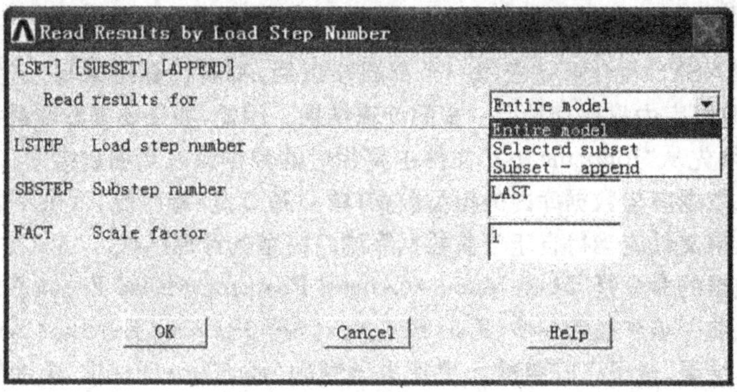

图 6.57　读取数据选项

　　要注意的是,在读取数据时,程序根据当前工作名(Jobname)来寻找所需的结果文件(. rst 文件)。对于一个模型,如果当前的工作名与计算时的工作名不同(例如,在计算完成后采用 Resume From 命令读入到另一工作名环境中),则程序将无法定位到所需的结果文件,而当前数据库中将仅包含最后一步的计算结果。

6.6.2　结果的图形显示

　　只要数据库中存在结果数据,就可以采用图形的方式对结果进行显示或将数据列表。数据库中的结果数据可以是计算时保存的最后一步数据,或从结果文件中读取后更新或追加得到的,或采用工况组合方式(见6.6.4节)得到的。这里,主要介绍计算结果的图形显示。在ANSYS中,可以得到如下几种结果图形。

1) 变形显示

"Main Menu→General Postproc→Plot Results→Deformed Shape"命令用于显示当前数据库中结果下结构的变形。点击该命令将弹出图6.58所示的对话框,可以只显示变形后的模型图(Def shape only)、同时显示变形和未变形(Def+underformed)或显示变形和未变形边界(Def+undef edge)。由于变形值相对于结构尺寸而言通常较小,无法清楚看到变形结果,因此ANSYS自动将变形显示的比例调整到合适的程度,使用户能够轻易观察。如果默认的变形比例不能满足要求,可以通过实用菜单的"PlotCtrls→Style→Displacement Scaling"重新设置比例。通过考察变形图来检查建模的正确性,常常是十分快捷的方式。

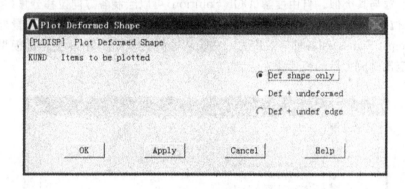

图6.58 显示变形图对话框

2) 等值线图

等值线图显示计算结果在模型空间上的变化,可以比较直观地反映应力、位移的分布,因此是ANSYS后处理中经常使用的图形显示方式。常用的等值线用来显示计算的位移分布和应力分布。对于应力分布,可以通过两种方式进行绘图,一种称为节点解(Nodal Solu),一种称为单元解(Element Solu)。两种形式绘制的等值线图略有差异(图6.59)。这是因为AN-SYS计算的应力结果都是根据自由度解推算的。例如一个节点属于四个相邻的单元,则当将

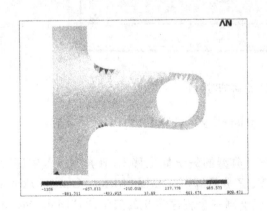 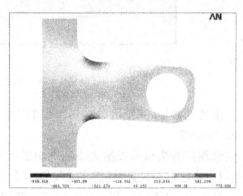

图6.59 单元解(左)和节点解(右)的比较

节点自由度回代至各个单元的单元刚度矩阵以求得该节点处的应力时,可能产生四个不同的应力解。单元解中保存了这四个单元中同一点的不同应力,因此其等值线看上去是不连续的。而节点解将相邻单元的四个应力在节点处进行了平均处理,从而保证了等值线的连续性。有时候,单元解和节点解的差异也提供了判断网格划分是否足够密的快捷方式。因为相邻节点间应力的不连续性是由于有限元法中的离散性造成的。单元划分越密,离散性造成的影响就越小,上述差异也就越小。如果单元解和节点解不造成太大的差别,就可以认为单元已经足够细密,否则宜回到前处理中对差别较大的单元进行进一步细分。

绘制单元解等值线的命令是"Main Menu→General Postproc→Plot Results→Contour Plot→Element Solu",绘制节点解等值线的命令是"Main Menu→General Postproc→Plot Results→Contour Plot→Nodal Solu"。点击节点解等值线命令,弹出的对话框如图 6.60 所示,单元解的对话框与其类似。自由度解(DOF Solution)可以绘制各方向位移分量(包括线位移、角位移)和总位移、总转角的分布图,应力解(Stress)除可绘制各方向的应力分量外,还可绘制主应力(Principal Stress)和各种等效应力。在绘制等值线时,可以在未变形的模型上绘制,也可以在按一定比例放大后的变形图上绘制。

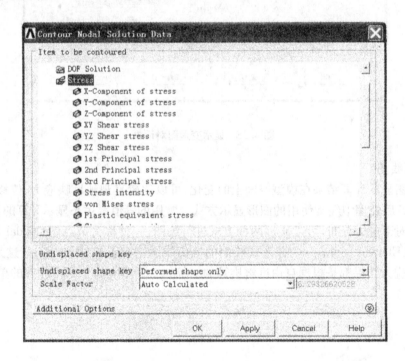

图 6.60　绘制节点解的对话框

等值线的数量、间距可以在实用菜单"PlotCtrls→Style→Contours"中进行设置。

3) 矢量图

矢量图用箭头显示矢量大小和方向的变化。典型的矢量如位移 U、转角 ROT、主应力 S 等,也可以自己定义矢量,只需定义矢量的 X、Y、Z 分量即可。"Main Menu→General Postproc→Plot Results→Vector Plot→Predefined"用于绘制一个程序定义的矢量图,"Main Menu→General Postproc→Plot Results→Vector Plot→User-defined"用于绘制一个用户定义的矢量

316

图。图 6.61 显示的就是一个物体承受荷载后的主应力图。其中,箭头的长度表明矢量的大小,箭头的方向表示矢量的方向,可以使用菜单的"PlotCtrls→Style→Vector Arrow Scaling"命令调整箭头的比例。

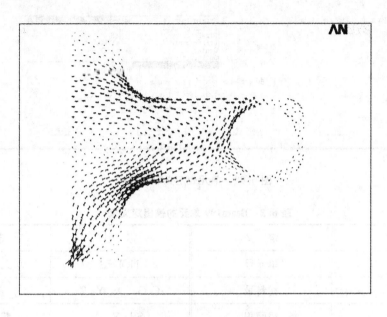

图 6.61　主应力矢量图

6.6.3　单元数据

ANSYS 后处理中,尽管可以采用读入数据选项将某一荷载步下的所有计算结果都调入数据库,但是并不能直接处理某些数据。例如:在梁单元中,梁的弯矩、剪力等各项内力,都需要由其基本未知量导出,这些结果需要通过定义单元表才可以进行访问、显示和列表。

单元表相当于一个电子表格,每一行代表了一个单元,每一列代表了该单元的项目数据,包括单元体积、重心,也包括一个单元上各个节点的平均应力和应变。

采用"Main Menu →General Postproc→Element Table→Define Table"可以创建单元表,在弹出的对话框中点击"Add"按钮,将弹出如图 6.62 所示的单元表定义对话框。在对话框的"Lab"域中可以输入将要定义单元表项的标号,缺省时采用对话框中"Comp"内容的预设标号。每个标号相当于一个一维数组的变量名,在后续操作中,将使用这一标号来引用数据。然后,需要定义单元表项的项目(Item)和成分(Comp),如图中所示在左列表框选择了"By sequence num"为其项目,右列表框中选择了"SMISC"作为其成分,并在其下输入框中输入"1"表明要提取单元的"SMISC 1"项。不同的单元具有不同的项目和成分,尽管程序列出了所有项目和成分,但是对某种特定单元类型而言,只有其中一部分是可以获得的。单元表的项目和成分可以在每一种单元类型关联的 Help 文件中查阅。例如,表 6.2 是 Beam189 单元的输出定义表,定义了该种单元可能的输出项。表中标号栏给出该单元可以输出哪些数据。其中有冒号的就可以用项目和成分的方法来获得。冒号前的内容作为"Item"项,冒号后面的内容作为"Comp"项。

317

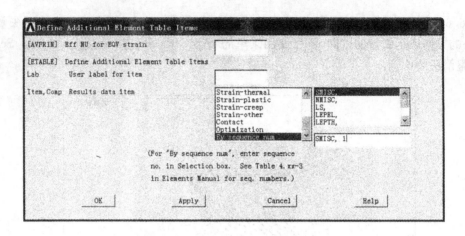

图 6.62　单元表定义对话框

表 6.2　Beam189 单元的输出定义表

标　号	定　义	标　号	定　义
EL	单元号	NODES	单元连接特性
MAT	材料号	C.G.：X, Y, Z	重　心
AREA	截面积	SF：Y, Z	截面剪力
SE：Y, Z	截面剪应变	S：XX, XZ, XY	截面积分点应力
E：XX, XZ, XY	截面积分点应变	MX	扭　矩
KX	扭应变	KY, KZ	曲　率
EX	轴向应变	FX	轴　力
MY, MZ	弯　矩	BM	双向弯矩
BK	双向曲率	SDIR	轴向应力
SBYT	＋2方向弯曲应力	SBYB	－2方向弯曲应力
SBZT	＋3方向弯曲应力	SBZB	－3方向弯曲应力
EPELDIR	端部轴向应变	EPELBYT	＋2方向弯曲应变
EPELBYB	－2方向弯曲应变	EPELBZT	＋3方向弯曲应变
EPELBZB	－3方向弯曲应变	TEMP	温　度

　　经常采用顺序号(By Sequence Num)，以获取单元的内力以及其他数据。在每种单元的帮助文档中，都有一个详细的表格说明提供的输出项目和引用该项目的顺序号。其中，"SMISC"项目是可叠加的数据，而"NMISC"为不可叠加的数据。例如，表 6.3 是 Beam189 单元的顺序号定义表，表中说明梁单元 I 节点的轴力为"SMISC 1"，J 节点的主方向弯矩为"SMISC 15"等等。需要指出的是，每种单元的顺序号代表的含义可能不一样。使用的时候应当经常查阅帮助文档，除非用户对该单元已经十分了解了。

318

表 6.3　Beam189 单元的顺序号输出表

标　号	输　出　表		
	项　目	I 节点处	J 节点处
FX	SMISC	1	14
MY	SMISC	2	15
MZ	SMISC	3	16
MX	SMISC	4	17
SFZ	SMISC	5	18
SFY	SMISC	6	19
EX	SMISC	7	20
KY	SMISC	8	21
KZ	SMISC	9	22
KX	SMISC	10	23
SEZ	SMISC	11	24
SEY	SMISC	12	25
AREA	SMISC	13	26
BM	SMISC	27	29
BK	SMISC	28	30
SDIR	SMISC	31	36
SBYT	SMISC	32	37
SBYB	SMISC	33	38
SBZT	SMISC	34	39
SBZB	SMISC	35	40
EPELDIR	SMISC	41	46
EPELBYT	SMISC	42	47
EPELBYB	SMISC	43	48
EPELBZT	SMISC	44	49
EPELBZB	SMISC	45	50
TEMP	SMISC	51~53	54~56

　　定义单元表后,程序根据当前数据库内的内容计算每个单元的每个项目。这里有一点需要特别引起注意,就是当结果数据更新(例如,将另一步的计算结果调入数据库)时,单元表并不自动更新,这时应在创建单元表的对话框点击"Update"按钮,以按照新的结果数据对单元表进行更新。

　　对于线单元(如杆单元、梁单元),定义了单元表后,可以采用"Main Menu→General Postproc→Plot Results→Contour Plot→Line Elem Res"命令在线单元上绘制相应单元表项的内力图,图 6.63 就是采用这一方式画出的结构弯矩图示意。

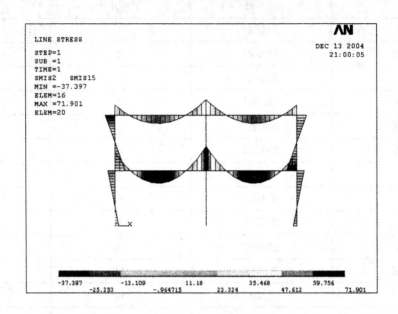

图 6.63　梁单元的弯矩图示意

6.6.4　工况和工况操作

在典型的后处理过程中,每读取一个荷载步的计算结果,ANSYS 都会清除数据库中的结果部分,用新读取的数据替换。如果想在两个荷载步计算结果之间进行操作,例如叠加、比较等,就需要创建工况(Load Case)。所谓的工况是指被赋予了参考号的结果数据集,例如,可以将第二个荷载步的计算结果定义为工况 1。工况与荷载步的概念之间既有联系,又有区别。

ANSYS 允许定义多达 99 个工况,但在数据库中,一次只能保存一个结果集合。为了将多个荷载步的操作(例如:相加、比较)结果保存在数据库中,就需要用到工况操作。工况操作将更新数据库中的结果数据,并认为是一个时间步下的结果。

定义工况的命令是"Main Menu→General Postproc →Load Case→Creat Load Case",选择"Result File"选项,弹出如图 6.64 所示的对话框。在"LCNO"输入框中输入将要索引的工况号,在"LSTEP"输入框中输入相应的荷载步号,例如前述的情况,分别在两个域中输入"1"和"2"。

"Main Menu→General Postproc→Load Case→Calculate Options→Scale Factor"用于定义缩放系数,以对某一工况的结果数据进行比例放大或缩小。例如,若工况 1 对应的是恒荷载标准值下的结果,工况 2 对应的是活荷载标准值下的结果,为了在结果数据中得到"1.2 恒＋1.4 活"的设计荷载作用下的结果值,可以将工况 1 的比例因子定义为 1.2,工况 2 的比例因子定义为 1.4,然后将相应结果数据进行加操作即可。上述命令将弹出如图 6.65 所示的对话框。

"Main Menu→General Postproc→Load Case→Calculate Options→Absolut Value"用于设置是否使用绝对值。"Main Menu→General Postproc→Load Case→Calculate Options→Stress Option"用于设置后续操作中单元应力的求和方式。如果选择"Comb Components",则

320

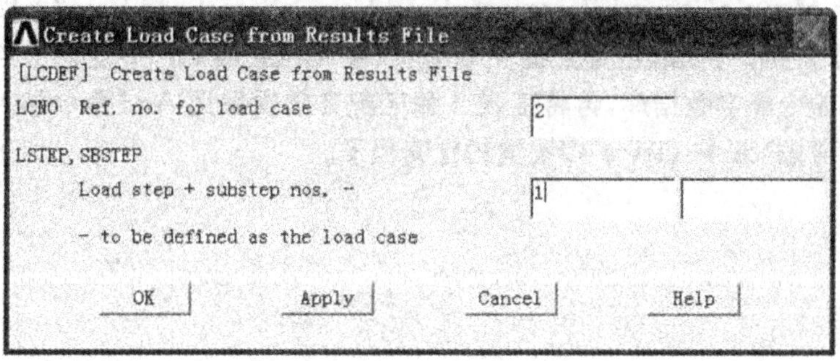

图 6.64　创建工况

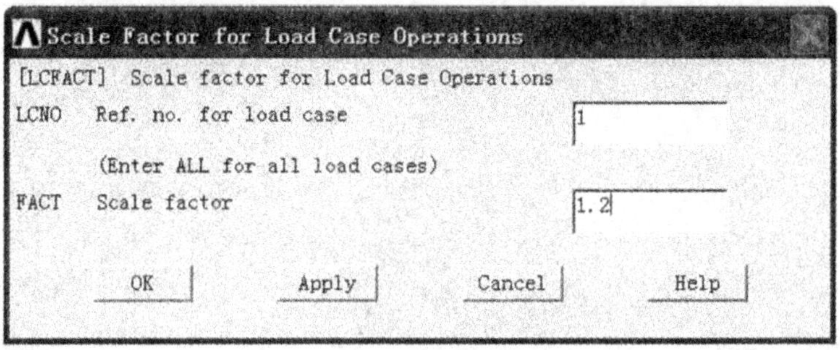

图 6.65　工况的比例因子

只对单元的应力分量求和,其他应力如主应力、等效应力等将不进行求和操作,而选择"Comb Principals"时,则对单元主应力、等效应力等进行求和。

对工况的操作可以是加(Add)、减(Substract)、平方(Square)、开根(Square Root)、平方和开平方根(SRSS)、比较(Min,Max)。这些命令均在"Main Menu→General Postproc→Load Case"菜单组上。其中,加、减、平方、开根和比较等操作是二目操作。这些操作的一个对象都是当前数据库中的结果数据,另一个对象则在弹出的对话框中指出工况号,如图 6.66 所示,平方、开根是单目操作,仅对当前数据库中的结果数据有效。

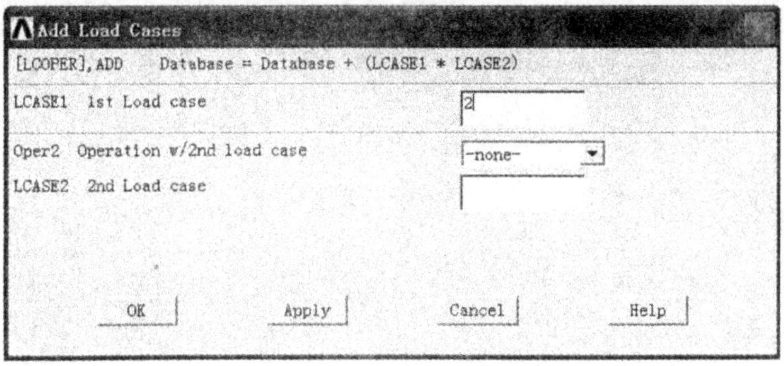

图 6.66　往数据库中叠加工况

采用"Main Menu→General Postproc→Load Case→Zero Load Case"可以清空当前数据库中的任何结果数据。例如,还是上面一个例子,在"Scale factor"中设置了相应的比例因子后,可以采用本命令清空数据库,再将工况 1 和工况 2 依次采用 Add 命令加入数据库。在操作时,程序自动考虑"Scale factor"中设置的比例因子。

参 考 文 献

1　房屋建筑制图统一标准(GB 50001—2010).北京:中国建筑工业出版社,2010
2　建筑结构制图标准(GB/T 50105—2010).北京:中国建筑工业出版社,2010
3　道路工程制图标准(GB/T 50162—92).北京:中国计划出版社,1992
4　孙正兴,周良,郑宏源.计算机图形学基础教程.北京:清华大学出版社,2004
5　姚英学,蔡颖.计算机辅助设计与制造.北京:高等教育出版社,2002
6　刘继海.计算机辅助设计绘图.北京:国防工业出版社,2004
7　陈永喜,任德记.土木工程图学.武汉:武汉大学出版社,2004
8　贺炜,李思益,等.计算机辅助设计.北京:机械工业出版社,2004
9　尚守平,袁果.土木工程计算机绘图基础.北京:人民交通出版社,2001
10　混凝土结构施工图平面整体表示方法制图规则和构造详图(11G101-1).北京:中国建筑
　　标准设计研究院,2011
11　耿国强,等.AutoCAD 2010 中文版入门与提高.北京:化学工业出版社,2010
12　彭国之,谢龙汉.AutoCAD 2010 建筑制图.北京:清华大学出版社,2011
13　马永志,郑艺华,杨冬.AutoCAD 2010 中文版建筑制图基础教程.北京:人民邮电出版
　　社,2011
14　李伟,余洪.中文版 AutoCAD 2010 从入门到精通.北京:清华大学出版社,2010
15　施阳.MATLAB 语言工具箱——TOOLBOX 实用指南.西安:西北工业大学出版社,1999
16　刘习军.工程振动与测试技术.天津:天津大学出版社,1999
17　黄文梅.系统分析与仿真:MATLAB 语言与应用.长沙:国防科技大学出版社,1999
18　张宜华.精通 MATLAB 5.北京:清华大学出版社,1999
19　张志涌.精通 MATLAB 6.5 版.北京:北京航空航天大学出版社,2003
20　王小红,罗建阳.建筑结构 CAD——PKPM 软件应用.北京:中国建筑工业出版
　　社,2004
21　谭建国.使用 ANSYS 6.0 进行有限元分析.北京:北京大学出版社,2002
22　李云贵.应用 IT 技术改造传统建筑行业.工程 CAD 与智能建筑,2002(4)
23　源清,肖文.温故知新 更上层楼——CAD 技术发展历程概览.计算机辅助设计与制造,
　　1998(2)
24　陈卫军,高波.我国隧道 CAD 技术回顾与展望.现代隧道技术,2001(4)
25　刘行.论信息化施工技术.施工技术,2001(12)
26　周建兴,岂兴明,矫津毅,等.MATLAB 从入门到精通.北京:人民邮电出版社,2008
27　中国建筑科学研究院建研科技股份有限公司设计软件事业部(PKPM CAD 工程部).结
　　构平面 CAD 软件 PMCAD 用户手册及技术条件.北京:2011.2
28　中国建筑科学研究院建研科技股份有限公司设计软件事业部(PKPM CAD 工程部).多
　　层及高层建筑结构三维分析与设计软件(薄壁柱模型)TAT 用户手册及技术条件.北京:
　　2012.2
29　李红云,赵社戍,孙雁.ANSYS 10.0 基础及工程应用.北京:机械工业出版社,2008